바리스타의 직무분석 내용을 바탕으로

NCS 커피식음료실무

(커피음료전문가 KCBM)

황영만 · 서화진 · 박지상 · 고송이 · 최승비 공저

COFFEE

🅱 (주)백산출판사

머리말

국내 커피시장 규모를 살펴보면 2021년 커피 및 기타 비알코올 음료점업의 사업체 수는 24,820개이며, 종사자 수는 90,909명으로 나타났다. 실제로 커피전문점의 업체 수는 2006년에 1,200여 개에서 2011년 약 12,000개로 10배 이상 증가한 추세를 보였으며, 2021년에 발표된 자료에 의하면 2019년도 기준 비알코올 음료점업은 93,600여 개, 그중 커피 전문점은 76,145개로 조사되어 그 후로도 꾸준히 증가해 약 8배 이상, 커피전문점 독립적인 규모로도 6배가 넘는 증가율을 보여 왔다.

2021년 한식, 중식, 양식 등 음식점 업종별로 구분된 분류에서 커피전문점 업종의 프랜차이즈 비율은 전체 음식점 업종 대비 15.2%로 나타났으며, 비프랜차이즈 비율도 전체 음식점 업종 대비 9.1%로 나타났다. 지역별로는 서울 및 수도권에만 26.1%가 분포되어 있고, 매출 규모도 1억 원 미만이 25.2%로 영세 창업자가 많은 것으로 나타났다.

이처럼 커피 시장의 확대는 바리스타라는 직업군의 관심도를 높이게 되었으며, 커피 교육 시장 또한 확대 성장 중이다.

본 교재에서는 커피의 원재료가 되는 원두에 대한 이해뿐만 아니라, 생두를 로스팅하여, 다양한 기구를 사용하여 적절하게 추출할 수 있는 능력 향상과 국가직무능력표준(NCS)을 기반으로 하는 바리스타의 직무분석 내용을 바탕으로 커피음료전문가(KCBM, Korea Coffee Beverage Master) 자격의 출제기준, 응시자격과 방법 등을 제시하였다. 즉, 바리스타로서 갖추어야 할 기본적인 지식 및 기술 습득에 중점을 두고 있으며, 특히 커피를 전문적으로 공부하는 학도들에게는 깊이를, 커피에 입문하는 초보자들에게는 습득의 용이함을 주고자 한국 호텔관광교육재단에서 전문 교수단에 위임, 신중을 기하여 집필하였다.

앞으로도 지속적인 보완과 수정을 통해 더 좋은 내용의 교재가 될 수 있도록 최선을 다할 것이며, 이 책이 커피를 배워 전문 자격증을 취득하고자 하는 많은 이들에게 도움이 되었으면 하는 바람이다.

2023년 12월

저자 일동

차례

PART Ⅴ 커피음료 제조   285

커피 생두 선택

1. 커피의 이해 / 2. 커피 생두 관리 / 3. 커피 생두 분류

PART

I

❧ 능력단위

커피 및 생두의 이해

❧ 능력단위 정의

커피의 역사 및 어원과 커피의 발전 및 전파를 통해 기초지식을 쌓고 커피의 식물학적 이해와 생두의 재배, 가공법, 등급, 원산지 등에 대한 이해를 통해 생두를 분류하는 것에 대한 전반적인 이해를 한다.

❧ 수행 준거

- 커피의 역사와 어원에 대해 이해하고 설명할 수 있다.
- 커피의 발전 및 전파에 대해 이해하고 설명할 수 있다.
- 커피 식물학에 대해 이해하고 설명할 수 있다.
- 생두와 카페인에 대해 이해하고 설명할 수 있다.
- 생두의 재배에 대해 이해하고 설명할 수 있다.
- 생두의 여러 가지 가공법에 대해 이해하고 설명할 수 있다.
- 생두의 신선도에 대해 이해하고 설명할 수 있다.
- 생두의 구매에 대해 이해하고 설명할 수 있다.
- 생두의 등급 분류에 대해 이해하고 설명할 수 있다.
- 생두를 평가 하는 것에 대해 이해하고 설명할 수 있다.
- 생두의 원산지에 대해 이해하고 설명할 수 있다.

PART I 커피 생두 선택

1 커피의 이해

1) 커피의 역사

커피의 시작은 역사적 문헌으로 내려오지 않으며, 이슬람 문화권부터 시작하여 음료로 전해져 내려왔다는 여러 가지 설이 존재할 뿐이다. 그중에서 가장 유력하다고 여겨지는 세 가지 전설을 아래에 다루었다. 이 전설의 배경이 이슬람 문화권이기에 커피의 시작과 커피가 현재까지 사랑받는 데 있어 이슬람 문화가 큰 기여를 했다고 볼 수 있다.

(1) 칼디의 전설

칼디(Kaldi)는 에티오피아의 목동이다. 어느 날 칼디가 밤마다 염소들이 잠들지 못하고 흥분한 상태에 있는 것을 보고 염소들을 지켜보던 중 열매를 먹는 것을 발견하였다.

칼디는 염소들이 먹던 열매를 채취하여 그 당시의 수도승들에게 전달하였다. 그러나 수도승들은 불길하다

고 여겨 불에 던져버렸고, 불에 타던 열매가 좋은 향미를 내자, 그 향미에 취한 수도승들이 열매를 차로 마시기 시작했다. 항상 밤늦게까지 기도하여 피곤함을 느끼던 수도승들이 맑은 정신으로 기도하고 있는 자신들의 모습을 발견하면서 주변 수도승들에게도 이

열매의 효능을 알리며 빠르게 전파하여 커피음료가 탄생하게 되었다.

(2) 오마르의 전설

셰이크 오마르(Sheikh Omar)는 예멘의 유명한 승려이다. 이 승려는 병자들을 치료하는 능력이 있었고, 그로 인해 유명세를 누릴 수 있었다. 하지만 이를 시기 질투하는 사람이 많았고 모함을 받아 외지로 쫓겨나게 되었다. 오마르는 유배지에서 새가 어느 열매를 쪼아먹는 것을 발견하고는 자신도 먹어보았는데 활기가 돌아오는 것을 보고 그 열매로 여러 사람을 고쳐주었다. 그 소식이 오마르가 살던 지역까지 소문이 나자 왕이 오마르를 다시 불러들였고, 그 후 왕에게 인정을 받으면서 커피가 사랑받을 수 있는 계기가 되었다.

(3) 마호메트의 전설

이슬람의 창시자이며 예언자로 알려진 선지자 마호메트(Mahomet)에 관한 전설이다. 마호메트가 고행으로 인해 죽을 것 같은 고비를 넘기고 있을 때 꿈에 가브리엘 천사가 나타났다. 가브리엘은 마호메트에게 커피나무의 열매를 먹으면 몸이 낫고 힘을 얻을 수 있을 것이라고 말했고 꿈에서 깬 마호메트는 커피나무의 열매를 먹고 병이 나았다고 한다.

2) 커피의 어원

커피라는 말이 처음 만들어진 계기는 크게 두 가지의 학설이 있다.

첫째는 칼디의 전설의 배경인 에티오피아의 지명 카파(Kappa)에서 유래되었다는 학설이 있고, 둘째는 '기운을 돋우다', '술'을 의미하는 아랍어 카와(Qahwah/Kahwa)에서 유래되었다는 학설이다. 카와(Qahwah)라는 단어가 오스만투르크어로 스며들어 카흐베(Kahve)를 거쳐 커피(coffee)라는 단어가 탄생했다. 커피가 유럽으로 흘러 들어가면서 이탈리아어 caffè, 프랑스어 café, 독일어 Kaffee, 영어 coffee로 표현되었다.

우리나라는 일제 강점기와 한국전쟁을 거쳐 미군에 의해 외래어를 사용하면서 커피라는 단어를 사용하였고 처음 알려질 당시에는 영문 표기법에 따라 '가베'라고 하거나 서양에서 들어온 탕이라 하여 '양탕국'이라 불렀다.

3) 커피의 발전 및 전파

에티오피아에서 최초로 발생하여 전파되었고 예멘에서 처음 경작을 시작하였다.

지금은 식용으로 사용되지만, 최초의 기록에는 아랍의 의사이자 철학자인 라제스(Rhazes)가 본인의 책에서 분카(Bunca) 또는 분컴(Bunchum)이라고 언급하였고 식용보다는 주로 약용으로 사용하였다.

이 당시 예멘은 이슬람교도들에게는 음용을 허락했지만 커피열매의 종자가 외부로 유출하는 것을 철저히 금지하였다.

하지만 1600년경 순례자 바바부단이 메카(Mecca) 지역에 방문하였다가 커피종자를 밀반출하여 네덜란드 상인에게 넘겼다. 그 종자를 네덜란드 식민지 인도의 마이바르 지대에 심어 재배하기 시작하면서 인도 전역에 커피가 퍼지게 되었다.

그 후 네덜란드는 인도네시아 자바 비타비아 지역에서도 커피를 경작하는 데 성공하였고, 이 계기를 통해 큰 부를 축적하였다. 이러한 식민지들은 유럽에 커피를 공급하는 주요 공급처가 되었다.

커피를 생산하는 나라 중 브라질은 최대 생산국가로 손꼽힌다. 그 배경에는 프란치스코 드 멜로 파헤타(Francisco de melo palheta)라는 사람이 있다.

당시 기아나(Guiana)라는 나라를 두고 네덜란드와 프랑스 사이에 식민지 분쟁이 일 어났는데 그때 브라질에서 중재를 위하여 프란치스코 드 멜로 파헤타를 파견하였다. 그 곳에서 그는 커피나무를 발견하였고 커피나무를 브라질에 심기 위해 기아나 총독의 부 인을 유혹해 커피나무 씨앗을 얻어낸다. 그 후 파헤타는 브라질로 돌아가 파라(Para) 지 역에 커피나무를 심었고 이후에 브라질이 커피 생산국 1위 국가가 되었다.

이렇게 철저하게 이슬람에서 독점한 커피가 어떠한 이유로 유럽 및 그 외 나라들로 전파되었는지 알아보자.

(1) 이탈리아(Italia)

베니스의 상인들은 이탈리아에 처음으로 커피를 소개하였다. 그러나 가톨릭 문화가 있던 이탈리아 사람들에게 이슬람 문화권에서 가져온 커피는 이교도의 음료였기 때문에 배척을 당했다.

종교재판까지 올라간 커피는 그 당시 교황이었던 클레멘트 8세가 공식적으로 커피에 세례를 주었고 그 이후 유럽 전역에 널리 퍼지게 되었다.

1645년 베니스에 최초의 커피하우스가 오픈하였고 1720년 베니스 산마르코광장에 문을 연 카페 플로리안(Cafe Florian)은 지금까지 현존하는 가장 오래된 카페이다.

(2) 영국(United Kingdom)

영국의 최초의 커피하우스는 유대인 야곱이 1650년에 오픈하였고 1652년 파스콰 로 제에 의해 런던에 커피하우스가 오픈하였다. 영국은 커피보다 차가 유명하지만 당시에 는 수백 개의 커피하우스가 있을 정도로 커피왕국이었다. 당시 커피하우스를 페니 유니 버시티(Penny University)라고 부르기도 했다. 커피하우스에 정치인과 지식인들이 모이 면서 적은 돈으로 많은 지식과 정보를 교환하고 얻을 수 있었기 때문이다.

1688년에는 에드워드 로이드가 런던에 커피하우스를 열게 되었는데 이는 로이드 보 험회사가 크게 성장할 수 있는 계기가 되었다.

(3) 프랑스(France)

파리(Paris)는 1671년 프랑스 최초의 커피하우스가 마르세유(Marseilles)에 오픈하였고, 1686년 파리의 최초 커피하우스 프로코프(cafe de procope)가 프로코피오 코넬리(Procopio dei Coltelli)에 오픈하여 큰 성공을 이루었다.

1720년에는 프랑스 해군 장교 가브리에 마티유 드 클레외(Gabriel Mathiew de Clieu)가 카리브해의 마르티니크(Martinique)섬에 커피를 재배하면서부터 카리브해와 중남미 지역에 커피가 전파되었다.

(4) 미국(United States of America)

1691년 보스턴에 미국 최초의 거트리지 커피하우스(Gutteridge Coffee House)가 오픈하였고, 1696년 뉴욕에 더 킹스암스 커피하우스(The King's Arms Coffee House)가 오픈하였다.

하지만 미국이 커피를 주로 마신 계기는 보스턴 차 사건으로 인해 차 대신 커피를 마시면서 커피가 발전해나가기 시작했다.

(5) 대한민국(Republic of Korea)

우리나라는 1896년 아관파천 당시 고종황제가 러시아로 피신하면서 처음 접하게 되었다. 그 후 다시 덕수궁으로 돌아온 고종황제는 궁 안에 '정관헌'이라는 건물을 지어 커피를 즐겼다.

그 당시 커피라고 부르지 않고 서양에서 건너온 국물이라 하여 '양탕국'이라 불렀으며, 한일병합조약이 이루어진 뒤 궁중에서 커피를 끓이던 상궁들이 나와 전통차와 함께 양탕국을 팔면서 초기 다방문화가 형성되었다. 우리나라 최초의 커피하우스는 1902년 손탁이라는 독일 여성이 지은 손탁호텔이다.

4) 커피 식물학

(1) 커피나무

커피나무는 꼭두서니과 코페아에 속하는 열대성 상록교목인 다년생 쌍떡잎식물로 원산지는 아프리카이다. 품종에 따라 아라비카종은 4~6m, 카네포라종은 8~12m까지 자라지만 수확을 위해서는 가지치기를 하여 2~2.5m 정도로 유지해야 한다.

커피나무는 2년이 지나면 첫 번째 꽃을 피우고 약 3년이 되면 나무가 성숙하여 정상적으로 첫 번째 열매를 수확할 수 있지만 5년이 되어야 안정적인 수확이 가능하다. 15년쯤 자란 나무에서 수확량이 가장 많으며 경제적으로 수확할 수 있는 기간은 20~30년이다.

계(界)	Kingdom	식물계	
문(門)	Division	피자식물문	
강(綱)	Class	쌍떡잎식물강	
목(目)	Order	용담목	
과(科)	Family	꼭두서니과	
속(屬)	Genus	코페아속	
종(種)	Species	아라비카종, 카네포라종, 리베리카종	
품종(品種)	Variety	아라비카 (Arabica)	티피카, 버본, 마라고지페, 문도노보, 파카스, 카투아이, 카투라, 카티모르, H.D.T 등
		카네포라 (Canephora)	로부스타, 코닐론
		리베리카 (Liberica)	리베리카

(2) 커피 꽃

커피 꽃은 흰색을 띠고 있으며 재스민 향이 난다. 마디 하나에 꽃이 16~48개 정도 모여서 피고 아침 일찍 꽃이 펴서 2~3일 후 꽃이 떨어지면 그 자리에 열매를 맺는다. 보통 건기에 꽃이 피지만 우기와 건기의 구별이 명확하지 않은 적도 지역은 여러 차례 꽃이 피기도 한다.

(3) 커피 잎&뿌리

커피나무의 잎은 긴 타원형이고 두꺼우며 표면은 녹색이고 광택이 난다. 아라비카종은 잎이 가늘고 파도 모양이고, 로부스타는 그에 비해 더 넓고 타원형이다. 어린잎은 옅은 녹색을 보이거나 갈색을 띠고 두 달 정도 지나면 잎이 다 자라고 녹색을 띠게 된다.

[아라비카 잎]　　　　　　　　　　[로부스타 잎]

커피나무의 뿌리는 20~25cm이고, 땅속으로 3m까지 뻗는다. 뿌리는 습도가 높을수록 대부분 위쪽으로 뻗어나며 건조하고 열에 노출된 토양은 뿌리가 상대적으로 아래쪽으로 뻗어난다. 또한 아라비카의 경우 로부스타(카네포라)종에 비해 뿌리가 깊게 발달하여 가뭄에 상대적으로 강한 편이다.

(4) 커피체리

커피체리는 크기와 품종에 따라 다르지만, 일반적으로는 조그마한 포도알 정도다. 커피체리는 껍질 안쪽에 얇은 과육이 있긴 하지만, 포도알과 달리 씨앗이 열매의 대부분을 차지한다.

커피체리는 처음에 녹색을 띠다가 열매가 성숙하면서 점점 색깔이 어두워진다. 성숙한 열매는 보통 붉은색인데, 노란색 열매를 맺는 커피나무와 붉은색 열매를 맺는 커피나무가 교배하여 오렌지색 열매가 나오기도 한다. 열매의 색깔과 수확량은 아무 관계가 없는 것으로 알려졌지만, 오렌지색 열매를 맺는 커피나무는 열매가 익었는지를 확인하기가 더 어렵기 때문에 재배를 기피하는 경향이 있다.

반면 붉은색 열매는 녹색과 노란색을 거쳐 붉은색으로 변하기 때문에 손으로 커피체리를 딸 경우 열매가 익었는지를 확인하기가 더 수월하다.

커피체리의 성숙 정도는 열매에 함유된 당분의 양에 의해 결정되는데, 열매에 들어있는 당분은 커피 맛을 결정하는 중요한 요인이기도 하다. 대체로 열매의 당분은 많을수록 좋다.

① 커피체리의 구성

- **외과피(skin)**: 커피체리의 가장 바깥쪽에 있는 껍질로, 펄프드 내추럴이나 워시드 방식으로 가공할 때 펄핑단계에서 과육과 함께 제거된다.
- **과육(Pulp)**: 커피체리의 과육도 다른 과일들처럼 단맛이 나긴 하지만 강도는 매우 약한 편이다. 외피와 마찬가지로 펄프드 내추럴이나 워시드 방식으로 가공할 때 펄핑 단계에서 제거된다.

- **점액질(Mucilage):** 파치먼트 표면에 붙어있는 점액질은 펙틴 성분을 많이 함유하고 있으며, 쉽게 썩는다.
- **파치먼트(Parchment):** 생두를 감싸고 있는 껍질로 커피나무의 씨앗이기도 하다. 스페인어로는 페르가미노라고 한다.
- **은피(Silver skin):** 생두를 둘러싸고 있는 얇은 막으로, 로스팅 시 벗겨진 것을 채프라고 한다.
- **생두(Green bean):** 커피의 주재료인 생두는 커피체리의 가장 안쪽에 있는 씨앗이며 두 개가 한 쌍을 이루는 것이 일반적이다.
- **센터 컷(Center cut):** 생두의 중심부에 홈이 파여 있는 부분

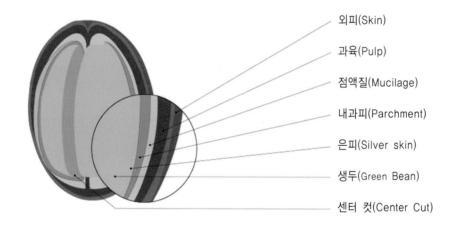

외피(Skin)

과육(Pulp)

점액질(Mucilage)

내과피(Parchment)

은피(Silver skin)

생두(Green Bean)

센터 컷(Center Cut)

5) 생두의 이해

(1) 생두의 모양

① 피베리(Peaberry)

일반적으로 커피열매는 체리 안에 2개의 씨앗이 마주 보고 있으나, 1개의 씨앗이 싹을 틔우고 성장하기도 하는데 이를 피베리(Peaberry)라 한다.

발생 원인은 유전적 결함, 환경적 요인 또는 불완전

수정 등이다. 일반적인 수확 시 5~20% 정도 생산되며 평균 10% 정도가 섞여 있다. 일반 커피콩과 품질이 비슷하나 스페셜 등급으로 취급되기도 한다.

② 플랫빈(Flat bean)

단면이 평평한 생두로 일반적으로 1개의 체리를 수확했을 때 2개의 생두를 얻을 수 있고 2개의 생두가 마주 보고 있다.

③ 트라이 앵귤러빈(Triangular bean)

커피체리 안에 3개의 생두가 들어있다. 유전적 결함이나 환경적 요인에 따라 발생하며 결점두로 여겨진다.

(2) 커피체리 품종

품종이 중요하게 다뤄지는 이유는 품종에 따라 표현할 수 있는 커피향미의 최대치가 다르기 때문이다. 예를 들어 역사가 가장 오래된 품종인 티피카는 좋은 산미와 향을 가지고 있지만 커피녹병 등의 병충해에 약하고 생산고도가 높으며, 그늘 재배와 격년 수확을 해야 한다는 어려움이 있다. 그래서 커피 수요가 늘고 커피 수출이 생산국의 주요 산업으로 자리 잡게 되면서부터는 티피카보다 병충해에 강하고 생산성이 높은 새로운 교배종들을 재배하기 시작했다. 실제로 콜롬비아는 1967년까지만 해도 100% 티피카만 재배했지만, 현재는 생산성이 높고 햇빛경작이 가능한 카투라와 카스티요 등의 교배종들이 상당수를 차지하고 있다. 하지만 이러한 품종은 티피카나 버번 같은 재래종에 비해 단맛이 떨어진다는 단점이 있다. 로스팅 시 각 품종이 지닌 특징을 고려해야 하는 것도 이러한 이유에서다.

① 아라비카(Arabica)

아라비카의 학명은 코페아 아라비카이며, 에티오피아 남서쪽에 위치한 카파 지역에서 처음 발견된 후 아라비아 반도를 거쳐 세계 각국의 생산지로 퍼져 나갔다. 아라비카는 커피의 맛과 향이 다른 종에 비해 뛰어나 현재 가장 많은 판매량을 보이고 있으며, 실제로 전 세계 커피 생산량의 60%가량을 차지하고 있다. 아라비카 품종에는 대표적으로 티피카, 버번, 문도노보, 카투라, 카투아이, 마라고지페 등이 있다.

② 로부스타(Robuust)

19세기 말 아프리카 콩고와 기니에서 처음 발견된 로부스타는 엄밀히 말하면 카네포라종의 하위 품종이지만 다른 품종보다 생산성이 월등히 높아 아라비카보다 상업적인 용도로 더 많이 이용되고 있다. 로부스타라는 이름은 네덜란드 출신의 한 상인이 벌레가 잘 먹는 아라비카에 비해 깨끗한 로부스타의 표면을 보고 Robuust(튼튼하다)라 일컬은 데서 유래했다. 로부스타는 아라비카보다 생육조건이 까다롭지 않고 병충해에 강하며 생산량도 많아서 상업적으로 높은 가치를 지닌다.

로부스타는 향미의 품질과 다양성이 상대적으로 떨어지기 때문에 인스턴트커피 제조에 사용된다.

※ 아라비카와 로부스타의 특성

구분	아라비카	로부스타
원산지	에티오피아	콩고
유전자	염색체수 44	염색체수 22
번식	자가수분	타가수분
적정기온	18~22℃	20~25℃
적정재배고도	해발 900~2000m	해발 200~800m
적정강수량	1,200~2,000ml	1,500~3,000ml
병충해	약함	강함
가뭄	강함	약함
카페인함량	1~1.5%	2~3%
향미	향미가 우수, 산미가 좋음	향미가 약함, 쓴맛이 강함.
주요생산국가	중남미, 동아프리카	서아프리카, 동남아시아

(3) 아라비카 품종의 종류

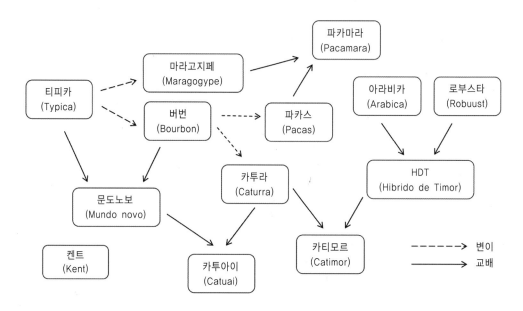

① 티피카(Typica)

티피카(Typica)는 자연변이 혹은 유전자 변형 품종의 고유품종으로 알려져 있다. 품질과 맛이 뛰어나 여러 농장에서 티피카 재배를 선호하지만, 특성상 까다롭고 환경의 영향을 많이 받아 생산성이 낮다. 아라비카의 여러 품종 중 고가의 가격대를 형성하는 품종이며 일반적인 아라비카(Arabica)의 콩의 모양새를 한 생두이다. 대표적인 품종에는 자메이카 블루마운틴(Jameica blue mountain), 하와이안 코나(Hawaii kona) 등이 있다.

② 버번(Bourbon)

버번은 티피카가 리유니언 섬(Island of Reunion, 옛 버번)에서 자연 변이하여 생겨난 품종이다. 티피카보다 생산량이 적은 특징이 있고, 특유의 단맛 덕분에 스페셜티 커피 업계에서 높은 평을 받고 있다. 대표적인 생산국가는 브라

질(옐로 버번)이 있으며, 케냐, 탄자니아 등에서도 재배하고 있다.

③ 마라고지페(Maragogype)

티피카의 돌연변이 종이며 생두의 크기가 매우 커서 코끼리콩이라고 부르기도 한다.

일반 콩보다 두 배의 크기를 가지고 있어 육안으로 구분이 된다. 하지만 생산성이 그다지 좋지 않고 맛과 향이 뛰어나지 않아 많이 보급되지는 않았다.

④ 문도노보(Mundo novo)

티피카와 버번의 자연 교배종으로 이 품종이 처음 발견된 브라질 지역의 이름을 따서 만들어졌다. 단위 면적당 생산량이 많고 생명력이 강하며 병충해 내성이 뛰어나다는 것이 장점이다.

⑤ 카투라(Caturra)

버번의 돌연변이 품종으로 브라질에서 발견되었다. 생산량이 비교적 많지만, 과잉결실이 발생하는 경우가 종종 있다. 품질이 고른 편이며, 고지대에서 재배될수록 품질이 높아지고 생산량이 줄어든다.

나무는 키가 작아 손으로 수확하기 쉽다. 대표적으로 브라질, 콜롬비아, 과테말라 등 남미에서 많이 재배된다.

⑥ 카투아이(Catuai)

카투라와 문도노보의 교배종으로 브라질 농업연구소에서 개발되었다. 강력한 생명력이 특징이고 맛이 뛰어나다. 브라질을 비롯한 중남미 전역에서 재배되고 있다.

⑦ H.D.T(Hibrido de Timor)

티모르섬에서 처음 발견된 아바리카와 로부스타의 자연교배종이다.

H.D.T종은 나무가 튼튼하며 로부스타처럼 환경에 강하고 커피녹병에 강한 내성이 있다.

⑧ 카티모르(Catimor)

H.D.T종과 Caturra의 교배종이다. 나무의 높이가 낮아 수확이 쉬우며, 커피녹병에 강해 재배가 용이한 특징이 있다. 아시아지역으로 널리 퍼져 있으며 많은 양의 수확이 가능하지만, 상대적으로 아라비카 중에서 저가의 가격대를 형성하고 있다.

⑨ 파카스(Pacas)

버번의 자연변이종이며 1949년 엘살바도르 파카스 가족에 의해 처음 발견되어 파카스라는 이름을 붙이게 되었다. 커피나무가 키가 작아 수확이 용이한 특징을 가지고 있고, 컵 퀄리티는 버번과 유사하다.

⑩ 파카마라(Pacamara)

파카스와 마라고지페의 교배종이다. 1958년 엘살바도르에서 만들어졌으며 각각의 장점을 섞어 만든 품종이다. 커피나무의 잎 열매, 생두의 크기가 크고 향미가 많이 난다는 장점이 있다. 하지만 병충해에 약하며 유전적으로 품질 유지가 어렵다는 단점이 있다.

⑪ 켄트(Kent)

티피카의 돌연변이종이며 1911년 켄트에 의해 인도에서 발견된 품종이다. 아프리카 동부지역에 재배하였으나, 환경적응에 실패하여 기존 품종의 품질을 떨어뜨리는 결과를 나타냈다. 크기는 다소 작지만, 녹병에 강하고 생산성이 높은 특징을 가지고 있다.

⑫ 게이샤(Geisha / Gesha)

게이샤의 이름이 붙은 이유는 명확하지 않지만, 에티오피아 서부 지역에 있는 마을의 이름 '게샤'라고 불린다. 코스타리카에서 파나마로 수출되었던 품종의 원산지가 에티오피아인 것으로 추정된다.

2004년 파나마의 농장 아시엔다 라에스메랄다(Ha-cienda La Esmeralda)의 게이샤가 경매에 등장하면서 인지도가 급격히 상승했으며, 독특하고 우수한 커피로 평가받았다.

(4) 생두의 구성 성분

① 탄수화물

생두의 절반 이상을 차지하는 성분인 탄수화물은 크게 단당류(포도당, 과당, 갈락토오스)와 이당류(자당, 맥아당, 유당), 다당류(녹말, 글리코겐, 덱스트린, 셀룰로오스)로 나뉜다. 자당이 주를 이루는 유리당(유리상태로 존재하는 당)은 생두에 6~8%가량 포함되어 있으며, 로스팅 시 메일라드 반응과 캐러멜화, 스트레커 분해를 일으켜 갈변현상을 초래하고 향기 화합물을 형성한다. 로스팅 과정에서 단당류는 아미노산과 반응하여 전부 소멸하지만, 다당류는 로스팅이 끝난 후에도 일부가 남아 에스프레소 추출 시 크레마의 상태를 안정적으로 유지하는 역할을 한다. 생두는 유통과 보관과정에서 다양한 변수의 영향을 받는데, 특히 유리당은 보관 장소의 온도가 높을수록 빠르게 감소한다고 알려져 있다.

② 아미노산과 단백질

생두의 단백질 함량은 품종마다 다르지만 대개 8~12% 선이며 종류도 다양하다. 그중 단백질의 0.3~0.8%를 구성하는 아미노산은 로스팅 시 당과 반응하여 멜라노이딘과 향기 화합물을 만들어낸다. 생두를 로스팅하면 열에 약한 단백질이 열분해되고 로스팅 레벨에 따라 글루탐산이 감칠맛을 더하기도 한다. 열에 의한 단백질의 성분 변화는 커피의 개성이 드러나는 중요한 부분이다.

③ 지질 및 무기질

생두의 지질 함량은 재배지의 토양과 기후, 생두의 품종 등에 따라 다르지만, 평균적으로 아라비카는 15.5%, 로부스타는 9.1%가 지질로 구성되어 있다. 생두의 지질은 대부분 배젖 부위에 몰려있으며 표면에는 소량 분포한다. 지질에는 여러 가지 종류가 있는데 그중에서도 카월과 카페스톨은 오직 생두에서만 볼 수 있다. 지질은 생두의 세포벽에 액체 상태로 존재하며 로스팅 시 조직이 팽창하면서 표면으로 흘러나온다. 생두는 높은 열로 빠르게 로스팅할수록 조직의 팽창도가 높아져 지질의 움직임이 활발해지고 커피오일도 원활하게 배출된다. 일반 식품과 달리 생두의 지질은 생리활성 물질이 풍부해 인체에 유해한 활성산소를 억제하고 스트레스를 예방하는 효과가 있으며 항암에도 도움이 된다. 한편 생두의 무기질 함량은 4% 내외로, 대부분 수용성이며 다량의 칼륨과 소량의 마그네슘, 황, 칼슘, 인 등을 포함하고 있다. 특히 항진균작용이 있는 구리 성분은 아라비카보다 로부스타에 더 많이 들어있는데 로부스타의 곰팡이 발생률이 적은 것도 이 때문이다.

④ 트리고넬린

생두의 트리고넬린은 로스팅 시 클로로겐산보다 더 높은 온도에서 열분해 되어 니코틴산을 생성하고, 피리딘과 같은 화합물을 형성하여 커피 향미를 발현시킨다. 트리고넬린은 일반 식품에도 다양한 형태로 존재하지만, 특히 어패류에 많이 들어있다. 생두의 트리고넬린 함량은 평균적으로 아라비카가 1.5%, 로부스타가 0.65%, 리베리카가 0.25%다.

⑤ 클로로겐산

생두에 함유된 폴리페놀 성분은 주로 신남산과 퀸산으로 구성되며, 이를 통칭해 클로로겐산이라고 부른다. 생두는 최소 13종 이상의 클로로겐산이 포함되어 있다고 알려졌지만 정확한 함량은 품종과 재배환경, 분석방법 등에 따라 달라질 수 있다. 클로로겐산과 카페인은 쓰고 떫은맛을 방어기제로 사용해 곰팡이의 번식을 막고 곤충과 동물의 공격으로부터 커피나무를 보호한다. 클로로겐산은 로스팅 레벨이 높을수록 빠르게 손실되며, 휘발성 화합물로 분리되어 신맛을 내기도 한다. 생두를 라이트 로스팅하거나 높은 열로 단시간에 로스팅한 경우 클로로겐산의 일부가 남아 금속 맛과 떫은맛의 원인이 되며 촉감과 후미에도 부정적인 영향을 끼친다. 하지만 클로로겐산은 우리 몸에 치명적인 활성산소를 제거하는 데 탁월하며 생두의 산성화를 지연시키는 역할도 한다. 로스팅 레벨이 낮은 원두가 숙성기간을 거치면 떫은맛이 사라지는 것도 이러한 이유이다.

⑥ 기타 성분

생두 역시 일반 식품과 마찬가지로 다양한 종류의 비타민이 존재한다. 다만 비타민의 특성에 따라 로스팅 시 파괴 정도에 차이가 있다. 비타민 B1과 비타민 C는 로스팅 중에 대부분 파괴되지만, 니코틴산과 비타민 B12, 엽산은 비교적 열에 강해서 오래 남아있다. 특히 니코틴산은 트리고넬린의 열분해에 의해 생성되기 때문에 생두보다 원두의 함량이 더 높다. 유기산은 카페인산, 구연산, 사과산, 주석산, 인산 등의 비휘발성 산과 식초산 등의 휘발성 산으로 나뉘며 신맛에 영향을 준다. 커피에서 가장 중요한 산인 퀸산과 사과산, 구연산은 열분해와 중합반응을 통해 다양한 색과 향미를 만들어내지만, 로스팅 시간이 길어질수록 함량이 줄어든다.

6) 카페인의 이해

(1) 카페인

카페인은 커피나 차, 카카오 같은 식물의 열매, 잎, 씨앗 등에 함유된 알칼로이드 성분으로 각성효과와 이뇨작용이 있어 에너지 드링크를 비롯한 여러 음료에 다양하게 활용된다. 커피의 쓴맛을 내는 성분 중 하나인 카페인 함량은 생두의 품종과 재배지, 그리고 추출방법에 따라 다르다. 카페인은 기본적으로 물에 잘 녹는 성질을 지니고 있으며 온도가 높을수록 더 많은 양의 카페인이 물에 용해된다. 특히 저온에서는 카페인과 클로로겐산이 반응하는 백탁현상이 일어나면서 쓴맛이 증가하는데 이를 방지하기 위해서는 추출한 커피를 급속히 냉각시켜야 한다. 생두의 카페인 성분은 유해한 미생물과 세균의 오염을 막는 항균효과와 곰팡이독의 일종인 오크라톡신의 생성을 억제하는 항박테리아 기능이 있으며, 자외선에 의한 피부암 발생을 예방하고 일시적으로 활력을 높여주는 효과도 있다.

(2) 디카페인

카페인은 커피에서 처음 발견되었으며, 1820년 독일 화학자 프리드리히 룽게(Fridrich Runge)가 처음 카페인을 분리해 냈다. 커피에 들어있는 혼합물이라는 의미로 카페인이라 명명했고 어원은 독일어 'Kaffein', 영어 'Caffeine'에서 찾을 수 있다.

디카페인은 별도의 인증기준이 있다. EU는 아라비카 기준 카페인 함량 0.1% 이하를 디카페인으로 인정하고, 미국은 좀 더 엄격한 편이다. 카페인 함량이 0.045% 이하이며 97% 이상의 카페인이 제거되어야 한다. 카페인을 제거하는 방법은 다음과 같다.

첫 번째, 최초로 상업적으로 이용되던 유기용매는 1906년도에 특허를 낸 독일 로셀리우스(Roselius)에 의한 벤젠(Benzene)이었다. 증기를 쐬어 콩의 조직을 부풀린 후 용매를 사용하여 카페인을 제거하는 방법이다. 하지만 유기용매의 잔류 문제로 인해 현재는 사용하지 않고 있다.

두 번째, 액화 이산화탄소를 이용해 카페인을 추출하는 초임계 방식이 있다. 스위스 워터 프로세스 방식 다음으로 널리 사용하는 방법이지만 이산화탄소를 액체와 기체로 계속 변화시킬 수 있는 설비를 갖춰야 하므로 초기 비용이 많이 든다.

마지막은 100여 년 전 스위스에서 개발된 공법인 스위스 워터프로세스(Swiss Water Process)로, 가장 많이 사용하는 방법이다. 이 방식을 위해 스위스 워터를 먼저 만들어야 한다. 생두를 뜨거운 물에 넣어 물에 녹는 많은 수용성 물질들을 녹여내면 이때 카페인도 용해되어 나온다. 이 용액을 활성탄소(Carbon Filter)로 걸러내면 커피 향미의 원인이 되는 많은 수용성 물질들은 통과하고 분자구조가 큰 카페인만이 걸러진다. 이렇게 만들어진 물이 스위스 워터이다. 디카페인 커피를 만들 생두를 이 워터에 담그면 카페인만 녹아 나오게 된다. 스위스워터 프로세스 사의 특허 기술로 비교적 저렴하고 안전하게 디카페인 커피를 만들 수 있다.

2 커피 생두 관리

1) 생두 재배

커피나무를 재배할 때 커피체리의 씨앗인 파치먼트를 밭에 바로 뿌리지 않고 먼저 묘포에서 묘목을 키운다. 묘포는 파치먼트에 지속적으로 물과 영양분을 공급하는 동시에 일조량을 적절히 조절하여 커피나무의 새싹이 잘 자랄 수 있는 환경을 제공한다. 파종 후 1~2개월이 지나면 파치먼트에서 싹이 돋아나기 시작하고, 묘목이 40~60cm가량 자랐을 때 경작지에 옮겨 심는다.

(1) 재배방법

① 그늘경작(shade grown coffee)

그늘경작은 커피나무 주변에 키가 큰 나무를 심어 그늘을 만들어주는 전통적인 경작 방법이다.

커피나무는 역사가 오래된 품종일수록 햇볕에 약해서 셰이드 트리를 이용해 일조량을 조절한다. 그늘이 조성되면 새들이 모여들어 해충 피해가 줄고 풍해를 막는 효과가 있으므로 유기농법으로 커피나무를 재배할 수 있다. 브라질을 제외한 대다수의 커피산지에서는 품질 향상을 위해 그늘경작을 도입하거나 시도하는 중이다.

② 햇빛경작(sun coffee)

주로 브라질에서 사용하는 경작 방법인 햇빛경작은 커피나무를 강한 햇빛에 노출시켜 커피체리의 성숙시간을 단축하고 생산량을 극대화하는 방식이다. 하지만 이러한 방식은 커피체리가 익는 시간을 지나치게 앞당겨서 겉으로 보기에는 빨갛게 잘 익은 것 같아도 실제로는 충분히 익지 않아 밀도가 떨어지고 커피성분도 충분히 생성되지 않는 경우가 많다. 이렇게 수확된 커피는 상대적으로 클로로제닉산 함량이 높게 나타나며 품질저하의 원인이 되는 떫은맛이 강하게 느껴진다. 따라서 햇빛경작은 전통적인 품종의 커피나무보다는 많은 일조량에 견딜 수 있도록 개량된 커피나무에 적용하는 것이 바람직하다.

(2) 커피나무 병충해

① 커피녹병(CLR)

CLR(Coffee Leaf Rust)라 불리는 커피녹병은 Hemileia Vastatrix라는 곰팡이균의 공격을 받은 커피나무의 잎이 마치 녹슨 것처럼 누렇게 변색되었다가 말라 죽는 병으로 커피나무에 치명적인 병이다. 이 병충해에 걸리면 광합성 활동이 저해되며 나뭇잎이 떨어져 결국 커피가 말라 죽게 된다. 이 곰팡이균은 잎에 오렌지색 포자를 만들어 바람을 타고 다른 나무로 쉽게 확산하는데, 특히 원종에 가까운 품종일수록 더 취약하다.

② 커피열매 천공충(CBB)

CBB(Coffee Berry Borer)라 불리는 커피열매 천공충은 커피체리 안에 알을 낳는 벌레를 말한다. 알에서 부화한 애벌레들은 생두를 먹고 자라다 성충이 되면 다른 열매로 옮겨간다. 아프리카 태생인 이 벌레는 현재 세계적으로 커피작물에 가장 큰 피해를 끼치는 병충이다.

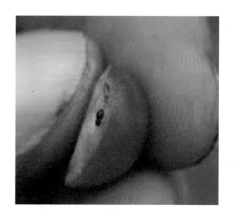

2) 생두 수확방법

(1) 선택적 수확(Hand Picking)

고품질의 커피를 생산할 때는 핸드피킹이 가장 효과적인 수확방식이다. 농부가 잘 익은 체리만 선별적으로 수확하는 방법으로, 핸드피킹이라 불린다. 수확시기에 모든 커피체리가 똑같이 익는

것은 아니기 때문에 성숙도를 직접 보고 판단하여 잘 익은 것만 골라서 수확한다. 일일이 손으로 따는 방식인 만큼 상당히 많은 인력이 필요하지만 좋은 품질의 커피를 생산하기에는 이상적인 수확방식이다.

(2) 스트리핑(Stripping)

수작업 방식 중 속도가 빠른 측에 속하는 스트리핑은 가지에 걸려있는 커피체리를 손으로 훑어서 한 번에 수확하는 방식이다. 작업속도는 빠르지만, 열매를 무작위로 담기 때문에 정밀한 선별이 불가능하다. 성숙도를 고려하지 않기 때문에 상대적으로 품질이 떨어진다.

(3) 기계수확(Machine harvesting)

기계를 이용한 스트리핑으로 일정한 간격으로 줄지어 서 있는 커피나무 사이를 지나다니며 나뭇가지에 달린 커피체리를 한 번에 수확하는 방법이다. 기계수확에는 여러 가지 단점이 있지만, 그중에서도 수확 시 커피체리의 성숙 정도가 제각각 다르기 때문에 잘 익은 열매와 덜 익은 열매가 섞여 있을 수밖에

없다. 따라서 수확 후에 잘 익은 열매와 덜 익은 열매를 분류하는 작업을 해야 할 뿐만 아니라 열매에 붙어있는 잔가지와 나뭇잎도 제거해야 한다. 기계수확을 도입하면 작업은 빠를지라도 커피품질은 떨어질 수밖에 없다.

3) 생두 가공법

(1) 내추럴 가공방식(Natural processing)

드라이 프로세스로도 알려진 내추럴 가공방식은 가장 오래된 가공방식으로 커피체리를 넓게 펼쳐놓고 햇빛에 건조하는 방식이다. 내추럴 가공방식은 물이 부족한 지역에서 많이 사용하는 방식이므로 브라질이나 에티오피아에서 주로 사용되고 있다. 가장 쉬운 건조방식이지만 과정이 단순하여 품질 관리가 어려워 힘든 가공방법 중 하나이다.

가공순서는 다음과 같다.

수확(Harvesting) - 건조(Drying) - 탈곡(Hulling)

(2) 워시드 가공방식(Washed processing)

워시드 가공방식은 수확을 마친 커피체리의 과육을 거의 다 벗겨낸 후에 깨끗한 수조나 물통으로 옮겨 발효를 통해 남은 과육을 완전히 제거한다. 펙틴이 풍부하게 들어있는 커피체리 과육은 커피 씨앗에 딱 달라붙어 있다가 발효과정을 거치면서 분해되어 사라

진다. 발효시간은 산지와 농장의 특성에 따라 조금씩 다른데 보통 6시간에서 12시간 정도 소요된다. 발효를 너무 오래하면 부패할 수 있으므로 주의해야 한다. 발효 후 세척이 이루어지는데 세척을 하는 이유는 더 이상 발효가 진행되지 않도록 점액질을 제거하는 것이다. 세척에 사용하는 물의 양은 다 다른데 독성을 지닌 물을 바로 버리면 안 되기 때문에 중화제를 넣어 중화시킨 후 방류해야 한다. 하지만 이 또한 환경오염에 영향을 줄 수 있는 문제이다.

가공순서는 다음과 같다.

수확(Harvesting) – 분리(Separation) – 과육제거(Pulping) – 발효(Fermentation) –
세척(Washing) – 건조(Drying) – 탈곡(Hulling)

(3) 펄프드 내추럴(Pulped natural)

브라질에서 처음 개발된 가공방식으로
내추럴과 워시드의 장점만 모은 가공법으
로, 외피와 과육을 벗겨낸 후 점액질이 있
는 상태에서 건조하는 방식이다. 생두에
점액질을 남김으로써 단맛과 바디감을 높
일 정도의 당분을 가져가는 것이 핵심이다.
현재도 많이 사용하고 있는 이 가공방법은 점액질의 특성상 쉽게 썩는 현상이 발생하기
때문에 이런 단점을 보완하기 위해 기후조건이 건조한 곳이나 건조시설이 잘 갖춰진 곳
에서 많이 사용한다.

(4) 세미워시드(Semi washed)

인도네시아에서 흔히 사용되는 가공방
식으로 다른 말로 길링 바사 웨트헐
(Giling Basah Wet-hulled)이라고도 한
다. 이 방식은 선별된 커피체리의 과육을
제거하고 초벌건조를 한 후 수분을
30~35% 남기고 도정을 거쳐 파치먼트를
제거한다. 그 후 생두의 부패를 막기 위해 한 번 더 건조한다. 이렇게 가공하는 이유는
연중 내리는 비로 인해 길어지는 건조 기간을 단축하기 위해서다. 세미워시드로 가공된
원두는 진한 녹색을 띠며, 커피는 산미가 약하고 바디감이 더 풍부하며 나무, 흙, 곰팡
이, 향신료, 담배, 가죽 등을 연상시키는 다양한 향미를 지닌다.

(5) 허니 프로세싱(Honey processing)

펄프드 내추럴과 유사한 가공방식으로 펄프드 내추럴을 허니 프로세싱이라 부르기도 한다. 코스타리카와 엘살바도르 등 중미 지역에서 널리 사용된다. 허니 프로세싱의 또 다른 이름인 미엘 프로세스의 미엘은 스페인어로 '꿀'이라는 뜻이다. 점액질을 얼마나 남기는가에 따라 100% 남기면 블랙 허니 프로세싱, 50%를 남기면 레드 프로세싱, 25%를 남기면 옐로 허니 프로세싱이라 부른다. 텁텁함과 떫은맛을 줄이는 대신 단맛과 바디를 더했지만, 생두에 남겨두는 과육의 양이 많을수록 건조과정에서 곰팡이가 생기거나 결점두로 변질될 확률이 더 높다.

가공방식은 다음과 같다.

수확(Harvesting) – 1차 과육제거(Pulping) – 분리(Separation) – 건조(Drying)

(6) 무산소 발효

무산소 발효는 산소를 빼낸다기보다 컨테이너를 밀폐하여 산소의 자유로운 출입을 막는 방법이다. 점액질이 달라붙은 파치먼트를 스테인리스 용기에 넣고 소량의 물과 미리 준비해둔 다른 커피의 점액질을 추가로 부은 후 용기를 밀봉하여 그 안에서 발효시키는 것이다. 그러면 압력과 열 발생으로 인해 점액질 성분이 파치먼트에 좀 더 강하게 달라붙어 있는데 이 과정을 통해 독특한 발효취가 생성된다.

(7) 탄산가스 침용

탄산가스 침용은 스테인리스 컨테이너에 파치먼트를 넣고 밀봉한 다음 컨테이너 안의 공기는 뽑아내고 탄산가스를 주입하는 것이다. 이렇

게 하면 당 분해를 줄여주고 박테리아의 성장을 억제하여 발효가 천천히 진행되며 pH가 느린 속도로 낮아져 보통 발효시간이 길어질 때 발생하는 불쾌한 신맛이 생성되지 않는다.

4) 건조

생두를 가공하고 건조하는 과정에서 건조는 중요한 역할을 하며 어떠한 가공법을 사용했느냐에 따라 건조 기간이 달라진다. 생두를 건조하는 이유는 보관하는 과정에서 미생물이 증식할 수 있으므로 수분함량을 낮춰야 한다. 보통 생두의 수분함량이 60~65%라면 건조과정을 통해 10~13%로 낮춘다. 수분함량이 이보다 떨어지면 탈곡 시 생두가 깨질 수 있고 너무 높으면 품질이 떨어진다.

건조하는 방식은 크게 두 가지가 있다. 햇빛건조와 기계건조인데 햇빛건조는 파티오건조와 테이블 건조로 나뉜다.

(1) 파티오(Patio) 건조

파티오는 콘크리트나 아스팔트, 타일이 깔린 건조장으로 커피열매와 파치먼트를 펼쳐놓고 말리는 방식이다. 건조 기간으로 열매는 12~21일, 파치먼트는 7~15일 정도이다. 갈퀴로 뒤집으며 골고루 건조한다.

(2) 테이블(Table) 건조

다른 말로 아프리칸 베드(African bed)라 불린다. 에티오피아에서 처음 시작된 건조방법으로 나무로 만든 골격 위에 그물망을 넓게 펼친 뒤 체리를 넣어놓고 말리는 방식이며, 통풍이 잘되어 수분을 효과적으로 날리기 위

해 이 방식을 택하기도 한다. 하지만 단위면적당 생산비용이 높은 단점이 있다.

(3) 기계 건조

수분함유율이 20%가 되면 기계건조기를 사용해 12% 낮추는 작업을 진행한다. 주로 습식법에서 사용하며, 주로 로터리 건조기를 이용한다. 회전축에 구멍이 뚫려 있어 열이 잘 전달될 수 이 있도록 해주고 드럼 내부 교반기로 인해 커피를 균일하게 섞어준다.

주원료 또한 체리껍질을 사용할 수 있다는 점과 초기 비용이 발생하긴 하지만 날씨의 영향과 상관없이 건조가 가능하다는 장점이 있다.

5) 생두의 신선도

커피의 신선도란 커피가 가지고 있는 맛과 향 이러한 휘발성 물질의 손실을 뜻한다. 커피의 맛에 가장 영향을 미치는 요소 중 하나가 커피의 신선도라 할 수 있다. 시간이 지나면 음식이 상해서 변질되는 것을 볼 수 있는데, 커피도 이러한 과정을 산패라고 부른다. 산패의 요인에는 습도, 산소, 빛이 있는데 원두 포장지 내에 소량의 산소만 존재해도 향료 화합물의 분해를 일으킨다. 이러한 과정을 커피의 산화라고 부른다. 또한 습도와 빛은 연관이 깊다. 빛이 강할수록 습도가 올라가면서 곰팡이균과 박테리아균이 활발해지며 커피의 산패가 일어난다.

이러한 산패를 늦추기 위해 여러 가지 포장방법을 이용한다.

◉ 주트백(Jute bag) 포장

황마 섬유로 만든 주트백은 생두 포장에 흔히 사용하는 방법이다. 비용은 저렴하지만, 외부의 수분과 냄새를 차단하지 못해 커피 향미에 변화를 가져올 수 있다.

○ 그레인프로(Grainpro)

곡물포장용 비닐백으로 외부요소를 차단할 수 있는 방법이다. 대부분의 스페셜티는 그레인프로에 담은 뒤 주트백으로 한 번 더 포장한다.

○ 진공포장(Vacuum packed)

생두의 부피를 최소화해 공간을 효율적으로 사용하고 품질도 일정하게 유지할 수 있는 방법이다. 하지만 비싼 가격과 제한된 용량 때문에 주로 스페셜티 커피에 사용된다.

6) 생두 구매

커피를 거래할 때 가격을 얘기할 때는 C-price를 사용한다. C-Price는 실제 거래가격이 아닌 뉴욕증권거래소에서 거래되는 가격을 의미한다. 실제로 증권거래소에서 거래되는 품목 중 커피의 비율은 굉장히 낮은 편에 속하고 사실상 C-price는 생산자가 만족할 만한 최소의 금액제시를 말한다. 하지만 가끔 특정 나라 농가가 C-price 가격보다 높게 측정되어 프리미엄이 붙는 경우가 있다. 이 거래는 스페셜티에 해당하지 않는다.

과거 커피수요의 증가로 인해 커피업계의 현금유입으로 가격이 급등하는 시기가 있었다. 하지만 얼마 후 가격이 점차 하락하면서 수익을 기대할 수 없어졌다. C-price는 생산비용이 반영되지 않기에, 생산자들은 이익창출을 할 수 없어 이 같은 상황을 해결하고자 여러 가지 방법들이 시도되었다. 그러한 이유로 서스테이너블 커피(Sustainable coffee) 인증제도가 있다. 서스테이너블 커피란 다른 말로 지속가능한 커피로 불리는데, 커피의 품질을 좋은 상태로 유지할 수 있게 하는 시스템이다. 이러한 시스템이 생겨난 이유는 커피값이 폭락하였을 때 농가에서는 더 많은 생산을 하는 방법을 택했는데, 이는 무분별한 벌초와 농약 남용으로 환경오염을 일으켜 주변 농작물에 더 큰 피해를 입혔다. 또한 헐값으로 넘긴 커피를 중간업체가 비싼 값에 팔면서 이익을 취하고 농장들만 더 어려워지는 계기가 되었다.

이를 방지하고자 만든 시스템이며 이 안에는 공정무역커피(Fair Trade Coffee), 유기농 커피(Organic Coffee), 버드프렌드 인증(Bird Friend Certified), 열대우림동맹 인증(Rainforest Alliance Certified) 등이 있다.

3   커피 생두 분류

1) 생두의 등급 분류

(1) 스크린 사이즈에 따른 분류

스크리너를 이용하여 생두를 크기별로 분류하고 이에 따라 등급을 구분하는 방식이다. 스크린 번호가 #18 이상인 생두를 콜롬비아에서는 수프레모(supremo) 등급, 케냐와 탄자니아에서는 AA라 등급을 매긴다.

※ 스크린 사이즈 분류 기준

스크린 NO.	크기(mm)	English	Colombia	Africa
20	7.94	Very Large Bean		
19	7.54	Extra Large Bean		AA
18	7.14	Large Bean	Supremo	A
17	6.75	Blod Bean		
16	6.35	Good Bean	Excelso	B
15	5.95	Medium Bean		
14	5.55	Small Bean		C
13	5.16	Peaberry		PB
12	4.76			
11	4.30			
10	3.97			
9	3.57			
8	3.17			

(2) 밀도 및 재배고도에 따른 분류

일반적으로 생두는 재배고도가 높을수록 밀도가 높다. 고지대는 일교차가 커서 커피 체리가 익는 시간이 길고 그로 인해 더 많은 성분이 생성되어 단단해지기 때문이다. 재배 고도와 밀도가 비례한다는 등식이 성립되면서 과테말라와 코스타리카에서는 SHB(Strictly Hard Bean) 등급을, 온두라스, 엘살바도르, 멕시코, 니카라과에서는 SHG(Strictly Hard Grown) 등급을 상업적 가치가 가장 높은 등급으로 여긴다.

국가명	분류 내용	분류 기준(재배고도)
과테말라	SHB(Strictly hard bean) HB(Hard bean) Semi hard bean	1,300m 이상 1,220m~1,300m 1,050m~1,220m
코스타리카	SHB(Strictly hard bean) GHB(Good hard bean)	1,200m~1,650m 1,100m~1,250m
멕시코	SHG(Strictly high grown) HG(High grown)	1,200m~1,650m 1,100m~1,250m
온두라스	SHG(Strictly high grown) HG(High grown)	1,500m~2,000m 1,000m~1,500m
엘살바도르	SHG(Strictly high grown) HG(High grown)	1,200m이상 900m~1,200m
자메이카	블루마운틴(Jamaica blue mountain) 하이마운틴(Jamaica high mountain)	900m~1500m 450m~900m

(3) 결점두 함량에 따른 분류

에티오피아나 인도네시아는 생두의 등급을 결점두 함량에 따라 G1, G2, G3로 나눈 다. 위에서 나타내는 결점두는 다음과 같다.

국가명	분류 내용	분류 기준
브라질	NO.2 NO.3	결점두 4개 이하 결점두 12개 이하
에티오피아	G1 G2	결점두 3개 이하 결점두 4~12개
인도네시아	Grade 1 Grade 2	결점두 11개 이하 결점두 12~25개 이하

(4) SCA 기준에 따른 분류

SCA는 Specialty Coffee Association으로 생두의 품질기준을 설정하고 커피교역에 긍정적인 영향을 줄 수 있도록 하는 단체이다. 1982년 설립되었으며 현재 커피시장에서 가장 규모가 큰 단체 중 하나이다. SCA에서 생두를 감별하는 기준은 다음과 같다.

항목	내용
콩의 크기	생두: 350g / 원두: 100g
수분 함유량	워시드 방식: 10~12% 이내 / 내추럴 방식: 10~13% 이내
냄새	외부의 오염된 냄새가 없어야 한다.
로스팅의 균일성	– 스페셜 커피: Quaker 허용되지 않음 – 프리미엄 커피: Quaker 3개까지 허용됨
향미 특성	– 커핑을 통해 샘플은 Fragrance(향), Aroma(향), Flavor(맛), Acidity(신맛), Body(바디감), After Taste(여운)의 부분에서 각기 특성이 있어야 한다. – 향미 결점이 없어야 한다.

• Quaker : 제대로 익지 않은 체리가 가공되어 로스팅 시 충분히 익지 않아 색깔이 다른 콩과 구별되는 덜 익은 콩

Primary defects	Full defects	Secondary defects	Full defects
Full Black	1	Partial Black	3
Full Sour	1	Partial Sour	3
Dried Cherry&Pod	1	Parchment	5
Fungus Damaged	1	Floater	5
Severe Insect Damage	5	Immature&Unripe	5
Foreign Matter	1	Withered	5
		Shell	5
		Broken & Chipped & Cut	5
		Hull&Husk	5
		Slight insect damaged	10

• 스페셜티 그레이드(Specialty grade) : 생두 350g당 프라이머리 디펙트(Primary defects)는 한 개도 없어야 하며 풀 디펙트(Full defects)는 5점을 넘기지 않아야 한다. 또한 원두 100g당 Quaker는 허용하지 않는다.

• 프리미엄 그레이드(Premium grade) : 생두 350g당 프라이머리 디펙트(Primary defects)는 허용되지만 풀 디펙트(Full defects) 8점을 넘기지 않아야 한다. 또한 원두 100g당 Quaker는 3개까지 허용한다.

(5) 결점두 종류

① 블랙 빈(Black bean)

너무 늦게 수확되거나 흙과 접촉하여 과발효되었을 때 생기는 결점두이며, 페놀릭(Phenolic)하고 매캐한(Moldy), 시큼한(Sour) 향미가 나타낸다.

② 사워 빈(Sour bean)

너무 익거나 땅에 떨어진 체리를 수확하였을 경우나 가공과정에서 오염된 물을 사용하였을 때 발생하는 결점두이다. 발효된(Fermented), 부패한(Stinker) 향미가 나타난다.

③ 미성숙두(Immature bean)

미성숙한 상태에서 커피체리를 수확하였을 경우의 결점두이며 풀(Grassy) 같거나, 지푸라기 같은(Straw-like), 비린(Greenish) 향미를 나타낸다.

④ 곰팡이두(Fungus bean)

온도와 습도 조절이 잘못되어 곰팡이균에 전염된 경우 생산과정에서 발생하는 결점두이며, 발효된(Fermented) 페놀릭한(phenolic) 매캐한(Moldy) 향미가 난다.

⑤ 벌레먹은 콩(Insect damage bean)

커피열매 천공충의 유충에 의해 생두 안에 구멍이 생기는 현상의 결점두이며, 시큼하고(Sour), 요오드(Roiy) 같은 향미를 나타낸다.

⑥ 위더드 빈(Withered bean)

생산과정에서 가뭄 등으로 인해 물이 부족해진 경우에 생기는 결점두로 풀(Grassy) 같고, 지푸라기(Straw-like) 같은 향미를 나타낸다.

⑦ 깨진 콩(Broken/Chipped/Cut)

펄핑이나 탈곡과정에서 생두가 강한 힘을 받거나 지나치게 건조되어 부숴진 상태의 결점두로 시큼한(Sour) 향미를 나타낸다.

⑧ 플루터(Floater)

건조와 보관과정에서 높은 온도에 노출되었을 때 나타나는 결점두로 매캐한(Moldy), 진흙(Earthy) 같은 향미를 나타낸다.

⑨ 쉘(Shell)

유전적인 원인으로 나타나는 결점두로 탄내(Burnt), 숯(Charred) 같은 향미를 나타낸다.

⑩ 이물질(Foreign matter)

생산과정 중 외부에서 이물질이 유입된 경우이며 향미에 큰 영향을 미치지는 않지만, 위생상의 문제를 가져올 수 있다.

2) 생두의 평가

(1) 수확기간에 따른 평가

① 뉴 크롭

수확한 지 1년 이내의 생두로 수분함량은 12%대다. 색상은 청록색이며 시간이 지나면서 녹색으로 변한다. 생두를 만졌을 때 손에 달라붙는 느낌이 들고 냄새를 맡아보면 곡물의 풋내와 과일 향이 난다. 수분 함량이 높아서 생두를 떨어뜨렸을 때 소리가 무겁고 둔탁하다. 생두의 수분함량이 높기 때문에 전도열의 지붕이 큰 로스터를 사용할 경우 로스팅에 세심한 주의를 기울여야 한다.

② 패스트 크롭

수확한 지 1~2년 된 생두로 수분함량은 10~11%다. 색상은 시간이 지나면서 녹색에서 옅은 녹색으로 변한다. 생두를 만졌을 때 손에 달라붙는 느낌이 뉴크롭보다 덜하고 냄새를 맡아보면 곡물의 풋내와 매콤한 향이 난다. 우리나라에 들어오는 생두는 대부분 패스트 크롭이었는데, 산지와 거리가 먼 지리적 특성상 운송기간이 오래 걸리기 때문이다.

③ 올드 크롭

수확한 지 2년 이상 된 생두로 수분함량은 9% 이하다. 색상은 옅은 갈색이며 시간이 지나면서 갈색으로 변한다. 생두를 만졌을 때 손에 달라붙는 느낌이 없고 냄새를 맡아보면 매콤한 향이 난다. 수분함량이 낮아서 생두를 떨어뜨렸을 때 소리가 가볍고 경쾌하다.

(2) 에이지드 커피

개성 있는 향미를 표현하기 위해 별도의 보관시설에서 여러 해 숙성시킨 커피이다. 일반적으로 생두는 보관기간이 길어질수록 수분과 구성 성분이 감소하여 향미가 손실된다. 하지만 에이지드 커피는 마치 김장김치를 장독에 묻어두는 것처럼 생두를 일정기간 숙성시키기 때문에 발효에 의해 신맛, 쓴맛, 떫은 맛 등이 줄어들고 비효소적 갈변반응이 일어나 바디가 증가한다.

(3) 수분

생두의 표준 수분율은 10~12%이다. 수분 함량이 낮은 생두는 보관기간이 경과함에 따라 생두의 성분이 소실되며, 수분함량이 13% 이상인 생두는 곰팡이가 번식하기 쉽다. 이러한 생두의 수분함량은 로스팅 시 화력조절과 로스팅 시간을 결정하는 중요한 요소다. 생두의 수분함량이 높을 경우 전도열의 비중을 줄여 티핑 같은 로스팅 디펙트가 발생할 확률을 최소화할 수 있다. 또한 열풍의 비중을 늘려 건조과정을 자유롭게 조절함으로써 향미를 극대화할 수도 있다.

(4) 크기

생두 크기는 커피 등급을 결정하는 중요한 요인이며 보통은 크기가 클수록 높은 가격을 매긴다. 생두를 구매할 때는 체를 이용해 크기를 분류하고 데이터를 축적하는 것이 품질 향상에 도움이 된다. 표준체를 기준으로 #14 이하는 스몰, #15~16은 미디엄, #17 이상은 라지로 구분한다. 로스팅 시 생두의 크기를 고려해야 하는 이유는 열에너지를 흡수하는 표면적의 차이 때문이다. 예를 들어 에티오피아에서 생산된 크기가 작은 모카 커피와 크기가 큰 마라고지페 커피를 함께 로스팅할 경우, 밀도에 따른 발열 차이가 존재하긴 하지만 상대적으로 생두의 크기가 큰 품종인 마라고지페가 더 많은 에너지원이 필요하다.

(5) 결점두 수

결점두 수는 커피품질과 밀접하게 연관되어 있고 로스팅에 미치는 영향도 크기 때문에 사전에 꼼꼼히 살펴봐야 하는 부분이다. 뉴욕선물거래소는 생두 300g에 포함된 결점두의 종류와 개수를 육안으로 확인하고 각각 다른 결점 계수를 곱해 총 결점 점수를 계산한다. 결점두는 보통 수확이나 가공과정에서 발생하며, 결점두의 유무는 커머셜 등급과 스페셜티 등급을 구분하는 척도가 된다.

(6) 밀도

밀도는 생두 평가의 또 다른 척도다. 생두는 재배고도가 높을수록 밀도가 단단하며, 품종에 따라서도 밀도차가 난다. 밀도는 물질의 단위부피당 질량이며 300ml 용량의 용기에 생두를 평평하게 담은 후 무게를 재는 방식으로 계산한다. 만약 생두가 부피는 같은데 무게가 다르다면 무게가 무거운 쪽이 밀도가 높기 때문에 로스팅할 때도 더 많은 양의 열을 가해야 한다. 밀도가 높은 생두는 떨어뜨렸을 때 무겁고 둔탁한 소리가 나는 반면 밀도가 낮은 생두는 가볍고 경쾌한 소리가 난다. 밀도는 커피향미와 바디에도 지대한 영향을 미친다.

$$\text{밀도} = \frac{\text{질량}}{\text{부피}}$$

[그린빈] [측정장비]

(7) 색상

　생두는 품종과 보관상태에 따라 다른 색을 띤다. 일반적으로 고지대에서 재배해 워시드 방식으로 가공한 아라비카 생두는 청록색이며, 저지대에서 재배한 로부스타 생두는 황록색이나 황갈색이다. 생두는 보관기간이 길수록 초록빛이 옅어지며 잘못 보관하여 변질된 경우에는 색상이 균일하지 않거나 백색으로 변할 수 있다. 색상은 표준 샘플과 생두를 비교해 보면 알 수 있다.

3) 생두의 원산지

(1) 중남미

① 과테말라(Guatemala)

과테말라 커피는 18세기 중엽 선교사들에 의해 소개되었다. 커피 재배를 처음 시작했을 당시에는 경작에 대한 지식이 없고 부채에 의존하여 재배하다 보니 성장세가 더뎠으나 외국의 투자가 시작되자 커피산업이 궤도에 오르면서 생산량 또한 늘어나고 발전하기 시작했다.

과테말라 커피 산지 중 가장 대표적인 곳은 안티구아(Antigua)이다. 이곳은 1,500m 이상의 화산토 지형이며 건기와 우기가 분명하다. 커피를 재배하기에 최적의 조건을 갖추고 있어 과테말라를 대표하는 커피를 생산한다.

주요 재배지역	우에우에테낭고(Huehuetenango), 안티구아(Antigua), 아티틀란(Atitlan), 코반(Coban), 산 마르코스(Sanmarcos)
품종	티피카, 버번, 카투아이, 카투라, 마라고지페
수확시기	12~3월
가공	습식법(Washed)
분류기준	고도에 따른 등급 분류 SHB(Strictly hard bean) 1,300m 이상 HB(Hard bean) 1,220~1,300m Semi hard bean 1,050~1,220m Extra prime 900~1,050m Prime 750~900m
향미	초콜릿, 강한 바디, 스모키함

② 온두라스(Honduras)

온두라스는 중미 최대의 커피 생산지이다. 국토의 70~80%가 고지대 산악지형으로 이루어져 있으며 재배에 적합한 화산재 토양이다.

온두라스는 커피를 재배하는 데 매우 적합한 토양과 조건을 갖추고 있지만, 많은 강수량으로 건조작업에 어려움이 있다. 커피 생산자들은 햇빛 건조과 기계 건조를 병행하여 온두라스 커피는 시간이 지나면 색이 바래는 것을 볼 수 있다.

주요 재배지역	코판(Copan), 엘 파라이소(El paraiso), 산타 바바라(Santa barbara)
품종	버번, 카투라, 카투아이
수확시기	11~3월
가공	습식법(Washed)
분류기준	고도에 따른 분류 SHG(Strictly high grown) 1,500~2,000m HG(High grown) 1,000~1,500m CS(Central standard) 900~1,000m
향미	과일의 산미, 캐러멜

③ 멕시코(Mexico)

멕시코 커피는 대중적인 가격과 중성적인 마일드한 특성이 있어 베이스로도 많이 쓰인다. 대표적 커피는 알투라(Altura)가 있고 고지대에서 생산되었다는 뜻이다.

멕시코 커피는 커피시장에서 관심이 적어 선호도가 떨어지는 편이지만, 생산량은 세계시장 5위에 달한다.

주요 재배지역	오악사카(Oaxaca), 치아파스(Chiapas)
품종	버번, 티피카, 카투라, 마라고지페
수확시기	11~3월
가공	습식법(Washed)
분류기준	고도에 따른 분류 SHG(Strictly high grown) 1,200~1,650m HG(High grown) 1,100~1,250m PW(Prime washed) GW(Good washed)
향미	캐러멜, 초콜릿, 섬세한 바디감

④ 엘살바도르(El Salvador)

엘살바도르 커피는 엘살바도르 경제에 큰 영향을 미치는 주요 수출품목이다. 비옥한 화산 지형으로 커피를 재배하는 데 좋은 조건을 가지고 있다. 대부분이 버번종을 생산하지만, 그 변이종인 파카스(Pacas)와 마라고지페(Maragogipe)와의 자연교

배로 탄생한 파카마라도 생산한다. 엘살바도르는 대부분이 산악지대로 이루어져 있어 커피를 표기할 때 특정 지명을 사용하지 않는다.

주요 재배지역	—
품종	버번, 파카스, 파카마라
수확시기	10~3월
가공	습식법(Washed)
분류기준	고도에 따른 분류 SHG(Strictly high grown) 1,200m 이상 HG(High grown) 900~1,200m CS(Central standard)
향미	열대과일, 초콜릿, 뛰어난 균형감

⑤ 자메이카(Jamaica)

자메이카는 대부분 고지대 산악 지역으로 이루어져 있고 강수량이 많고 배수가 잘되는 토양으로 커피를 재배하는 조건에 적합하다.

그중 블루마운틴은 높은 고도에서 재배되며 다른 지역에 비해 밀도가 높고 우수하여 커피의 황제라는 별명이 있다. 또한 하와이안 코나 예멘 모카 마타리와 함께 세계 3대 커피로 불린다.

이러한 명성을 지키고자 블루마운틴 커피는 1,200m 이상에서 생산된 커피만을 인정하도록 정해져 있으며 품질관리 또한 엄격히 진행해 다른 커피와 차별성을 두었다.

주요 재배지역	블루마운틴(Blue mountain)
품종	티피카
수확시기	6~7월
가공	습식법(Washed)
분류기준	고도에 의한 분류 자메이카 블루마운틴(Jamaica blue mountain) 900~1500m 자메이카 하이마운틴(Jamaica high mountain) 450~900m 자메이카 수프림(Jamaica supreme) 자메이카 로우마운틴(Jamaica low mountain)
향미	밝은 산미, 깔끔함, 달콤함

⑥ 코스타리카(Costa Rica)

코스타리카는 완벽한 커피로 인정 받기 위해 로부스타가 법적으로 금지 된 나라이다. 즉, 오직 워시드 공법만 으로 품질을 유지하고 있다. 1년 내 내 수확을 하고 단위면적당 커피 생 산량이 가장 많은 나라이기도 하여 수확기가 되면 일자리가 많이 창출된 다는 장점이 있다. 코스타리카에서 가장 높은 평가를 받고 있는 따라주 (Tarrzzu) 커피는 코스타리카 대표 커 피로 알려져 있다. 여기서 사용하는

생육기술과 펄핑기술을 전 세계에 알리고 있으며, 가장 이상적인 커피로 평가받고 있다.

주요 재배지역	따라주(Tarrazu), 웨스트 밸리(West valley), 트레리오스(Tres rios), 오로시(Orosi), 브룬카(Brunca), 투리알바(Turrialba), 과나카스테(Guanacaste)
품종	카투라, 카투아이, 티피카, 게이샤
수확시기	1년 내내
가공	습식법(Washed)
분류기준	고도에 의한 분류 SHB(Strictly hard bean) 1,200~1,650m GHB(Good hard bean) 1,100~1,250m HB(Hard bean)
향미	깔끔한 단맛과 신맛, 미디엄 바디

⑦ 콜롬비아(Colombia)

콜롬비아 커피는 마일드 커피, 워시
드 커피의 대명사로 불린다. 또한 아라
비카만 재배하며 로부스타 재배는 제약
이 많이 있고 재배를 제한하고 있다. 또
한 스크린 사이즈 13 이하의 생두는 수
출을 금지하고 국내소비를 원칙으로 하
고 있다. 커피를 분류할 때 크기에 따라
나뉘는데 그중 수프리모는 스페셜티에
쓰이는 최고급 단계이다.

주요 재배지역	우일라(Huila), 메델린(Medellin), 리사랄다(Risaralda), 마니살레스(Manizales), 아르메이나(Armenia)
품종	티피카, 카투라, 버번
수확시기	9~12월(주된 작물) 4~6월(부작물)
가공	습식법(Washed)
분류기준	크기에 따른 분류 수프리모(Supremo): 스크린 사이즈 17 이상 엑셀소(Excelso): 스크린 사이즈 14 이상 U.G.Q(Usual good quality)
향미	산뜻한 산미, 묵직한 바디, 과일의 향미

⑧ 브라질(Brazil)

브라질 커피는 프랑스 식민지 기아나를 통하여 처음 커피가 전래되었고 1822년 본격적으로 생산이 시작되었다. 비옥한 토지, 저렴한 인건비, 기계화로 인해 전 세계 커피시장의 50%를 차지하였고 지금도 세계 1위의 커피 생산국이라는 명칭을 가지고 있다.

브라질은 주로 아라비카를 재배하는데, 저지대에서 재배하므로 중성적인 것이 특징이다. 따라서 주로 블렌딩으로 쓰이고 있다.

주요 재배지역	세하도(Cerrado), 상파울루(San paulo)-모지아나(Mojiana), 미나스 제라이스(Minas gerais), 파라나(Parana)
품종	버번, 카투라, 카투아이, 문도노보
수확시기	5~9월
가공	펄프드 내추럴(Pulped natural)
분류기준	결점두에 의한 분류 NO.2 결점두 4개 이하 NO.3 결점두 12개 이하 NO.4 결점두 26개 이하 NO.5 결점두 46개 이하 NO.6 결점두 86개 이하
향미	다크 초콜릿, 견과류, 묵직한 바디감

⑨ 하와이(Hawaii)

코나커피는 세계 3대 커피로 알려진 커피 중 하나이다. 여러 개의 섬 중 빅아일랜드 하와이섬 코나 지역에서 재배되는 커피를 코나커피라고 부른다. 이러한 명성을 얻고자 다른 섬이나 다른 지역에서 재배된 커피를 코나커피라 둔갑하는 경우가 있었는데 이를 방지하고자 코나커피의 양을 표기하게 하였다.

주요 재배지역	코나(Kona)지역, 마우이(Maui)섬, 카우아이(Kauai)섬
품종	티피카
수확시기	8~2월
가공	습식법(Washed)
분류기준	크기에 따른 분류 Extra fancy Fancy Kona No.1 Kona select Kona prime
향미	약한 산미, 무거운 바디감

(2) 아프리카

① 에티오피아(Ethiopa)

커피의 원산지답게 아프리카에서 최대 생산량을 가지고 있다. 또한 다양한 가공법을 사용하여 커피를 생산하고 있다. 해발 1,500~3,000m의 고지대에서 커피를 재배하며 연 강수량과 평균기온 또한 아라비카의 재배에 적합하다.

에티오피아 커피는 생산방식에 따라 세 가지로 나눌 수 있다. 포레스트 커피(Forest coffee), 가든 커피(Garden coffee), 플랜테이션 커피(Plantation coffee)이다.

포레스트 커피란 남서부 지역의 야생 커피나무에서 자라는 커피를 말하며 품종 또한 다양하다. 하지만 생산성과 수확량이 낮은 편이다.

가든커피란, 주거지나 정부 공여 농지에 재배되는 커피를 말한다. 셰이드 트리를 사용하고 에티오피아 커피의 많은 비중을 차지한다.

마지막으로 플랜테이션 커피란, 가장 표준적인 농업방식이 사용되는 커피 중 하나이며, 대형 커피농장에 사용되는 커피를 말한다.

에티오피아는 다양한 가공방식을 사용하여 습식법 내추럴 이외에도 허니 프로세싱이라는 단맛을 극대화하는 방법도 시도하고 있다.

주요 재배지역	시다모(Sidamo), 이르가체페(Yirgachefe), 하라(Harra), 짐마(Djimmah), 리무(Limu)	
품종	에티오피아 재래품종	
수확시기	10~4월	
가공	습식법(Washed), 허니(Honey) 등 다양한 프로세스	
분류기준	결점두에 의한 분류 G1(결점두 3개 이하) G3(결점두 13~25개)	G2(결점두 4~12개) G4(결점두 26~45개)
향미	시트러스, 열대과일, 베르가못	

② 케냐(Kenya)

높은 고도에서 재배되다 보니 주야간 기온 차가 크고 케냐가 가지고 있는 토양의 특성에 의해 강렬하면서도 톡 쏘는 듯한 산미와 무거운 바디감이 큰 특징이다.

아프리카 커피는 바디감이 다소 약한 것이 특징이라면 케냐는 반대로 무거운 바디감과 균형감 있는 맛을 나타내어 고급커피라는 평가를 받고 있다. 케냐커피는 다른 아프리카 커피들과는 다르게 내수용보다는 대부분이 수출용 커피로 사용되고 있다.

주요 재배지역	니에리(Nyeri), 엠부(Embu), 메루(Meru), 나카루(Nakaru)
품종	SL-28, SL-34, 루이루11
수확시기	10~12월(주작물), 6~8월(부작물)
가공	습식법(Washed)
분류기준	크기에 따른 분류 AA(스크린 사이즈 17~18) AB(스크린 사이즈 15~16) C(스크린 사이즈 14~15)
향미	베리류의 복합성, 강한 바디, 독특한 산미

③ 르완다(Rwanda)

르완다는 산악지대로 이루어
져 있다. 바다가 접해 있지 않으
므로 커피를 송출하기 위해서는
케냐를 거쳐야만 했다. 또한 커
피를 가공할 만한 시스템이 갖
추어지지 않았기 때문에 대부분
이 급이 낮은 내추럴 공법을 사
용했다.

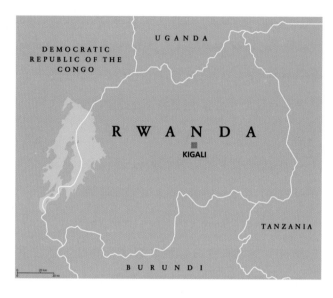

하지만 2000년대에 르완다
커피산업에 대한 지원이 결정됨
에 따라서 르완다 커피는 바뀌기 시작했고, 워시드 가공을 할 수 있게끔 워싱 스테이션을
여러 곳에 세워놓았다.

그러면서 품질이 급상승하였고 2008년에 아프리카 최초로 COE 가입국이 되었다.

르완다는 나라 안에 수많은 농장이 존재해 다른 나라와는 다르게 지역명 아닌 펄핑스
테이션의 명칭을 가지고 있다. 또한 따로 등급을 매기는 기준이 없기에 NAEB(National
Agriculture Export Development Board)에서 품질에 대한 인증서류를 첨부해준다.

주요 재배지역	전국적으로 소규모 커피농장
품종	버번, 미비리지
수확시기	3~6월
가공	습식법(Washed)
분류기준	–
향미	곡물, 밀크 초콜릿, 꽃향기

④ 탄자니아(Tanzania)

탄자니아는 케냐와 비슷한 생산량과 시스템을 가지고 있고 킬리만자로 북부지방에서 아라비카 커피를 주로 재배한다. 탄자니아에서 가장 큰 수출 품목인 커피는 에티오피아에서 전해져 왔다. 커피를 처음 전파한 것은 하야(Haya) 족이었고, 커피콩을 화폐로 사용했던 기록도 남아있다.

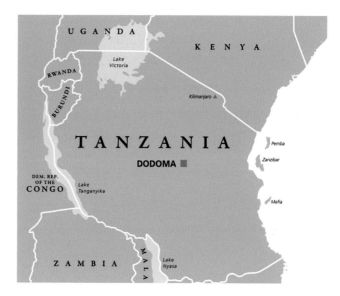

탄자니아는 크기로 등급을 나누고 표기하는 방법 또한 케냐랑 비슷하다.

주요 재배지역	킬리만자로(Kilimanzaro), 음베야(Mbeya), 이루샤(Arusha), 타림(Tarime)
품종	켄트, 버번, 티피카
수확시기	7~12월
가공	습식법(Washed)
분류기준	크기에 따른 분류 AA(스크린 사이즈 18 이상) A(스크린 사이즈 17 이상) B(스크린 사이즈 16 이상) C(스크린 사이즈 15 이상)
향미	베리, 과일, 강렬한 산미, 스모키함

(3) 아시아

① 베트남(Vietnam)

전체 생산량의 97%인 로부스타를 재배하는 베트남은 브라질 다음으로 많은 양의 커피를 생산한다. 베트남은 아라비카로 재배를 시작하였지만 베트남 전쟁이 일어나면서 프랑스 선교사의 영향으로 로부스타로 재배 작물을 바꾸었다. 현재 극히 일부 지역에서 아라비카를 재배하고 있지만, 베트남 커피의 이미지로 인해 성공적이지 못하다.

주요 재배지역	센트럴 하일랜즈(Central highlands) – 달랏(Dal lat), 기아라이(Gialai), 꼰뚬(Kontum), 남부 베트남(South vietnam) – 동나이(Dong nai), 호치민(Ho chi minh), 북부 베트남(North vietnam) – 선라(Son la), 타인호아(Thanh hoa), 꽝찌(Quang tri)
품종	로부스타
수확시기	11~3월
가공	내추럴(Natural)
분류기준	G1(결점두 30개 이하) G2(결점두 60개 이하) G3(결점두 90개 이하)
향미	흙, 나무

② 인도네시아(Indonesia)

인도네시아는 19세기 커피녹병의 발생으로 대부분의 커피나무가 황폐해졌다. 대부분 아라비카 나무가 타격을 입게 되면서 커피녹병에 강한 로부스타 나무를 아프리카 콩

고에서 가져와 재배하기 시작했다. 그로 인해 로부스타가 인도네시아 커피 생산량의 90% 이상을 차지하게 되었고 현재는 아라비카 생산량을 꾸준히 늘려가고 있다.

인도네시아 커피는 다크하고 강한 바디감이 있어 주로 블렌딩 원두로 사용하고 있다. 길링바사(Giling basah: Wet hulling) 가공법을 사용하여 좀 더 깊은 맛이 나는 것이 특징이다.

길링바사란 일종의 세미 워시드 방법으로 일반적으로 건조과정을 한 번 거치지만, 이 가공법은 건조과정을 두 번 거치면서 생두의 색이 짙은 푸른색으로 보이는 것이 대표적인 특징이다.

주요 재배지역	수마트라(Sumatra), 자바(Java), 술라웨시(Sulawesi), 플로레스(Flores), 발리(Bali)
품종	티피카, 로부스타
수확시기	수마트라(9~12월), 자바(7~9월), 술라웨시(5~11월), 플로레스(5~9월), 발리(5~10월)
가공	내추럴(Natural), 습식법(Washed), 길링바사(Giling basah)
분류기준	결점두에 따른 분류 Grade 1(결점두 11개 이하) Grade 2(결점두 12~25개 이하) Grade 3(결점두 26~44개 이하) Grade 4(결점두 45~80개 이하) Grade 5(결점두 81~150개 이하) Grade 6(결점두 151~225개 이하)
향미	무거운 바디감, 흙, 향료, 나무

③ 인도(India)

인도는 바바부단이 처음으로 치크마할루르(Chikmagalur)라는 곳에 커피나무의 씨앗을 심으면서 퍼져나갔고, 그의 이름을 따서 바바부단거리로 불리고 있다.

인도는 국토가 넓다 보니 다양한 지역이 존재하고 그중 재배하기 좋은 조건의 지역에서 많은 양의 커피가 생산되고 있다. 주로 남쪽 지방에서 재배되는데 이 지역은 열대 계절풍인 몬순(Monsoon)의 영향을 받는다. 16세기에는 오랜 항해를 거쳐

수출해야 했다. 이 과정에서 몬순 바람에 의해 커피가 숙성되어 색이 누렇게 변하고 톡 쏘는 향미와 스파이시한 맛이 생성되었는데, 이는 인도 커피의 특징이 되었다. 지금은 인위적으로 계절풍에 노출시켜 몬순커피를 만들고 있다.

인도는 켄트종을 주로 재배하였는데 커피녹병에 취약하여 더 이상 재배하지 않고 현재는 다양한 시도를 통해 품종을 개발하고 있다.

주요 재배지역	카르나타카(Karnataka), 풀니(Pulney), 쉐바로이(Shevaroy), 케랄라(Kerala)
품종	S795, 로부스타, 셀렉션6, 셀렉션9, 셀렉션10, 카우베리
수확시기	10~2월
가공	습식법(Washed)
분류기준	Washed - Plantation coffee 2. Natural - Cherry 3. Semi washed - Parchment coffee 4. 스크린 사이즈에 따라 5. 몬순커피(Monsooned malabar) AAA / AA / A / RR
향미	초콜릿, 크리미, 무거운 바디

④ 예멘(Yemen)

에티오피아에서 처음으로 발견된 커피가 모카항(Mocha)을 통해 예멘으로 전해졌다. 현재까지 예멘 모카 마타리(Yemen mocha mattari)는 세계 3대 명품 커피 중 하나이다.

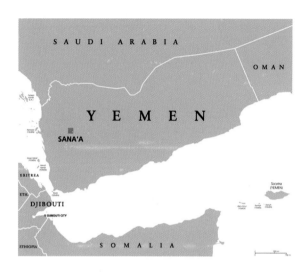

예멘은 전통적인 방법으로 커피를 가공해왔다. 물 부족 국가이기 때문에 물이 귀해 습식법(Washed)보다는 자연건조법인 내추럴(Natural) 가공 방식을 사용해 예멘의 원두는 색이 균일하지 않고 모양도 깔끔하지 않은 특징이 있다. 하지만, 과일 향과 초콜리티한 단맛과 묵직한 바디감을 느낄 수 있어 모카 마타리는 고급 커피로 취급된다.

주요 재배지역	모카 마타리-베니 마타르(Bani mattar)
품종	티피카, 버번
수확시기	10~12월
가공	내추럴(Natural)
분류기준	–
향미	초콜릿, 과일, 복합적

PART

I 기 / 출 / 문 / 제

KOREA COFFEE BEVERAGE MASTER

01 에티오피아의 목동 소년이며 염소들이 커피열매를 먹고 난 뒤 춤을 주는 것을 보고 커피를 발견하게 된 전설은?

① 칼디의 전설
② 셰이크 오마르의 전설
③ 마호메트의 전설
④ 바바부단의 전설
⑤ 클레멘트 8세의 전설

02 잘못을 저질러 추방되었다가 커피를 발견한 후 그 열매로 사람들을 치료해 성자로서 존경받은 인물과 관련된 전설은?

① 칼디의 전설
② 셰이크 오마르의 전설
③ 마호메트의 전설
④ 바바부단의 전설
⑤ 클레멘트 8세의 전설

03 술이란 의미가 있고 커피의 어원이 된 이슬람어는?

① Coffee
② Bunca
③ Bunchum
④ Qahwah
⑤ Kappa

04 브라질이 커피 생산국 1위가 될 수 있도록 한 인물은?

① 클레멘트 8세
② 프란치스코 드 멜로 파헤타
③ 바바부단
④ 오마르
⑤ 라제스

05 유럽에서 최초로 커피가 전파된 도시는?

① 런던
② 그리스
③ 파리
④ 베니스
⑤ 로마

06 커피에 세례를 내려 커피를 널리 알릴 수 있게 한 인물은?

① 그레고리오 14세
② 레오 10세
③ 클레멘트 8세
④ 알렉센데르 7세
⑤ 베네딕토 13세

07 1720년, 베니스 산마크로 광장에 오픈한 커피하우스의 이름은?

① 카페 플로리안(Cafe Florian)
② 카페 프로코프(cafe de procope)
③ 거트리지 커피하우스(Gutteridge Coffee House)
④ 더 킹스암스 커피하우스(The King's Arms Coffee House)
⑤ 보테가 델 카페(bottega del caffe)

08 우리나라에서 커피를 처음 접한 것으로 알려진 인물은?

① 이성계
② 정조
③ 영조
④ 고종황제
⑤ 박영호

09 덕수궁 내에서 고종이 주로 커피와 다과를 즐겼던 장소로 맞는 것은?

① 손탁호텔   ② 난다랑
③ 커페세실   ④ 정관헌
⑤ 알리바바

10 우리나라 최초의 커피하우스로 맞는 것은?

① 손탁호텔   ② 난다랑
③ 카페세실   ④ 정관헌
⑤ 알리바바

11 커피의 경작을 처음 시작한 나라는?

① 예멘
② 에티오피아
③ 브라질
④ 네덜란드
⑤ 인도

12 인도에 커피가 전파될 수 있게 기여한 인물은?

① 프란치스코 드 멜로 파헤타
② 바바부단
③ 클레멘트 8세
④ 칼디
⑤ 오마르

13 커피의 발전과정 중 거리가 먼 것은?

① 1600년경 바바부단이 커피 종자를 밀반출하여 심기 시작해 인도 전역에 퍼지게 되었다.
② 처음 경작을 시작한 곳은 예멘이다.
③ 브라질이 커피 최대 생산국이 되는 데 기여한 사람은 프란치스코 드 멜로 파헤타이다.
④ 베니스의 상인들에 의해 유럽에 커피가 널리 퍼지게 되었다.
⑤ 처음 커피가 사용된 것은 약용이었다.

14 다음 중 역사적 사실과 가장 먼 것은?

① 영국에서 커피하우스를 페니 유니버시티라고 불리었다.
② 우리나라에서 커피를 처음 접한 사람은 고종이다.
③ 인도 전역에 커피를 전파한 사람은 바바부단이다.
④ 유럽 전역에 커피가 널리 퍼지게 한 사람은 클레멘트 8세이다.
⑤ 우리나라 최초의 커피하우스는 정관헌이다.

15 계통 분류학적으로 커피나무의 과명(科名)은?

① 꼭두서니과   ② 녹나무과
③ 장미과   ④ 용담과
⑤ 협죽도과

16 다음 중 커피나무에 대한 설명으로 거리가 먼 것은?

① 커피나무는 꼭두서니과 코페아속의 다년생 상록수이며 쌍떡잎식물이다.
② 품종에 따라 다르지만 수확을 위해 가지치기를 한다.
③ 아라비카종은 고온 다습한 환경에도 잘 적응하며 병충해에도 강하다.
④ 커피나무의 평균수명은 20~30년이다.
⑤ 최초의 아라비카종은 에티오피아, 카네포라종은 아프리카의 콩고에서 유래되었다.

17 커피꽃의 설명으로 틀린 것은?

① 커피 꽃의 색상은 흰색이다.
② 커피나무의 꽃은 자스민향이 난다.
③ 커피 꽃은 아침 일찍 피어난다.
④ 건기와 우기가 명확하지 않은 지역은 여러 번 꽃이 피기도 한다.
⑤ 수정이 되면 꽃밥이 갈색으로 변해 1주일 후 꽃이 떨어지고 씨방 부분에서 열매를 맺는다.

18 커피체리의 구조 순서 중 올바른 것은?

① 겉껍질-과육-점액질-파치먼트-은피-생두
② 겉껍질-점액질-과육-파치먼트-은피-생두
③ 겉껍질-파치먼트-점액질-은피-과육-생두
④ 겉껍질-과육-파치먼트-점액질-은피-생두
⑤ 겉껍질-점액질-은피-파치먼트-과육-생두

19 커피체리의 구성요소로 거리가 먼 것은?

① 은피
② 센터컷
③ 파치먼트
④ 과육
⑤ 피베리

20 생두를 감싸고 있는 얇은 막으로 다른 말로 채프라 불리는 것은?

① 점액질
② 생두
③ 외과피
④ 실버스킨
⑤ 파치먼트

21 생두를 감싸고 있는 껍질로 커피나무의 씨앗인 이것은?

① 점액질
② 생두
③ 외과피
④ 실버스킨
⑤ 파치먼트

22 다음 중 생두 중심부에 홈이 파여 있는 부분을 부르는 말은?

① 센터 컷
② 라운드 컷
③ 홀 컷
④ 리브 컷
⑤ 미들 컷

23 일반 생두와 품질이 비슷하나 스페셜 등급으로 취급되기도 하며 체리 안에 1개의 생두가 들어있는 경우에 부르는 말은?

① 플랫 빈

② 피베리
③ 싱글 빈
④ 트라이앵귤러 빈
⑤ 트라이앵귤레이션

24 체리 하나에 3개의 생두가 들어있을 경우에 부르는 말은?

① 플랫 빈
② 피베리
③ 싱글 빈
④ 트라이앵귤러 빈
⑤ 트라이앵귤레이션

25 피베리(Peaberry)에 대한 설명으로 틀린 것은?

① 아라비카와 로부스타 모두 피베리가 발생한다.
② 스페인어로는 칼라콜리, 카라콜이라고도 한다.
③ 체리 안에 3개 이상 들어가 있는 경우도 종종 발생하는데 이를 피베리라고 부른다.
④ 일반 콩과 품질이 비슷하나 스페셜 등급으로 팔리기도 한다.
⑤ 체리 안에 1개의 콩이 있는 경우가 있는데 이를 피베리라고 부른다.

26 다음 설명 중 빈칸에 들어갈 단어로 맞는 것은?

> 아라비카종 나무의 원산지는 (　)이며 염색체 수는 (　)이고, 번식 방법은 (　　)을 하는 나무이다.

① 콩고 - 22 - 자가수분
② 콩고 - 22 - 타가수분
③ 에티오피아 - 22 - 자가수분
④ 에티오피아 - 44 - 타가수분
⑤ 에티오피아 - 44 - 자가수분

27 다음 설명 중 빈칸에 들어갈 단어로 맞는 것은?

> 로부스타종 나무의 원산지는 (　)이며 염색체 수는 (　)이고, 번식 방법은 (　)을 하는 나무이다.

① 콩고 - 22 - 자가수분
② 콩고 - 22 - 타가수분
③ 에티오피아 - 22 - 자가수분
④ 에티오피아 - 44 - 타가수분
⑤ 에티오피아 - 44 - 자가수분

28 아라비카 생육을 위한 적정 기온 범위에 가까운 것은?

① 5~10℃　　② 10~15℃
③ 15~25℃　　④ 25~30℃
⑤ 30~35℃

29 로부스타 생육을 위한 적정 기온 범위에 가까운 것은?

① 10~15℃　　② 15~20℃
③ 20~25℃　　④ 25~30℃
⑤ 30~35℃

30 아라비카종에 대한 설명으로 거리가 먼 것은?

① 아라비카종의 원산지는 에티오피아이다.
② 아라비카종은 로부스타종보다 병충해에 강하다.
③ 아라비카종의 염색체 수는 44개이며 자가수분을 한다.
④ 아라비카종 생육을 위한 적정온도는 15~25℃이다.
⑤ 아라비카종의 적정 재배고도는 해발 900m~2000m이다.

31 로부스타종에 대한 설명으로 거리가 먼 것은?

① 로부스타종의 원산지는 콩고이다.
② 로부스타종은 아라비카종보다 병충해에 강하다.
③ 로부스타종의 염색체 수는 22이며 타가수분을 한다.
④ 로부스타종 생육을 위한 적정온도는 20~25℃이다.
⑤ 로부스타종의 적정강수량은 1,200~2,000ml이다.

32 다음 중 아라비카와 로부스타의 특징으로 가장 가까운 것은?

① 로부스타종은 향미가 떨어지고, 신맛이 우수하다.

② 아라비카종은 향미가 우수하며, 쓴맛과 신맛 또한 강하다.

③ 아라비카종의 주요 생산국은 베트남이다.

④ 로부스타종은 주로 인스턴트커피용으로 사용된다.

⑤ 로부스타종은 향미가 우수하고, 신맛이 우수하다.

33 커피 품종과 설명으로 바르게 연결된 것은?

① 카티모르 - 티피카의 자연 변이종으로 생산량인 적은 특징을 가지고 있다.

② 문도노보 - HDT와 카투라의 교배종으로 나무의 키가 작아 수확이 용이하다.

③ 카투라 - 티피카와 버번의 자연 교배종으로 생명력이 강한 특징을 가지고 있다.

④ 버번 - 아라비카의 원종으로 가장 가까운 품종이다.

⑤ H.D.T - 아라비카와 로부스타의 교배종으로 커피녹병에 강하다.

34 아라비카종에 들어있는 카페인 함량은?

① 0.5~1.0%

② 1.0~1.5%

③ 1.5~2.0%

④ 2.0~2.5%

⑤ 2.5~3.0%

35 로부스타종에 들어있는 카페인 함량은?

① 0.5~1.0%

② 1.0~2.0%

③ 2.0~3.0%

④ 3.0~4.0%

⑤ 4.0~5.0%

36 다음 중 아라비카 품종이 아닌 것은?

① 티피카(Typica)

② 카네포라(Canephora)

③ 문도노보(Mundo Novo)

④ 카투라(Caturra)

⑤ 버번(Bourbon)

37 다음 중 아라비카 고유 품종으로 가장 가까운 품종은?

① 버번(Bourbon)

② 티피카(Typica)

③ 카투아이(Catuai)

④ H.D.T(Hibrido de Timor)

⑤ 게이샤(Geisha/Gesha)

38 다음 품종에 대한 설명에 맞는 것은?

> 리유니언섬(Island of Reunion)에서 발견되었고 티피카의 자연 변이종으로 생겨났다. 티피카보다 생산량은 적지만 특유의 단맛을 가지고 있다.

① 카투아이(Catuai)
② 버번(Bourbon)
③ 마라고지페(Maragogype)
④ 카투라(Caturra)
⑤ 문도노보(Mundo novo)

39 다음 품종에 대한 설명에 맞는 것은?

> 티피카와 버번의 자연 교배종이다. 처음 브라질에서 발견되었고 생명력이 강하며 병충해에 강하다.

① 카투아이(Catuai)
② 버번(Bourbon)
③ 마라고지페(Maragogype)
④ 카투라(Caturra)
⑤ 문도노보(Mundo novo)

40 다음 품종에 대한 설명에 맞는 것은?

> 동티모르에서 발견되었고 아라비카와 로부스타의 자연 교배종이다. 환경에 강하고 커피녹병에도 강한 내성을 보인다.

① 카투아이(Catuai)
② 버번(Bourbon)
③ 카티모르(Catimor)
④ H.D.T(Hibrido de Timor)
⑤ 문도노보(Mundo novo)

41 생두의 구성성분 중 절반 이상을 차지하고 있으며 단당류, 이당류, 다당류로 나뉘는 성분은?

① 탄수화물
② 지질
③ 단백질
④ 트리고넬린
⑤ 클로로겐산

42 생두의 구성 성분 설명으로 올바른 것은?

① 생두의 단백질 성분은 품종마다 다르지만 당과 반응하여 멜라노이딘과 향기 화합물을 만들어낸다.
② 지질의 함유량은 아라비카보다 로부스타에 더 많이 함유되어 있다.
③ 탄수화물의 구성성분으로 단당류, 다당류 이렇게 2가지로 나뉜다.
④ 클로로겐산은 높은 온도에서도 안정적이다.
⑤ 탄수화물 구성성분 모두 온도가 높으면 소멸한다.

43 카페인에 대한 설명으로 거리가 먼 것은?

① 카페인은 산성 성분으로 각성효과와 이뇨작용이 있다.

② 쓴맛을 내는 성분 중 하나로 재배조건, 추출방법에 따라 함량이 다르다.

③ 물에 잘 녹는 성질이며, 온도가 높을수록 더 많은 양이 용해된다.

④ 디카페인을 분리한 사람은 화학자 룽게이다.

⑤ 카페인은 항박테리아 기능이 있어 피부암을 예방하고 일시적으로 활력을 높여주기도 한다.

44 디카페인에 대한 설명으로 틀린 것은?

① 독일 로셀리우스가 특허를 냈고 유기용매를 이용해 카페인을 분리하는 방식이다.

② 이산화탄소를 이용한 방식을 초임계 방식이라 한다.

③ 스위스에서 개발되었고, 생두를 뜨거운 물에 넣는 방식으로 스위스 워터 방식이라 부른다.

④ 3가지 방법 중 유기용매를 사용하는 방법이 가장 안전하다.

⑤ 3가지 방법 중 스위스 워터 방식이 비교적 저렴하고 안전한 방법이다.

45 생두를 재배할 때 그늘경작(shade grown coffee)을 하는 방법이 있는데 이는 무엇인가?

① 커피 다수확을 목적으로 일정기간 그늘막을 설치하였다.

② 커피종자를 삼배 포, 짚 등으로 덮어 그늘을 유지하였다.

③ 커피나무의 일조량을 줄이기 위해 키 큰 나무의 그늘 아래에서 경작되었다.

④ 똑같은 나무의 크기를 줄지어 놓아 햇빛에 노출시키는 방법이다.

⑤ 키가 작은 묘목을 심어 일조량 조절을 위해 그늘막을 설치하였다.

46 다음 설명하고 있는 커피나무 병충해의 이름은 무엇인가?

CLR이라 부르며 커피나무 잎이 마치 녹슨 것처럼 변했다가 말라 죽는 병으로 커피나무에 치명적인 병이다. 이 곰팡이균은 다른 나무로 쉽게 확산하기 때문에 원종에 가까운 품종일수록 취약하다

① 커피열매 천공충

② 커피녹병

③ 모잘록병

④ 페스타로티아병

⑤ 잎말림병

47 커피 수확 방법인 핸드피킹(Hand picking)에 대한 설명으로 틀린 것은?

① 한 그루의 커피나무에서 여러 번 수확할 수 있다.

② 잘 익은 체리만 선별해서 수확하는 방법이다.

③ 주로 기계를 이용한 수확이 불가능한 지역에서 이용한다.

④ 수확하는 데 있어 일일이 손으로 따는 방식이기에 인건비에 대한 부담감이 크다.

⑤ 내추럴 커피나 로부스타 커피를 생산하는 지역에서 주로 사용되는 방법이다.

48 커피를 수확하는 방법에 대한 설명으로 틀린 것은?

① 스트리핑(Stripping)이란 가지에 있는 체리를 손으로 훑어서 한 번에 수확하는 방식이다.

② 선택적 수확(Hand picking)은 잘 익은 체리만 선별적으로 수확하는 방법이다.

③ 기계수확(Machine harvesting)은 일정한 간격으로 줄지어져 서 있는 커피나무를 지나가며 나뭇가지에 있는 체리를 한 번에 수확하는 방법이다.

④ 스트리핑(Stripping)은 작업속도도 빠르고 좋은 품질의 커피만 생산할 수 있는 방법이다.

⑤ 스트리핑(Stripping)은 성숙도를 고려하지 않기에 상대적으로 품질이 떨어진다.

49 다음 중 가공방법에 대한 설명으로 틀린 것은?

① 가공방식은 크게 건식법(Natural processing)과 습식법(Washed processing)으로 나눌 수 있다.

② 커피가공은 생두의 품질에 중요한 영향을 주고 가공방식에 따라 맛과 향도 큰 차이를 보인다.

③ 습식법은 물을 많이 사용하기 때문에 물의 공급이 원활한 곳에서 가능하다.

④ 노동력을 이용한 전통적인 방식으로 처리하는 곳도 있고 현대화 시설과 장비를 갖추어 대규모로 처리하기도 한다.

⑤ 물의 소비를 최대한으로 하여 환경에 대한 피해를 줄일 수 있는 친환경적인 기법을 최근 많이 사용하고 있다.

50 다음 중 건식법에 대한 설명으로 틀린 것은?

① 가공방식 중 가장 오래되지 않은 가공법이다.

② 물을 사용하지 않아 물이 부족한 지역에서 많이 사용한다.

③ 가공과정은 수확(Harvesting) - 건조(Drying) - 탈곡(Hulling)이다.

④ 과육이 붙어 있는 채로 건조과정을 거쳐 과육의 향과 강한 바디감을 가질 수 있다.

⑤ 자연건조법은 결점두가 많다.

51 다음 중 습식법에 대한 설명으로 맞는 것은?

① 작업공정에 특수한 장비와 대량의 물이 확보되어야 한다.

② 건식법보다는 품질이 균일하지 않지만 신맛이 풍부하다.

③ 가공과정 중 노동력이 적지만 비용이 많이 요구된다.

④ 가공순서는 수확(Harvesting) - 분리(Separation) - 과육제거(Pulping) - 세척(Washing) - 발효(Fermentation) - 건조(Drying) - 탈곡(Hulling)이다.

⑤ 대부분 로부스타 커피를 생산하는 나라에서 사용하는 가공법이다.

52 다음 중 습식법(Washed processing) 가공 순서가 올바르게 나열된 것은?

① 수확 - 분리 - 발효 - 과육제거 - 세척 - 건조 - 탈곡

② 수확 - 분리 - 과육제거 - 세척 - 발효 - 건조 - 탈곡

③ 수확 - 분리 - 과육제거 - 발효 - 세척 - 건조 - 탈곡

④ 수확 - 분리 - 과육제거 - 발효 - 건조 - 세척 - 탈곡

⑤ 수확 - 분리 - 발효 - 세척 - 과육제거 - 건조 - 탈곡

53 다음 중 가공법에 해당하지 않는 것은?

① 워시드 프로세스

② 탄산가스 침용

③ 세미 워시드

④ 무산소 발효

⑤ 하이드로겐 프로세스

54 다음 설명하고 있는 가공방식은?

브라질에서 처음 개발되었으며 내추럴과 워시드의 중간이다. 과육을 벗겨내고 점액질만 남은 상태에서 건조하는 방식이다.

① 건식법

② 워시드 프로세스

③ 펄프드 내추럴 프로세스

④ 무산소 발효

⑤ 허니프로세싱

55 인도네시아에서 흔히 사용하는 가공방식으로 다른 말로 길링바사라고 부르며, 건조과정을 두 번 거치는 가공방식은?

① 세미 워시드
② 워시드 프로세스
③ 펄프드 내추럴 프로세스
④ 무산소 발효
⑤ 허니프로세싱

56 다음 설명하고 있는 프로세싱은?

> 점액질을 얼마나 남기냐에 따라 블랙프로세싱, 레드프로세싱, 옐로 프로세싱이라고 불린다. 펄프드 내추럴과 비슷한 가공방식을 가지고 있다.

① 무산소 발효세미 워시드
② 워시드 프로세스
③ 세미 워시드
④ 펄프드 내추럴 프로세스
⑤ 허니프로세싱

57 다음 커피의 신선도에 영향을 주는 것으로 거리가 먼 것은?

① 산소
② 습도
③ 빛
④ 온도
⑤ 부피

58 다음 중 지속가능한 커피(Sustainable coffee)의 실천방안과 거리가 먼 것은?

① 유기농 커피(Organic coffee)
② 공정무역 커피(Fair Trade coffee)
③ 버드프렌드 인증(Bird Friend Certified)
④ 프레즐 커피(Frezle coffee)
⑤ 열대우림동맹 인증(Rainforest Alliance Certified)

59 커피는 생산되는 국가에 따라 생두 분류의 기준이 다르다. 분류 기준에 해당하지 않는 것은?

① 재배고도
② 밀도
③ 결점두 수
④ 생두의 크기
⑤ 생두의 수분함량

60 다음 중 등급을 나누는 용어가 아닌 것은?

① AA
② SHB(Strictly Hard Bean)
③ Supremo
④ Grade 1
⑤ Perfect

61 스크린 사이즈에 대한 분류의 내용이 아닌 것은?

① 아프리카 지역의 생두는 AA, A, C 로 분류한다.

② 스크린 사이즈란 생두의 크기에 따른 분류이다.

③ 사이즈는 0.4mm 기준으로 커지며 사이즈가 작을수록 좋은 생두이다.

④ 콜롬비아 생두는 Supremo, Excelso로 나눈다.

⑤ 스크린 NO. 8에서 13까지는 피베리 라 칭한다.

62 SCA의 생두 분류에 따른 최고 생두 등급은?

① Premium Grade

② Specialty Grade

③ Standard Grade

④ Excellence Grade

⑤ Good Grade

63 다음 빈칸에 들어가는 용어로 맞는 것은?

> Specialty Grade는 생두 (   )g 중 결점두 수가 (   ) 이하이며 원두는 (   )g에 퀘이커(Quaker)가 (   )개 이다.

① 350, 5, 100, 0

② 350, 5, 200, 0

③ 300, 5, 100, 1

④ 300, 8, 100, 1

⑤ 300, 8, 100, 0

64 다음 설명에 해당하는 결점두는 무엇인가?

> 주로 잘 안 익은 체리나 제대로 발육되지 않은 체리가 수확되어 가공된 것으로 로스팅이 제대로 되지 않는 콩을 말한다.

① Black bean

② Foreign Matter

③ Quaker

④ Floater

⑤ Fungus Damage

65 다음 설명하는 결점두는 무엇인가?

> 너무 늦게 수확하거나 흙과 접촉하여 과발효가 된 상태. 매캐하고 시크한 향미를 나타낸다.

① Black bean

② Immature bean

③ Withered bean

④ Floater

⑤ Sour bean

66 다음 설명하는 결점두는 무엇인가?

> 가공과정에서 오염된 물을 사용하였거나 너무 익은 체리를 수확했을 때 나타나는 결점두이다.

① Broken/chipped/cut
② Fungus bean
③ Sour bean
④ Floater
⑤ Withered bean

67 다음 설명하는 결점두는 무엇인가?

> 아직 성숙되지 않은 상태에서 커피 체리를 수확하여 실버스킨이 눌어붙어 있는 상태이다. 풀이나 지푸라기 같은 향미를 낸다.

① Black bean
② Fungus bean
③ Immature bean
④ Floater
⑤ Withered bean

68 다음 설명하는 결점두는 무엇인가?

> 곰팡이가 성장할 수 있는 온도와 습도 상태에서 발생하며, 생두 색깔이 노란색이나 적갈색을 띠고 있다.

① Fungus bean
② Floater

③ Insect damage bean
④ Withered bean
⑤ Immature bean

69 다음 설명하는 결점두는 무엇인가?

> 천공충의 유충에 의해 생두 안에 구멍이 생기는 결점두이다. 구멍의 개수에 따라 심각한 결점두인지 아닌지 나누어진다.

① Fungus bean
② Floater
③ Insect damage bean
④ Withered bean
⑤ Immature bean

70 다음 설명하는 결점두는 무엇인가?

> 가뭄으로 인해 또는 영양과 수분이 부족한 경우 나타나는 결점두로 생두에 주름이 있어 건포도같이 생겼다.

① Fungus bean
② Floater
③ Insect damage bean
④ Withered bean
⑤ Immature bean

71 다음 설명하는 결점두는 무엇인가?

> 펄핑과정이나 탈곡하는 과정에서 강한 힘으로 인해 생두가 깨지거나 부러져 있는 상태의 결점두이다.

① broken/chipped/cut
② Floater
③ Insect damage bean
④ Withered bean
⑤ Immature bean

72 다음 설명하는 결점두는 무엇인가?

> 하얗거나 색이 바랜 생두로 가벼워서 물에 뜨는 콩을 이야기하며 부적당한 보관이나 건조 시 발생한다.

① broken/chipped/cut
② Floater
③ Insect damage bean
④ Withered bean
⑤ Immature bean

73 다음 설명하는 결점두는 무엇인가?

> 얇은 껍질을 가진 조개나 귀 모양의 기형적인 생두이며, 패각두 또는 조개두라고도 한다. 유전적인 원인에 의해 발생하며, 로스팅 후 탄맛이나 쓴맛의 원인이 된다.

① Foreign matter
② Floater
③ Insect damage bean
④ Shell
⑤ Immature bean

74 다음 설명하는 결점두는 무엇인가?

> 돌이나 나뭇가지처럼 생산 중 외부에서 이물질이 유입되어 위생상의 문제를 일으키는 경우이다.

① Foreign matter
② Floater
③ Insect damage bean
④ Shell
⑤ Immature bean

75 다음 결점두에 해당하지 않는 것은?

① Shell　　　　② Floater
③ Medicinal　　④ Immature
⑤ Insect damage

76 다음 커피 생산국의 분류 기준이 다른 것은?

① 코스타리카 - SHB
② 에티오피아 – G1
③ 콜롬비아 - Supremo
④ 케냐 - SHG
⑤ 브라질 - NO2

77 다음 중 커피 생산국가와 대표적인 커피의 연결이 틀린 것은?

① 과테말라 - 우에우에테낭고
　(Huehuetenango) SHB
② 자메이카 - 블루마운틴
　(Blue mountain)
③ 코스타리카 - 따라주(Tarrazu)
　SHB
④ 케냐 - 코나 익스트라 팬시(Kona
　Extra fancy)
⑤ 콜롬비아 - 메델린(Huila)
　Supremo

78 엘살바도르, 온두라스, 멕시코에서는 등급에 따라 생두의 상품명에 SHG(Strictly high grown)가 붙는데, 이 명칭이 뜻하는 것은?

① 생두의 크기
② 생두의 결점두 수
③ 생두의 성숙 정도
④ 생두의 재배 고도
⑤ 생두의 수분 함량

79 다음 설명에 해당하는 생산 국가는?

> 마일드 커피의 대명사로 불리며 주로 아라비카만을 재배한다. 스크린 사이즈로 생두를 분류하며 스크린 No. 13 이하의 생두는 수출된다.

① 콜롬비아(Colombia)

② 브라질(Brazil)
③ 코스타리카(Costa rica)
④ 자메이카(jamaica)
⑤ 에티오피아(Ethiopa)

80 다음 설명에 해당하는 생산 국가는?

> 커피 생산국 1위이며 생두를 분류할 때 결점두에 의해서 분류한다. 아라비카를 재배하지만 재배 고도가 낮아 다른 아라비카 생두보다 향미가 약하고 중성적인 커피로 알려져 있다.

① 온두라스(Honduras)
② 브라질(Brazil)
③ 르완다(Rwanda)
④ 자메이카(Jamaica)
⑤ 엘살바도르(El Salvador)

81 다음 설명에 해당하는 생산 국가는?

> 세계적인 고급커피의 하나인 코나커피의 생산지이다. 코나커피는 습식 가공으로 생산하는 티피카 품종의 커피이다. 규칙적인 비와 천연 그늘막인 구름, 화산 토양 적절한 기온 조절 효과 덕분에 비교적 낮은 고도에서 고품질의 커피가 생산된다.

① 인도네시아　② 콜롬비아
③ 하와이　　　④ 인도
⑤ 코스타리카

82 다음 설명에 해당하는 생산 국가는?

커피의 원산지로 아프리카에서 최대 생산량을 가지고 있는 커피이다. 결점 두에 의해 분류되며 대표적으로 시다 모(Sidamo), 예가체프(Yirgachefe), 하라(Harra) 등이 있다.

① 에티오피아
② 예멘
③ 케냐
④ 탄자니아
⑤ 르완다

83 다음 설명에 해당하는 생산 국가는?

양질의 커피를 생산하고 로부스타가 법적으로 금지된 나라이다. 1년 내 내 수확하기 때문에 커피 생산량이 많으며 대표적인 지역은 따라주 (Tarrazu)가 있다.

① 코스타리카
② 콜롬비아
③ 에티오피아
④ 하와이
⑤ 예멘

84 다음 설명에 해당하는 생산 국가는?

아라비카와 로부스타를 같이 생산하 지만 90% 이상이 로부스타가 차지 한다. 결점두에 의해 분류하며 길링 바사 가공법을 사용한다. 대표적인 지역은 수마트라(Sumatra)가 있다.

① 엘살바도르
② 인도
③ 르완다
④ 인도네시아
⑤ 브라질

85 다음 설명에 해당하는 생산 국가는?

커피재배를 시작한 곳이며 이곳으로 전해지면서 모카(Mocha)항이 알려 지게 되었다. 세계 3대 커피 중 하 나로 모카 마타리가 대표적이다.

① 에티오피아
② 예멘
③ 케냐
④ 콜롬비아
⑤ 인도

정답

01 ①	02 ②	03 ④	04 ②	05 ④	06 ③	07 ①	08 ④	09 ④	10 ①
11 ①	12 ②	13 ④	14 ⑤	15 ①	16 ③	17 ⑤	18 ①	19 ⑤	20 ④
21 ⑤	22 ①	23 ②	24 ④	25 ③	26 ⑤	27 ②	28 ③	29 ③	30 ②
31 ⑤	32 ④	33 ⑤	34 ②	35 ③	36 ②	37 ②	38 ②	39 ⑤	40 ④
41 ①	42 ③	43 ①	44 ④	45 ③	46 ②	47 ⑤	48 ④	49 ⑤	50 ①
51 ①	52 ③	53 ⑤	54 ③	55 ①	56 ⑤	57 ⑤	58 ④	59 ⑤	60 ⑤
61 ③	62 ②	63 ①	64 ③	65 ①	66 ③	67 ③	68 ①	69 ③	70 ④
71 ①	72 ②	73 ④	74 ①	75 ③	76 ④	77 ④	78 ④	79 ①	80 ②
81 ③	82 ①	83 ①	84 ④	85 ②					

커피 로스팅

1. 로스팅 / 2. 블렌딩 / 3. 로스팅과 커피 향미 평가

PART

II

✿ 능력단위

로스팅

✿ 능력단위 정의

로스팅 시 생두의 물리적, 화학적 변화를 이해하고 로스팅 머신의 종류별 특성 파악부터 실전 로스팅까지 기본적인 로스팅에 관한 능력을 갖춘다.

✿ 수행 준거

- 로스팅 시 생두의 물리적, 화학적 변화에 대해 이해할 수 있다.
- 로스팅 단계를 구별할 수 있다.
- 로스팅 머신의 종류별 특성 및 장단점을 이해할 수 있다.
- 로스팅 시 꼭 알아 둬야 할 사항과 기본 지식을 이해하고 실전 로스팅 할 수 있다.
- 로스팅 머신의 구조를 알고 유지관리 할 수 있다.
- 계획을 수립하여 커피 블렌딩을 할 수 있다.
- 로스팅 후 커피를 관능평가 할 수 있다.

PART Ⅱ 커피 로스팅

1 로스팅

1) 로스팅의 이해

원재료인 생두에 물리적, 화학적 변화를 이용하여 새롭게 식용 가능한 상태로 제조 및 가공하는 것을 의미한다. 로스팅은 생두에 열을 가해 원두로 변화시키는 것으로 이 과정을 통해 커피가 만들어지므로 커피 프로세스에서 매우 중요한 단계이다. 로스팅을 하는 이유는 많은 물질로 구성된 생두가 그 자체로는 아무런 맛과 향이 없으므로 생두에 열을 가해 물리적, 화학적 변화를 거쳐 그 안의 여러 가지 성분들(지방, 당분, 카페인, 유기산 등)이 밖으로 방출되게 하여 맛과 향이 나도록 하기 위해서이다. 로스팅은 화학적 변화와 수천 가지 성분의 형성과 분해를 일으키는 과정이다.

2) 로스팅 원리의 변화

(1) 물리적 변화

로스팅이 진행되면서 커피콩에서는 여러 가지 물리적 변화들이 생긴다. 색깔은 녹색에서 노란색, 갈색으로 변하고 중량은 감소한다. 또한 세포 조직의 다공질화로 부피가 증가하며, 이에 따라 밀도는 감소한다.

① 수분

로스팅의 첫 번째 단계인 수분 증발은 생두에 열을 가해 수분을 날리는 과정이다. 일반적인 생두의 수분함량은 10~12%이며, 로스팅이 끝난 후에 0.5~2%로 줄어든다. 생두의 수율 변화, 즉 무게와 성분의 감소는 열량과 밀접한 관계가 있다. 보통 수분함량이 높은 생두는 그렇지 않은 생두보다 수분이 기화하는 데 더 많은 열이 필요하다. 생두는 로스터에 투입되는 순간부터 수분이 기화하기 시작하는데, 100℃까지는 주로 생두 표면에서 내부로 침투하는 열에 의해 이루어지다가 100℃를 넘어가면 생두 내부에서도 기화가 일어난다. 생두 내부에서 기화가 일어나면 한 번에 많은 양의 수증기가 발생하고, 이로 인해 생두 내부의 압력이 상승하게 된다. 이때 공급되는 열량은 대부분 수분 증발에 소모되며, 열량을 지속적으로 공급하면 내부 압력이 높아짐에 따라 물의 끓는점이 상승하고 압력과 온도가 균형을 이루면서 수분이 천천히 기화한다. 생두는 수분이 빠르게 증발할수록 수증기에 의해 내부 압력이 높아져 세포구조가 약해지고 부피가 늘어나게 된다. 수분이 많은 생두는 온도 상승에 영향을 받기 때문에 더 많은 열량이 요구되며 수분이 적은 생두는 적은 열량으로도 온도를 상승시킬 수 있어서 화력이 강할 경우 표면이 타버린다. 생두에 따라 조금씩 차이는 있겠지만 대부분 온도가 160℃로 오르면 내부 압력이 증가하면서 세포조직이 팽창하고 무게도 빠르게 감소한다. 이 시기에 생두는 조직이 팽창하면서 무게가 가벼워지기 때문에 드럼의 교반날개에 부딪히는 소리가 부드러워진다. 소리가 부드러워지는 순간 로스터의 샘플러를 꺼내보면 생두 표면의 실버스킨이 떨어져 나가는 것을 알 수 있다.

② 색상

생두를 투입하고 열을 가하면 색깔이 점차 변화하는 것을 발견할 수 있다. 처음에는 녹색이었던 커피콩 색깔이 옅은 녹색을 거쳐 노란색으로 바뀌는데 이는 생두가 가지고 있는 엽록소와 안토시아닌 같은 색소 성분이 분해되기 때문이다. 이후 로스팅 진행에 따라 노란색에서 황토색으로 변하고 1차 크랙이 발생하면 열에 의한 갈변 반응이 일어나 밝은 갈색으로 변화한다. 이때 점차 열을 더 가하면 갈색에서 짙은 갈색으로 바뀌며 최종적으로 검은색이 된다. 이러한 색깔의 변화를 살펴보면 현재 로스팅이 얼마나 진행되었는지를 판단할 수 있다. 생두의 색을 관찰하는 것은 로스팅 과정에서 일어나는 다양한 변화를 포착할 수 있는 방법이지만 생두의 품종과 밀도, 가공방법, 보관상태 등에 따라 다른 양상을 보인다. 고지대에서 자란 커피는 로스팅이 진행됨에 따라 부드러운 녹색에서 밝은 노란색으로, 노란 갈색에서 밝은 갈색으로, 어두운 갈색에서 검은 갈색으로 변화하는 반면, 저지대에서 자란 커피는 밝은 노란색이 되기 전에 투명한 백색으로 변화한다. 저지대에서 자란 커피는 상대적으로 밀도가 낮아서 수분이 이동하는 형태가 다르기 때문이다. 수분이 기화한 후에는 생두 전체가 노란빛을 띠면서 갈변반응이 시작된다. 생두는 팽창과 수축을 반복하는 과정에서 표면을 감싸고 있던 실버스킨이 벗겨지고, 본격적으로 열분해가 시작되면서 달콤하고 구수한 향이 나는데 이를 너티라고 한다. 생두는 로스팅 시간이 길어질수록 색이 점점 짙어지며, 표면에 얼룩이 지기도 한다. 이처럼 생두의 색상은 로스팅 단계를 파악하는 데 중요한 지표가 된다.

③ 부피

생두를 투입하면 내부의 수분이 증발하면서 부피가 줄어들어 표면에 주름이 생기기 시작한다. 이러한 현상은 생두의 밀도가 강할수록 더 잘 나타난다. 커피콩은 1차 크랙 직전에 가장 많이 수축한다. 1차 크랙 이후 세포 조직은 다공질 조직으로 바뀌어 생두에 비해 부피가 50~60% 정도 팽창한다. 2차 크랙이 일어나면 커피콩의 색깔이 점점 진해지고 세포 조직은 더욱더 다공질로 바

뀌어 부서지기 쉬운 상태가 된다. 이때 부피는 생두의 원래 크기보다 최대 50~100% 증

가한다. 로스팅 시 생두는 수분 증발과 함께 가스가 발생하면서 내부에 높은 압력이 형성되고 부피도 팽창한다. 물론 팽창도는 생두의 종류와 로스팅 시간, 로스팅 레벨 등에 따라 다르다. 생두는 높은 열로 빠르게 로스팅했을 때 팽창도가 가장 높으며, 낮은 열로 느리게 로스팅한 원두는 팽창과 수축을 반복하는 횟수가 늘어나 표면이 더욱 단단하다. 생두의 팽창도는 세포조직의 공극률뿐만 아니라 추출수율에도 지대한 영향을 미친다. 짧은 시간에 고온으로 로스팅한 원두는 팽창도가 높아 향미가 밝고 가벼우며 추출도 잘 이루어지지만, 반대의 경우에는 생두의 팽창도가 낮아 전반적으로 무거운 향미가 느껴지고 추출도 원활하지 않다.

④ 밀도

부피가 증가하고 중량이 감소함에 따라 밀도는 생두일 때 1.2~1.4g/ml에서 미디엄 로스트일 때 0.7~0.7g/ml로 밀도는 절반으로 줄어든다. 생두는 로스팅 과정에서 무게 감소와 부피 팽창으로 인해 밀도가 낮아진다. 생두는 수분이 기화하면 내부에 가스가 발생하면서 압력이 높아지고, 조밀하게 모여 있던 세포조직이 팽창하면서 큰 소리를 낸다. 로스팅은 밀도가 단단하고 재배고도가 높은 생두일수록 많은 열량을 요구하며, 1차 크랙 때 나는 소리도 더 크다. 밀도를 기준으로 하드 빈 또는 소프트 빈으로 나누어 로스팅 시 투입온도를 다르게 하고 구간별로 열전달 방식을 달리하기도 한다. 밀도가 낮은 생두는 밀도가 높은 생두보다 적은 열량이 필요하고 로스팅 시간도 짧다.

$$원두\ 밀도 = \frac{무게}{부피}$$

⑤ 무게

생두는 무게가 무거울수록 지방, 탄수화물, 미네랄, 당, 아미노산 등의 유기물질이 많이 포함되어 있어 품질이 좋고 로스팅할 때 많은 열량이 필요하다. 무게는 로스팅 시간에 비례하여 감소하며 이는 수분 증발, 가스와 채프 발생, 유기물 손실 등에 의한 것이다. 생두에 함유된 수분은 열을 커피콩 내부로 전달하는 매개체 역할을 하고 로스팅 전반에 커피콩 내부 온도가 물의 끓는 점 이상으로 상승하면 급격히 기화되어 감소하기 시작한다. 그 후 로스팅이 더 진행되어 미디엄 로스트 단계에 다다르면 수분 함량은 2~3%까지 줄어든다. 로스팅 단계에서 원두 1g당 2~5ml의 가스가 발생하는데 87% 정도는 이산화탄소로, 가스의 50% 정도는 로스팅 과정에서 소멸하고 나머지는 서서히 방출되면서 향기 성분이 공기 중의 산소와 접촉하는 것을 막아준다. 채프는 1차 크랙 이후 주로 발생하여 커피콩의 중량이 감소한다. 유기물은 로스팅하면 미디엄 로스트일 때 성분의 5~8%가 줄어드는데, 클로로겐산, 탄수화물, 트리고넬린, 아미노산의 감소에 기인한다. 로스팅에 따른 무게 감소는 생두의 성분 감소와도 연관된다. 로스팅 후 생두는 12~32%의 무게가 감소하는데 단계별로 변화의 폭이 다르다. 생두의 질량을 이루는 물질 중에서는 수분의 감소폭이 가장 크며, 건조 성분 중에서는 이산화탄소의 감소폭이 가장 크다. 하지만 이 역시도 생두의 종류와 로스팅 레벨, 로스팅 시간에 따라 다르며 특히 보관상태에 따라 큰 차이가 난다는 점을 유의해야 한다.

⑥ 1차 크랙

빈 온도가 상승하여 190~200℃에 도달하면 화학반응이 더욱 활발해져 다량의 이산화탄소와 수증기를 만들어낸다. 생두의 세포 내부에 있는 수분이 기화하면서 엄청난 압력이 발생한다. 이로 인해 커피콩의 가장 약한 부분인 센터컷이 벌어지면서 파열음이 들리는데 이것이 바로 1차 크랙이다. 원두 표면에 생긴 공극에 의해 열을 방출할 때 순간적으로 온도가 낮아졌다가 열을 흡수하면서 온도가 다시 높아지는 증발효과가 일어난다. 이로 인해 조직이 수축과 팽창을 반복하며 세포구조의 균열이 가속화된다.

1차 크랙의 시작과 함께 본격적인 원두의 변화가 일어난다. 색깔은 옅은 갈색을 거쳐 갈색으로 바뀌고 커피콩의 부피는 50~60% 정도 팽창하며 커피콩과 실버스킨의 서로 다른 팽창률에 따라 실버스킨도 분리된다. 세포 내의 화합물은 열분해를 통해 수용성 다당류를 생성한다. 반응이 지속되면서 이런 다당류는 갈변반응을 일으키는 캐러멜로 바뀌는데 이런 캐러멜화는 커피 향의 질을 결정하는 주요한 요인이다. 생두에 열을 가하면 내부 온도가 상승하면서 세포조직이 약해지고, 기화한 수분이 세포벽 쪽에 압력을 형성하며 밖으로 빠져나갈 길을 찾는다. 이 과정에서 허니콤 형태로 확장된 세포 조직 사이로 가스가 배출되는데, 생두 외부로 배출된 가스양이 내부에 발생한 가스의 양보다 많아지면 생두가 압력을 견디지 못하고 센터컷 안쪽 밀도가 가장 낮은 부분이 깨지면서 크랙이 시작된다. 센터컷 부분이 파열된 생두는 가스가 배출되면서 순간적으로 바람이 빠지는 것처럼 수축이 일어난다. 1차 크랙과 함께 수축했던 생두는 다시 팽창해 로스팅이 4~8℃ 정도 더 진행되면 파열음이 서서히 잦아들고 추출이 원활하게 이루어질 수 있는 상태가 된다. 생두 표면에 남아있던 실버스킨도 거의 다 제거되며 달콤한 향과 부드러운 신향이 강해진다. 1차 크랙 이후의 디벨롭 타임은 로스팅에서 가장 중요한 부분으로 1차 크랙 이후에 생두의 향미가 잠재력을 발휘하기 때문에 종료 시점을 정하는 기준이 된다. 1차 크랙을 디벨롭이 시작되는 지점이라고 보는 이유는 그 시점부터 생두가 커피로 추출할 수 있는 원두가 되기 때문이다. 1차 크랙부터 로스팅이 종료되는 시점을 디벨롭 타임이라고 한다.

⑦ 휴지기

1차 크랙이 종료되어 크랙 소리가 안 들려도 반응은 지속해서 일어난다. 1차 크랙과 2차 크랙 사이에서는 열역학의 변화가 일어나 짧은 시간 동안 발열 반응에서 다시 흡열 반응으로 바뀐다.

⑧ 2차 크랙

휴지기를 지나 온도가 215~220℃에 다다르면 2차 크랙에서는 연소에 의해 원두 내부에 쌓여 있던 이산화탄소가 방출되면서 2차 크랙 소리를 낸다. 세포 내의 탈수로 인해 커피콩은 보다 부서지기 쉬운 상태가 되고 세포 내에 형성된 이산화탄소, 일산화탄소, 질소산화물 같은 가스의 압력과 결합하여 세포 조직의 파괴가 발생한다. 이것이 2차 크랙으로 1차 크랙에 비해 더 소리가 크고 연속적으로 나며 이때 다시 발열 반응으로 바뀐다. 커피콩의 색깔은 갈색에서 짙은 갈색으로 바뀌고 2차 크랙 이후 커피콩의 부피는 생두에 비해 80~90%까지 팽창한다. 생두는 로스팅이 진행되면서 열분해에 의해 가스가 발생하고 조직이 경화된다. 초기에 발생하는 저분자 화합물의 달콤한 향은 확연히 줄어들지만 대신 로스팅이 진행될수록 화합물 간의 결합으로 무겁고 진한 향이 느껴진다.

이 중에는 강하고 자극적인 향도 살짝 섞여 있다. 또한 당이 열분해 과정에서 대부분 사라지기 때문에 상대적으로 쓴맛의 비중이 높아진다. 이때부터 본격적으로 탄 향과 쓴 향이 강해지고 커피오일이 많이 발생한다. 로스팅 시 빈의 온도가 170℃에 도달하면 휘발성 오일이 생성되는 화학반응이 일어나고 생두의 단백질에 고체 상태로 들어있던 지방은 2차 크랙 이후에 열분해를 거쳐 밖으로 흘러나온다. 이 시기에 느껴지는 아로마는 드라이 디스틸레이션 계열이다.

⑨ 냉각

로스팅의 마지막 단계인 냉각은 신속하게 이루어져야 하는 중요한 단계이다. 로스팅이 끝나면 즉시 열을 식혀야 하는데 그렇지 않으면 커피콩 내부의 열로 인해 원하는 로스팅 포인트보다 더 진행되기 때문이다. 냉각할 때에 찬 공기를 순환시키거나 물을 분사시키는 방법을 사용하고 물이 공기보다 냉각 효과가 더 좋지만, 물의 양이 많으면 커피에 흡수되므로 주의하여야 한다. 로스터의 냉각 기능이 떨어져 생두의 온도를 원하는 순간에 낮추지 못하면 내부에 남아있는 잠열에 의해 로스팅이 계속 진행되기 때문이다. 즉, 처음에 의도했던 로스팅 레벨보다 훨씬 더 높은 레벨까지 로스팅이 진행될 수 있는 것이다. 커피 향미를 정확히 표현하기 위해서는 로스터의 냉각 기능을 향상하는 것이 좋은 방법이다. 로스팅 시 냉각은 5분 이내 40℃ 이하가 되도록 해야 한다.

(2) 화학적 변화

① 메일라드 반응(Maillard Reaction)

메일라드 또는 마이야르 반응은 프랑스 화학자 루이 마이야르가 포도당과 글리신을 가열했을 때 갈색 색소인 멜라노이딘이 생성한다고 처음으로 발표하여 붙여진 이름이

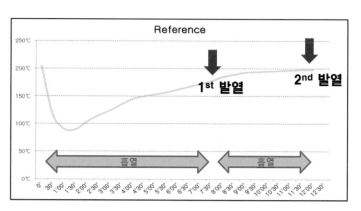

다. 커피 로스팅 시 메일라드 반응을 통해 생두에 함유된 미량의 아미노산이 환원당, 다당류 등과 작용하여 갈색의 중합체인 멜라노이딘을 생성하며 이 멜라노이딘에 의해 원두는 갈색을 띤다. 또 휘발성 방향족 화합물의 생성으로 커피의 향이 만들어진다. 메일라드 반응은 효소의 작용 없이 환원당과 아미노산이 반응해 일어나는 갈변현상으로, 로스팅에서는 생두에 포함된 소량의 아미노기가 반응해 최종산물로 갈색의 중합체인 멜라노이딘을 만들어낸다. 메일라드 반응은 후반으로 갈수록 다량의 탄산가스를 발생시키며 스트레커 분해를 통해 이산화탄소, 알데히드, 케톤 등의 휘발성 화합물을 생성함으로써 향미 형성에 관여한다. 하지만 메일라드 반응은 130~200℃에서만 나타나는 현상이므로 빈 온도가 150℃에 도달하면 일어난다. 또한 메일라드 반응은 온도가 높을수록 고분자 중합체의 질량이 증가하여 특유의 색상 변화와 쓴맛이 두드러진다. 멜라노이딘은 인체에 유해한 활성산소를 제거하는 항산화 능력과 항암 효과가 있다고 보고된 바가 있다. 로스팅을 거쳐 생두의 색상과 향이 변하는 것이 메일라드 반응의 결과다.

② 열분해

열분해란 가열을 통해 분자를 활성화함으로써 분자들 간의 결합을 끊고 새로운 물질을 만들어내는 것이다. 로스팅에서는 생두가 열을 흡수하는 흡열반응에 의해 열분해가 일어나며 이 과정에서 클로로겐산이 휘발성 페놀류로 분해되고 트리고넬린은 피리

딘과 피롤린으로 분해되며 지질은 휘발성 테르펜의 생성에 관여하여 커피 향미를 형성한다.

③ 가수분해

가수분해란 물 분자의 작용으로 화합물을 분해하는 것이며 인체의 소화기관이 음식물을 소화하는 과정에서도 일어난다. 로스팅 시 생두는 클로로겐산의 일부가 가수분해를 통해 퀸산과 카페인산으로 분해된다. 가수분해의 반대 개념인 탈수합성은 물 분자가 빠져나가면서 다른 물질을 결합하는 것이다. 탈수합성은 작은 물질을 모아 큰 물질을 만드는 중합반응에서 나타나는 중요한 현상이다.

④ 캐러멜화(Caramelization)

캐러멜화는 자당의 열분해를 통해 일어난다. 캐러멜화는 주로 포도당, 과장, 자당, 맥아당, 유당을 가열했을 때 나타나며 최종산물로 갈색 물질을 생성한다. 하지만 캐러멜화가 너무 높은 온도에서 오랫동안 이루어지면 수분과 이산화탄소에 의해 생두가 탄화될 가능성이 있다. 온도가 계속 상승하면 표면이 검은색으로 변하고 쓴맛이 나기도 한다. 생두 상태일 때 색이 진했던 부분이 로스팅 후에 더욱 진하게 보이는 것은 조직이 조밀할수록 당이 많이 함유되어 있어 캐러멜화가 활발하게 이루어지기 때문이다.

⑤ 탄수화물

흔히 당류라고 하는 탄수화물은 광합성을 통해 만들어진 녹말과 셀룰로오스를 포함한 여러 종류의 당으로 구성되며, 생두에서는 다당류와 셀룰로오스, 헤미셀룰로오스를 제외한 거의 모든 탄수화물이 새로운 물질 형성에 기여한다. 탄수화물은 로스팅의 갈변 반응과 메일라드 반응, 열분해, 가수분해, 중합반응 등에서도 중요한 역할을 하는 성분이다.

⑥ 아미노산과 단백질

생두의 아미노산은 로스팅 시 당과 반응하여 메일라드 반응을 통해 멜라노이딘과 향기 물질로 바뀐다. 열에 약해 금방 사라지는 아미노산과 달리 열에 강한 단백질은 로스팅한 후에도 비교적 오래 유지된다. 로스팅 레벨에 따라 감칠맛을 내는 글루탐산이 증가하기도 한다. 포도당이나 과당 같은 단당류는 대부분 아미노산과 반응하며 단백질은 일부만 아미노산과 반응한다.

⑦ 카페인

카페인은 열에 안정적이어서 170℃ 이상에서도 일부 승화되는 것을 제외하고는 대부분 남아있다. 카페인 손실량도 무게 감소에 비해 적어서 로스팅 단계와 무관하게 일정한 비율을 유지한다. 로스팅을 더 진행한다고 카페인 함량이 더 높아지지 않는다.

⑧ 트리고넬린

트리고넬린은 카페인과 같은 알칼로이드 성분으로 아라비카의 약 1%를 차지한다. 로스팅 시 빈 온도가 160℃에 도달하면 트리고넬린이 분해되기 시작한다. 열에 불안정한 트리고넬린은 열을 가하면 분해 속도가 어느 순간 급격히 빨라지면서 비휘발성 물질인 니코틴산과 휘발성 향기 물질인 피리딘을 비롯해 비타민의 일종인 니아신을 생성하게 된다. 트리고넬린은 방향족 화합물의 발달에 중요하게 작용하며 커피에서 흔히 느끼는 캐러멜 같은 아로마를 형성한다.

⑨ 지질

아로마의 상당 부분을 형성하는 지질은 아라비카의 15~17%, 로부스타의 10~11%를 차지한다. 지질은 두 품종의 품질 차이를 만드는 요소 중 하나이다. 커피의 방향족 화합물이 지용성이라는 점에서 지질은 매우 중요하다. 로스팅하는 동안 열에 의해 변하지만 높은 온도에서도 안정적이기 때문에 성분비가 크게 변하진 않는다.

⑩ 탄닌

탄닌산을 일컫는 말인 탄닌은 식물의 뿌리와 줄기, 열매, 잎 등에 널리 분포되어 있는 폴리페놀 중합체로 잘 익은 커피체리일수록 탄닌 함량이 낮다. 탄닌은 기본적으로 떫은

맛을 가지고 있으며 물질을 노란색이나 갈색으로 변화시키는 성분도 들어있다. 로스팅 과정에서는 탄닌이 물 또한 이산화탄소에 용해되어 아세트알데히드를 생성하며 갈변현상에 기여하여 색과 향미의 변화를 가져오기도 한다.

※ 로스팅에 따른 성분의 상대적 변화

성분		생두(%)		원두(%)	
		전체	가용성분	전체	가용성분
탄수화물	당분	10.0	10.0	18.0~26.0	11.0~19.0
	섬유소 외	50.0	–	37.0	1.0
지질		13.0	–	15.0	–
단백질		13.0	4.0	13.0	1.0~2.0
무기질		4.0	2.0	4.0	3.0
산	클로로겐산	7.0	7.0	4.5	4.5
	유기산	1.0	1.0	2.35	2.35
알칼로이드	트리고넬린	1.0	1.0	1.0	1.0
	카페인	1.0	1.0	1.2	1.2
휘발성 화합물	가스	–	–	2.0	미량
	향기 성분	–	–	0.04	0.04
페놀		–	–	2.0	2.0
총량		100	26	100	27~35

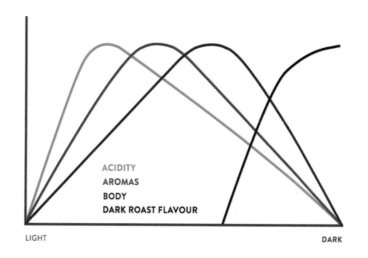

ACIDITY
AROMAS
BODY
DARK ROAST FLAVOUR

LIGHT · DARK

3) 로스팅 단계

로스팅은 건조, 열분해, 냉각의 세 단계로 이루어진다.

○ 건조 단계

상온의 생두를 로스터에 투입하면 생두가 드럼 내부의 열을 흡수한다. 드럼 온도가 계속 떨어지다 생두 온도와 드럼 온도가 같아지면 생두의 온도가 오르기 시작하는데, 이를 터닝 포인트라 한다.

건조 단계에서 생두 내부 온도가 100℃에 도달할 때까지 일어나는 구간으로 수분 증발 단계, 옐로 단계, 시나몬 단계의 과정을 거친다. 수분 증발 단계에서는 커피콩의 내부 온도가 100℃에 다다를 때 수분이 기화하여 기체 상태로(수증기) 바뀌고 수증기는 커피콩에서 증발하면서 외부로 방출되는데 이때 커피콩에서는 풋내가 난다. 140℃에 다다르면 커피콩은 마이야르 반응이 시작되며 이에 따라 커피콩의 색깔이 점차 노란색으로 변하는 옐로 단계가 된다. 이 단계에서는 곡물향이 나고 커피콩의 당 성분도 캐러멜로 변화하기 시작한다. 생두가 160℃에 도달하면 내부 압력에 의해 세포조직이 팽창하여 가스가 급속히 빠져나가고, 수분 증발로 인해 표면이 수축하면서 부피가 줄어든다. 커피콩은 노란색에서 계피색으로 바뀌며 표면에 반점이 생기기 시작하는 시나몬 단계가 되는데 곡물향은 사라지고 옅은 신향이 나기 시작한다.

○ 열분해 단계

생두는 건조 단계를 지나면 열분해가 시작되면서 갈변반응이 일어나고 메일라드 반응에 의해 향기 화합물이 생성된다. 생두의 표면 온도가 160℃가 지나가면 육안으로 확연하게 색상 변화를 확인할 수 있다. 갈변반응은 건조과정이 끝나기 전에도 나타날 수 있다. 밀도가 높은 생두일수록 열분해 과정에서 표면이 고르지 않고 색상도 균일하지 않을 수 있다. 로스팅이 진행되면 생두의 온도가 급격하게 상승하면서 첫 번째 파열음이 들리고 여기서 5℃ 정도 더 로스팅을 진행하면 파열음이 커지기 시작한다. 생두는 내부의 가스가 빠져나가면 순간적으로 수축이 일어나고 색상의 변화는 빠르게 진행된다.

열분해 반응은 190~210℃에서 절정을 이루는데, 이 반응을 통해 커피의 맛과 향을 내는 여러 물질이 생성되고 이때 많은 양의 이산화탄소도 방출된다. 또한 콩의 부피는 증가하고 조직은 부서지기 쉬운 상태로 바뀌며 캐러멜화에 의해 색깔은 점차 짙은 갈색으로 변화한다. 생두의 온도가 210~220℃에 도달하면 생두 내부의 압력이 높아지면서 분자들이 서로 결합하는 중합반응이 일어나는데, 이때 순간적으로 불필요한 열량이 배출되면서 발열이 나타난다.

실질적인 로스팅이 진행되는 단계로 지속적인 열 공급으로 인해 열분해 반응이 일어나면서 커피의 화학적 성분이 변화한다. 열분해 단계에서는 두 번의 크랙이 발생한다. 1차 크랙이 일어나는 시점에서는 건조 단계에서의 흡열반응이 발열반응으로 바뀌면서 원두 내부의 조직이 팽창하여 열을 방출시킨다. 그 후 2차 크랙이 진행되면 발열은 더욱 증가하고 오일, 이산화탄소도 점점 많이 발생한다.

◉ 냉각 단계

로스팅 단계가 원하는 지점에 도달하는 순간 원두를 배출해 식히는 것을 냉각이라고 한다. 냉각은 무엇보다 배출 시점을 정확히 인지해야 한다. 냉각 단계에서는 원두를 적절한 시점에 배출하여 온도를 신속하게 낮춰주어야 한다. 로스팅이 끝나면 즉시 열을 식혀야 하는데 그렇지 않으면 커피콩 내부의 열로 인해 원하는 로스팅 포인트보다 더 진행되기 때문이다. 냉각할 때에는 찬 공기를 순환시켜 온도를 낮추는 방법(공랭식)과 물을 분사하는 방법(퀀칭)을 사용한다. 물이 공기보다 냉각 효과가 더 좋지만, 물의 양이 많으면 커피에 흡수되므로 주의하여야 한다. 신속한 냉각은 커피 품질 향상에 필수적인 요소이다.

(1) 로스팅 단계별 과정

① 투입~터닝 포인트

예열된 드럼에 실온의 생두를 투입하면 드럼과 빈 온도가 열평형을 이룰 때까지 온도가 계속 떨어지며 더 이상 온도가 떨어지지 않는 터닝 포인트가 지나면 다시 상승하게 된다.

투입온도는 로스팅 프로파일의 터닝 포인트에 따라 결정하는데 터닝 포인트의 온도가 너무 낮으면 1차 크랙까지 도달하는 속도가 너무 느려서 로스팅 시간이 길어진다. 터닝 포인트의 온도가 너무 높으면 1차 크랙까지 도달하는 속도가 너무 빨라서 로스팅 시간이 짧아진다.

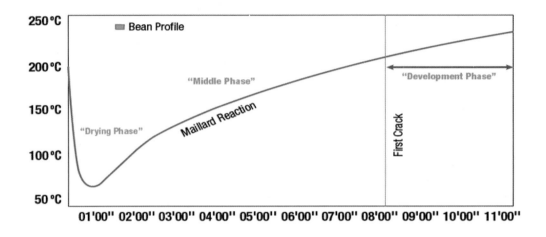

② 터닝 포인트~옐로 단계

터닝 포인트는 생두를 투입하고 1~2분 정도가 경과한 시점이다. 터닝 포인트 이후로 생두는 열을 흡수하는 흡열구간에 들어간다. 생두 표면을 통해 열을 흡수하며 서서히 온도가 상승하게 되고 열이 외부에서 내부로 이동하는 열전도도 일어난다. 이때 생두는 열을 전체적으로 고르게 흡수하기 위해 수분이 지닌 전도성을 이용한다. 생두의 온도가 100℃까지 오르면 외부의 자유수는 증발하고, 내부의 결합수는 전도체가 되어 생두 밖에서 안으로 열을 전달한다.

생두는 열전도에 의해 흰색 또는 밝은 연두색에서 노란색으로 색깔이 변하고, 100℃를 기점으로 수증기가 발생하면서 내부에 증기압이 형성된다. 그러다 완전히 노란색이 되면 높은 온도 때문에 조직이 유리화되고 수분함량이 줄어들면서 구조가 불균일해지고 결국 내부 압력의 영향을 받아 부피가 팽창하기 시작한다.

③ 150℃〜마이야르 반응

생두의 내부와 외부 온도의 차이는 150℃에 도달해서야 거의 비슷한 수준으로 줄어들고 압력도 동일하게 유지된다. 이 단계의 생두는 부피가 팽창하면서 채프가 벗겨지고 가수분해로 마이야르 반응이 일어나며, 멜라노이딘과 휘발성 유기물질이 생성된다. 그 결과 원두는 갈색빛이 돌고 특징적인 플레이버를 만들어낸다.

④ 160℃〜캐러멜화

생두는 열분해에 의해 캐러멜화가 진행되면서 탄수화물이 분해되기 시작하는데, 열분해를 통해 아로마가 늘어나게 된다. 이 단계에서 생두는 유기물질의 연소로 인해 발생한 이산화탄소와 수분 증발로 인한 증기압의 상승으로 높은 압력을 받게 되며, 생두가 열분해를 통해 열을 방출하는 발열반응이 일어나기 시작한다.

⑤ 190℃〜1차 크랙

빈 온도가 190℃에 도달하면 화학반응은 더욱 활발해져 다량의 이산화탄소와 수증기를 만들어내고, 생두가 커지는 압력에 의한 크랙 소리를 내며 갈라지는 1차 크랙이 발생한다. 원두 표면에 생긴 공극에 의해 열을 방출할 때 순간적으로 온도가 낮아졌다가 다시 열을 흡수하면서 온도가 높아지는 증발효과가 일어난다. 조직이 수축과 팽창을 반복하며 세포구조의 균열을 가속화한다.

1차 크랙은 로스팅의 종료 시점을 결정하는 기준이 되므로 로스팅 과정에서 중요한 부분이다. 1차 크랙 이후에 생두의 플레이버가 잠재력을 발휘하기 때문이다. 1차 크랙을 디벨롭이 시작되는 지점이라고 보는 이유는 1차 크랙 시점 이후에 커피로 추출할 수 있는 포인트가 되기 때문이다. 1차 크랙부터 로스팅 종료 시점까지를 디벨롭 타임이라고 한다.

⑥ 220℃〜2차 크랙

빈 온도가 220℃에 이르렀을 때 시작되는 2차 크랙에서는 연소에 의해 원두 내부에 쌓여 있던 이산화탄소가 방출되면서 1차 크랙과 다른 소리를 낸다. 연소가 가속화됨에 따라 생두의 세포구조는 파괴되고 내부도 다 타버려 쉽게 부서질 수 있는 다공질 상태가 된다. 이때 원두는 진한 갈색이나 검은색을 띠며 로스팅이 진행될수록 더 많은 커피오일 이 표면으로 흘러나온다.

또한 당이 열분해 과정에서 대부분 사라지기 때문에 상대적으로 쓴맛의 비중이 높아 지고 약한 신맛도 부각될 수 있다. 이 시기에 느껴지는 아로마는 드라이 디스틸레이션 계열의 아로마이다.

⑦ 배출~냉각

로스팅의 마지막 단계인 냉각은 플레이버에 많은 영향을 미치는 중요한 과정이다. 원두는 로스팅이 끝나자마자 쿨링 트레이에서 식히는데, 원두의 외부는 배출 후 차가운 공기와 만나면서 온도가 서서히 낮아지지만 내부는 열량 공급을 중단한 후에도 열이 안 에서 밖으로 계속 전달되어 열 손실을 안팎으로 비슷하게 맞추려고 하기 때문이다. 원두 를 빠르게 냉각해야만 원하는 로스팅 단계의 아로마를 발산할 수 있다. 로스팅 시 냉각 은 5분 이내에 40℃ 이하로 마무리해야 한다.

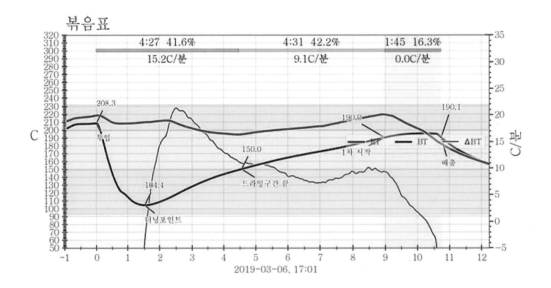

(2) 대표적인 로스팅 단계

원두의 색깔로 원하는 로스팅 상태가 되었는지 판별할 수 있다. 정확한 방법은 원두의 밝기를 측정하여 수치를 나타내는 것이지만, 일반적으로는 로스팅 단계를 쉽게 이해할 수 있도록 명칭을 표현한다. 로스팅 단계별로 사용되는 명칭이나 정의는 나라와 지역마다 일정치 않아 혼동을 주기도 하며 주로 일본, 미국, SCA의 로스팅 단계를 많이 사용한다. 그리고 로스팅 단계를 폭넓게 라이트, 미디엄, 다크 로스트로 분류하기도 하는데 사실 이는 포괄적인 명칭으로 그 경계가 명확하지 않으며 다크 로스트도 아래 그림에서 보듯이 더 세분하기도 한다.

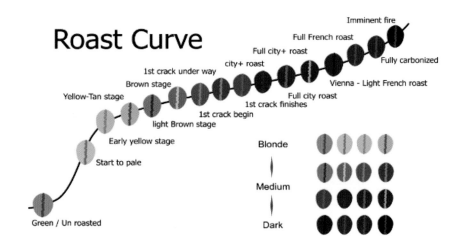

① 미국의 로스팅 단계

미국은 지역마다 사용되는 용어가 매우 다양하다. 각 단계별 명칭은 시티, 뉴잉글랜드, 비엔나, 이탈리안, 프렌치처럼 지역 명칭에서 온 경우가 많고 여러 가지가 같이 사용되기도 한다.

◉ 시나몬

시나몬 로스트는 대개 1차 크랙 초반에 배출하며 풋내와 덜 익은 맛 생땅콩을 연상케 하는 향미가 나기 때문에 시음하기에 적합하지 않다. 풀내음, 꽃향, 바디는 매우 가벼운 정도이다.

⊙ 시티

시티 로스트는 1차 크랙 마지막 단계 또는 1차 크랙을 갓 지났을 때 배출한다. 여전히 바디가 가볍고 산미가 강하다. 산미, 와이니, 주스 같은 느낌이 나며 제대로 로스팅되지 않으면 풋내와 신레몬, 시큼한 느낌이 난다.

⊙ 풀시티

2차 크랙 직전에 배출한 것으로 원두 표면에 기름기가 생기기 시작한다. 부드러운 산미와 캐러멜의 향미, 중간 정도의 바디가 기분 좋은 균형을 이루고 있으며 많은 소비자가 선호하는 단계이다.

⊙ 비엔나

비엔나 로스트는 2차 크랙 초기, 기름기가 원두 표면으로 이동하기 시작할 무렵이다. 쌉쌀한 단맛과 캐러멜 느낌, 너티함, 바디는 무겁다.

⊙ 프렌치

프렌치 로스트는 자극적이면서 쌉쌀한 단맛, 탄화된 듯한 향미를 내는 기름기가 있다. 쓴맛과 스모키, 단맛은 미미해지며 바디는 무겁다.

⊙ 이탈리안

로스팅 단계 중 가장 마지막 단계이며 색상은 아주 어둡고 원두 표면엔 기름이 가득 배어 나온다. 탄내가 나며 스모키하고 중간 정도의 바디를 가지고 있다.

② 일본의 로스팅 단계

우리가 흔히 사용하는 로스팅 단계로 이탈리안 로스트까지 총 8단계로 분류한다.

⊙ 라이트

라이트 로스트는 1차 크랙 시작부터 정점까지이다. 원두가 팽창하고 있으나 표면에 주름이 있다.

◎ 시나몬

시나몬 로스트는 1차 크랙 정점부터 종료까지이다. 원두가 팽창하고 있으며 표면의 주름이 살짝 펴진 상태이다.

◎ 미디엄

미디엄 로스트는 1차 크랙 종료 후 수축 단계이다. 강한 신맛이 나며 은은한 단맛이 나기 시작하는 상태이다.

◎ 하이

하이 로스트는 1차 크랙 종료 후 팽창 단계이다. 밝은 신맛이 나며 조화로운 단맛이 난다.

◎ 시티

시티 로스트는 2차 크랙 직전부터 시작까지 단계이다. 조화로운 신맛과 한층 상승한 높은 바디를 느낄 수 있다.

◎ 풀시티

풀시티 로스트는 2차 크랙 시작부터 정점까지 단계이다. 오일이 배출되며 신맛은 약해지고 약간의 단맛과 무거운 바디가 특징이다.

◎ 프렌치

프렌치 로스트는 2차 크랙 정점부터 종료까지 단계이다. 원두 표면에 광택이 있으며 달고 쓸쓸한 맛과 탄맛이 난다.

◎ 이탈리안

이탈리안 로스트는 2차 크랙 종료 후 단계이다. 원두 표면이 검게 변하고 오일이 많이 배어 나오며 낮은 바디가 특징이다.

◎ 터키시

터키시 로스트는 오일 배출 후 마지막 단계이며 표면이 검게 반짝이며 숯 같은 탄맛이 특징이다.

③ SCA의 로스팅 단계

SCA에서는 애그트론사의 M-Basic/E10-CP로 측정한 값이다. 가장 밝은 단계인 #95부터 가장 어두운 단계인 #25까지 애그트론 넘버로 표기하고 베리 라이트부터 베리 다크까지 단계별로 명칭을 부여한다.

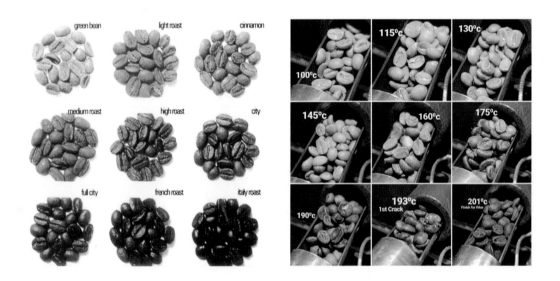

(3) 로스팅 단계 측정

원두 색깔을 육안으로 정확하게 측정하는 것이 어려우므로 측정 장비를 사용하는 것이 더 정확하다. 측정 장비를 사용할 때는 통상 원두를 아주 가늘게 분쇄하여 표면을 평평하게 만든 후에 측정하며 그 값은 분쇄 상태 등 상황에 따라 조금씩 달라질 수 있다. 통상 분쇄한 상태에서 측정하므로 원두 표면의 색깔보다 더 높게 표시된다.

① 측정 장비

측정 장비는 애그트론, 라이텔, 자발리틱스, 컬러트랙, 로아미 사의 장비를 많이 사용하고 그 밖에 휴대용 장비도 사용한다.

② SCA의 컬러타일

측정 장비는 고가이므로 구입하기 쉽지 않다. 그래서 SCA에서 간략하게 로스팅 정도를 판별할 수 있는 시스템을 개발하였다. 이 시스템은 8개의 디스크로 구성되어 있으며 각각의 디스크 뒷면에는 색깔별로 타일 넘버가 25~95까지가 쓰여 있다. 측정 방법은 분쇄된 원두를 검은 종이 위에 올려놓고 색깔이 비슷한 두 개의 타일과 육안으로 비교하여 로스팅 단계를 대략 판별하는 것이다.

4) 로스터의 열원과 열 전달 방식

(1) 열원

로스팅 시 사용되는 열원은 가스, 전기 등 다양하지만 주로 가스가 사용된다. 이는 화력 조절이 쉬우며 청정 에너지이기 때문이다. 사용되는 가스는 LPG와 LNG가 있는데 LPG는 LNG에 비해 압력이 더 강하고 머신 설치가 자유로운 장점이 있지만 주기적으로 가스를 공급해주어야 하는 번거로움이 있다. 이에 비해 LNG는 안정적인 공급이 장점이나 연결 시 추가 비용이 발생하고 머신 설치에 따른 공간의 제약을 받는 단점이 있다. 전기는 가스에 비해 화력이 약해 주로 가정용이나 소형 로스팅 머신에 사용된다.

로스팅 시 생두는 건조단계와 열분해를 거쳐 복합적인 향미를 지닌 커피로 재탄생하는데, 이를 위해서는 반드시 열에너지가 필요하다. 열에너지의 공급원을 흔히 열원이라고 하며, 생두가 흡수하는 열에너지의 양은 열의 종류(가스, 전기, 숯 등)에 따라 차이가 발생한다. 로스팅은 열원에 대한 이해를 토대로 자신만의 개성 있는 향미를 표현하는 작업이므로 열전달 방식을 자세히 살펴볼 필요가 있다.

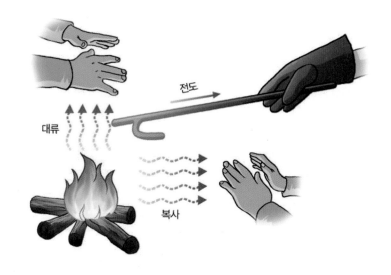

(2) 전도

전도는 한 물체에서 다른 물체로 열이 전달되는 것을 말하는데, 온도가 높은 물체에서 낮은 물체로 이동하는 과정에서 열평형을 이룬다. 드럼형 로스터의 경우 드럼 표면에 열이 직접 닿는 것을 전도라고 한다. 전도열은 드럼의 재질, 크기, 두께에 비례하며, 기체보다 액체의 전도율이 더 높기 때문에 수분함량이 높은 생두를 로스팅할 경우 전도열의 비중이 큰 로스터를 사용한다면 화력 조절에 더욱 유의해야 한다. 커피콩이 드럼 표면에 닿거나 콩끼리 접촉될 때 열이 전달된다. 열 전달이 균일하지 않으며 커피콩의 내부까지 열이 침투하기 힘들다.

(3) 대류

대류는 가열된 기체나 액체를 통해 열이 전달되는 것을 말한다. 로스팅에서는 열원에 의해 뜨겁게 달궈진 드럼 안의 공기가 생두에 열을 전달하는 것을 대류라고 한다. 대류열은 전도열보다 생두에 더 쉽게 침투하기 때문에 열전달이 균일하게 이루어지며, 대류열의 열 전달 속도는 풍속에 따라 결정된다. 뜨거워진 공기가 드럼 내부로 흘러 들어가 콩에 열을 전달한다. 전도에 비해 열에너지 전달이 균일하고 콩 내부까지 열 침투가 잘 된다.

(4) 복사

고체나 기체 상태의 매개체를 통해 열을 전달하는 대류, 전도와 달리 복사는 파장의 형태로 열을 바로 전달한다. 많은 사람이 모여 있는 곳이 난로가 놓여 있는 곳보다 더 따뜻한 이유도 체온이 복사열을 방출하기 때문이다. 이처럼 복사열은 열이 생두 내부로 직접 전달되기 때문에 열효율이 높다. 로스팅에서 가열된 생두나 드럼의 요소가 적외복사를 발산한다. 요즘에는 복사열을 이용한 로스터가 많이 나오기는 하지만 일반적인 반열풍식 로스터는 전도열이나 대류열에 비해 복사열의 비중이 작은 편이다. 자외선, 적외선 같은 전자기파에 의한 열 전달을 의미한다. 즉, 금속판이 가열되면 전자기파가 발생하여 커피콩에 열이 전달되거나 커피콩에서 나온 열이 다른 커피콩에 전달되는 것이다.

5) 로스터 유형별 특성

(1) 머신의 종류

① 형태별 종류

로스팅 머신은 드럼형 로스터가 가장 많이 사용되고 그 밖에 스파웃형, 유동형, 볼형, 소용돌이형 등의 형태도 다양하게 사용된다.

② 열 전달 방식에 따른 종류

로스팅 시 커피콩에 열이 전달되는 방식은 크게 전도, 대류, 복사의 세 가지가 있으며 전도와 대류가 주로 사용된다. 로스터의 열 전달은 전도, 대류, 복사를 통해 이루어진다.

로스터의 구조도 이 세 가지 열 전달 방식에 따라 결정된다고 볼 수 있다. 전도, 대류, 복사가 지닌 각각의 특성을 알면 더욱 일관된 품질의 커피를 만들 수 있다.

◉ 직화식

드럼에 뚫려 있는 작은 구멍으로 화력이 커피콩에 전달되는 전도열을 통해 로스팅이 이루어진다. 구조상 드럼의 두께가 얇아서 예열 시간이 반열풍식에 비해 짧은 편이고 즉각적인 화력 조절이 가능하지만 열 전달이 고르지 않고 내부까지 열 침투가 어려워 커피콩이 덜 팽창한다. 또한 연기도 많이 발생하여 대형화가 어렵다. 향기 물질과 이산화탄소가 세포 내에 많이 잔류하여 향미가 다른 방식에 비해 오래가는 특성이 있다. 구멍이 뚫려 있는 원통형 드럼이 가로로 누워있는 형태다. 외장이 드럼과 버너를 감싸고 있으며, 강제 배기 시스템도 갖춰져 있다. 직화식 로스터는 생두에 불이 직접 닿는 것처럼 보이지만 열풍이 회전하는 드럼을 둘러싸고 있는 것일 뿐, 직접 닿는 것은 아니다. 일본에서 주로 사용하는 방식으로 전도열을 이용해 다양하고 개성 있는 맛을 표현할 수 있다. 하지만 직화식은 생두의 수분이 열풍식에 비해 빠르게 전도시키는 매개체 역할을 하기 때문에 부분적으로 타기 쉽다. 그래서 생두의 팽창도가 다소 낮더라도 로스팅 시간을 늘리는 경우가 대부분이다.

◉ 반열풍식

일반적으로 가장 많이 사용하는 머신으로 반열풍이라는 이름은 전도열과 대류열을 동시에 사용하여 붙여진 것이다. 이 머신은 가열된 드럼 표면에서 발생하는 전도열과 화력에 의해 생성된 열풍 즉, 대류열을 드럼 내부로 전달시켜 로스팅하는데 이때 전도와 대류의 비율은 로스팅 머신마다 조금씩 다르다. 직화식에 비해 외부 환경변화에 영향을 덜 받으며 콩의 내부까지 열이 균일하게 전달되므로 커피콩이 잘 팽창되며 로스팅 과정의 변화가 일정하여 안정적인 로스팅이 가능하다. 가장 보편적인 형태의 로스터로, 드럼의 후면부에 구멍을 뚫어 열풍이 드럼 안을 지나가도록 설계했다. 팬이나 모터로 공기를 빨아내 열풍이 기압 차에 의해 드럼 안으로 이동하게 만든 것이다. 반열풍식 로스터 중에는 고온의 연소가스를 재순환하여 열효율을 높인 제품도 있다. 생두가 드럼 표면에 발생하는 전도열, 후면부로 들어오는 열풍, 생두가 내뿜는 복사열 등에 의해 로스팅되는 방식이다. 반열풍식은 직화식에 비해 로스팅 시간이 짧고 로스터의 열 보존 상태가 좋기 때문에 수분함량이 높은 뉴크롭도 안정적으로 로스팅할 수 있다. 만약 드럼의 회전속도와 배기속도를 조절하는 기능이 있다면 전도열은 회전속도로, 대류열은 배기속도로 열량을 조절하여 원하는 맛을 낼 수 있다.

◉ 열풍식

열풍식 머신은 열풍이 드럼을 가열하지 않고 드럼 내부로 바로 유입되어 로스팅이 이루어지는 것으로 대류 방식을 이용하는 것이다. 균일한 로스팅이 가능하고 로스팅 시

간을 단축할 수 있는 장점이 있다. 아래 왼쪽 그림은 수평형 드럼 로스터의 경우를 그린 것이며 오른쪽 사진은 수직형 로스터의 예이다. 애프터 버너로 가열한 아주 뜨거운 공기를 드럼 안으로 강제로 이동시켜 로스팅하는 방식이다. 열효율이 높고 균일한 로스팅이 가능해 주로 대형 사업장에서 사용한다. 열풍식 로스터를 사용해 높은 열로 단시간에 로스팅한 원두는 세포 조직이 활발하게 팽창해 직화식으로 로스팅한 원두와 비교했을 때 로스팅 레벨이 같아도 가용성분의 함량은 더 높게 나타난다. 하지만 열풍식은 대류열의 비중이 크고 생두의 팽창이 활발히 이루어지는 만큼 향미가 빠르게 손실되고 산패가 쉽게 일어난다는 단점이 있다.

○ 재순환식

재순환 로스터는 배기가스 일부를 다시 연소실로 보내 열을 재수집함으로써 로스팅에 필요한 연료를 줄이는 방식이다. 재순환 로스터는 최근 들어 각광 받고 있는데, 연료 효율성이 좋고 안정적이며 일관성 있는 로스팅 환경을 제공하기 때문이다. 안정적인 작업 환경에서는 로스팅 소프트웨어가 로스트 프로파일을 잘 따라갈 수 있다. 재순환 로스터는 배출하는 공기의 대부분을 다시 드럼으로 보내며 이 열은 전적으로 대류 방식으로 전달된다. 이 구조에서 버너는 배기가스를 배관으로 보내기 전 연소시키는 애프터버너의 역할도 한다.

(2) 로스터의 구조

일반적으로 사용되는 로스터의 구조는 드럼, 버너, 모터와 배연장치 등으로 구성되어 있다. 관리만 잘 해주면 장기간 큰 무리 없이 사용할 수 있다.

① 드럼

드럼은 커피콩이 담겨 로스팅이 이루어지는 곳으로 모터에 의해 중심축이 돌면서 일정한 속도로 회전한다. 표면은 구조에 따라 구멍이 뚫려 있기도 하며 중심축에 달린 교반기는 커피콩을 상하로 움직이게 하여 열이 고르게 전달되도록 한다. 로스팅이 종료된 후에는 드럼이 식을 때까지 기다린 다음 작동을 멈춰야 무리가 가지 않으며 또 중심축에 윤활유를 주기적으로 공급해야 원활히 작동한다. 드럼의 용량은 1회에 투입할 수 있는 생두의 무게를 kg으로 표시하고 재질은 전통적으로 주철로 주물 제작해 왔는데 근래에는 탄소강이나 스테인리스강 등 새로운 재료가 사용되고 있다.

② 호퍼

호퍼는 미리 계량된 생두를 담아놓은 깔때기 형태의 통이다. 준비한 그린빈을 예열된 로스터의 드럼 내부로 투입하기 위하여 미리 담아두는 역할을 한다. 로스터 예열이 완료되면 수동 또는 자동으로 투입구를 열어 그린빈을 투입한다.

③ 샘플러

샘플러는 트라이어라고도 하는데 로스팅 도중에 일정량의 콩을 드럼에서 꺼내 볼 수 있는 도구이다. 이 샘플러를 통해 커피콩의 색깔, 형태 같은 외관을 관찰하고 또 향을 맡아보면서 그에 따른 적절한 조치를 취할 수 있다.

④ 쿨러

쿨러는 로스팅이 완료되어 배출된 원두를 식혀주는 역할을 하는 기구이다. 로스팅이 끝난 후에도 원두 내부의 열로 인해 로스팅은 계속 진행된다. 이를 막기 위해서는 즉시 원두를 식혀주어야 하는데, 이때 사용하는 것이 쿨러이다. 배출구가 따로 있는 투 웨이 방식과 그렇지 않은 원 웨이 방식이 있다. 쿨러에는 외부에서 공기가 유입되어 식히는 방식과 공기를 빨아들여 식히는 방식 등이 있다.

⑤ 댐퍼

댐퍼를 개방하면 드럼 내부의 열이나 연기 등이 외부로 잘 빠져나가고 반대로 댐퍼를 차단하면 드럼 내부의 열과 로스팅 시 발생하는 향, 채프 등이 잘 배출되지 않는다. 따라서 로스팅 시 댐퍼의 개폐를 통해 배기량을 제어함으로써 섬세한 향미를 구현할 수 있으며 이러한 관점에서 댐퍼의 기능은 화력 조절, 채프나 연기의 배출, 향미의 취사 선택이라 할 수 있다.

⑥ 열원장치(버너)

일반적인 로스터에서는 버너라
고 부르며 로스터에 열을 가해주는
장치이다. 버너는 노즐을 통해 열
을 드럼에 공급하는 장치이다. 머
신에 사용되는 가스가 LPG인지
LNG인지에 따라 노즐의 구조가 다
르므로 미리 사용되는 가스의 종류
를 파악하여 그에 맞는 가스를 준
비해야 한다. 가스를 통한 직접적
인 불을 사용하기도 하며 적외선을 사용한 열원 할로겐을 사용한 열원 등 다양한 열원장
치들이 존재한다.

⑦ 온도계

온도계는 드럼 앞쪽의 내부에 장착되어 드럼 내부의 온도를 표시해준다. 온도 센서가
앞쪽에 하나만 있기도 하지만 드럼 뒤쪽에 추가로 장착되어 내부 온도뿐만 아니라 배기
온도를 동시에 표시해 주기도 한다.

⑧ 표시 장치/ 작동 버튼

압력계는 버너에 공급되는 가스의 압력을 표시해주며 드럼 내부의 온도는 온도 표시 장치를 통해 알 수 있다. 그 밖에 드럼, 팬, 쿨링팬을 작동시키는 버튼과 가스 점화와 화력을 조절하는 스위치 등이 있다.

⑨ 사이클론(채프 수집 장치)

사이클론은 로스팅 시 그린빈에서 나오는 실버스킨이나 가루 등을 외부로 나가지 않게 해주며 이들을 모아주는 장치이다. 채프 수집 장치는 채프가 연통을 통해 외부로 유출되지 않게 이를 모아주는 장치로 외장형과 내장형이 있다. 외장형을 보통 사이클론이라 하는데 배출구와 연통 사이에 위치하고 별도의 공간을 차지하지만 내장형에 비해 청소가 쉽다.

⑩ 기타

팬은 드럼에서 발생하는 뜨거운 공기, 수증기 등을 외부로 배출시키는 역할을 한다. 애프터버너는 로스팅 시 발생하는 미세한 물질이나 연기에 섞여 있는 분진과 질소산화물 등을 제거해주는 장치로 고온(593~760℃)에서 열 산화를 통해 이 물질들을 제거한다. 촉매 산화 장치는 상대적으로 저온(343~454℃)에서 금속이나 세라믹 촉매를 사용하여 제거하는 방식이다.

6) 로스팅 방법

(1) 고온 단시간 로스팅(HTST)

고온 단시간 로스팅은 고온의 열풍을 이용하여 짧은 시간에 로스팅하는 것을 말한다. 이런 방식으로 로스팅을 하면 커피콩이 금속 표면에 닿지 않고 대류열에 의해 공중에 뜬 상태에서 로스팅되므로 로스팅이 고르게 되고 시간도 단축된다. 이때 사용되는 머신은 드럼형 로스터가 아니라 지속적인 로스팅이 가능한 유동형 로스터나 열풍식 로스터이다. 고온 단시간 로스팅은 중량 손실이 적어 커피를 추출했을 때 가용 성분이 더 많이 나와 경제적인 장점이 있지만, 저온 장시간 로스팅에 비해 쓴맛이나 탄맛이 더 날 수 있다.

(2) 저온 장시간 로스팅(LTLT)

저온 장시간 로스팅은 드럼형 로스터를 사용하여 상대적으로 긴 시간(10분 이상) 동안 로스팅하는 것을 말한다. 고온 단시간 로스팅에 비해 플레이버는 약하지만 열이 내부까지 덜 침투하여 쓴맛이 덜하고 조화로운 커피를 만들 수 있는 장점이 있다.

Fast Roasting	Slow Roasting
산미 높음	산미 낮음
바디감 높음	바디감 낮음
쓴맛 적음	쓴맛 높음
부피 증가량 큼	부피 증가량 적음
높은 추출률	낮은 추출률
가용성분 증가	가용성분 감소

(3) 일반적인 로스팅 방법

① 로스팅 생두 분석

투입온도와 로스팅 포인트 결정 – 예열 – 투입 – 중점 체크 – 시간과 화력 체크 – 상태 점검 – 화력 조절 – 배출 – 냉각 – 마무리 순으로 이루어진다.

② 로스팅 레벨과 로스팅 방식 결정

로스팅할 생두의 특성과 투입량에 따른 적절한 초기 투입 온도를 결정하고 로스터가 표현하고자 하는 최적의 로스팅 포인트를 미리 정해 놓는다. 생두를 투입하면 드럼 내부 온도는 생두가 열을 흡수하면서 일정 온도까지 내려가고 이때 최저 온도를 터닝 포인트라 한다. 생두 투입 온도를 결정할 때는 이 중점을 결정한 뒤 이에 맞도록 온도를 역산하여 설정한다. 중점은 머신의 종류, 생두 투입량, 외부 온도 등에 따라 달라지며 로스팅을 하기 전 경험을 통해 각 경우에 따른 중점을 미리 파악해야 한다. 로스팅 레벨과 로스팅 방식을 결정하기 전에는 우선적으로 원두의 사용 용도를 고려해야 한다. 로스팅은 어디까지나 커피를 추출하기 위한 선행 작업이기 때문에 커피를 어떤 방식으로 추출할 것인지 미리 생각하고 그에 따라 로스팅 계획을 구상하면 원하는 맛을 보다 효과적으로 구현할 수 있다.

③ 용도 결정

원두를 싱글 오리진으로 하나만 사용할 것인지 아니면 여러 가지를 섞어 블렌드로 사용할 것인지 결정한다. 싱글 오리진의 경우 생두의 품종과 밀도, 수분함량 등을 고려해 생두의 특성을 최대한 살리는 방향으로 로스팅해야 한다. 블렌드의 경우 각 생두의 맛이 조화를 이룰 수 있게 배합비율과 로스팅 레벨을 조절하고, 로스팅 과정에서 발생할 수 있는 손실량을 감안해 작업량을 결정한다.

④ 로스터 예열

초기부터 높은 열로 너무 짧은 시간에 예열하면 드럼 내부는 원활한 로스팅을 하기에 충분히 가열되어 있지 않은 상태가 되므로 예열은 약한 화력으로 시작하여 서서히 단계별로 화력을 올려준다. 직화식 머신보다는 반열풍식 머신을, 여름철보다는 겨울철에 예열을 더 길게 해준다. 드럼의 구조와 재질에 따라 각각 다르게 설정한다. 로스터가 충분히 예열되지 않으면 생두를 처음 투입했을 때 열 손실이 커서 디벨롭이 원활하게 이루어지지 않는다. 화력은 약한 불에서 시작해 5분 후 중간 불, 10분 후 강한 불로 서서히 올려야 금속 재질로 된 로스터가 전체적으로 고르게 가열된다. 처음부터 강한 불로 가열하면 드럼 온도만 빠르게 상승해 로스팅을 안정적으로 진행하기가 어려워진다. 또한 댐퍼로 공기의 흐름을 조절할 수 있는 로스터라면 열이 너무 많이 빠져나가지 않도록 댐퍼가 살짝 열린 상태에서 로스팅을 진행해야 한다. 예열시간은 드럼의 재질과 구조에 따라 30분에서 1시간 이상 소요되며 드럼 내부의 온도가 안정적인 상태가 됐을 때 생두를 정해진 양만 호퍼에 넣고 호퍼 게이트를 열어 로스터에 투입한다.

⑤ 건조

상온의 생두를 로스터에 투입하면 생두가 드럼 내부의 열을 흡수해 럼 온도가 계속 떨어지다가 생두 온도와 드럼 온도가 같아지면 생두 온도가 오르기 시작하는데 이를 터닝 포인트라고 한다. 생두 온도가 100℃를 넘어서면 수분이 기화하면서 수증기가 급격히 증가하고 내부 압력도 높아진다. 생두는 보통 160℃가 되면 내부 압력에 의해 세포조직이 팽창하여 가스가 급속히 빠져나가고, 수분 증발로 인해 표면이 수축하면서 부피가 줄어든다. 로스팅은 뉴크롭처럼 수분함량이 높은 생두일수록 많은 열량이 필요한데, 이때는 열을 한 번에 많이 가하는 것보다 건조과정을 길게 끌어 시간을 충분히 두고 천천히 가열하는 것이 좋다. 특히 직화식 로스터는 건조단계에서 세심한 주의를 기울여야 한다. 생두의 투입온도는 로스팅 시간에도 많은 영향을 끼친다. 생두를 너무 높은 온도에 투입하면 한 번에 많은 양의 열이 가해져 생두 표면이 검게 타는 스코칭이 발생할 확률이 높다. 반대로 너무 낮은 온도에 투입하면 로스팅 시간이 지나치게 길어지면서 생두의 가용성분이 줄어든다. 로스팅 시 생두의 투입량과 투입온도는 로스터의 용량을 고려해 결정해야 한다. 로스터의 용량에 비해 생두를 너무 많이 혹은 너무 적게 투입하면 스코칭이나 베이크드 같은 로스팅 디펙트가 생길 수 있기 때문이다.

⑥ 열분해

생두는 건조단계를 지나면 열분해가 시작되면서 외형적으로는 갈변반응이 일어나고 메일라드 반응에 의해 향기 화합물이 생성된다. 생두의 표면온도가 160~170℃가 되면 육안으로 확인할 수 있을 정도로 색상 변화가 눈에 띈다. 하지만 갈변반응은 건조과정이 끝나기 전에도 나타날 수 있는 현상이며, 밀도가 높은 생두일수록 표면이 고르지 않고 색상도 균일하지 않다. 로스팅이 진행되면 생두의 온도가 급격하게 상승하면서 첫 번째 파열음이 들리고, 여기서 5℃ 정도 로스팅을 진행하면 파열음이 커지기 시작한다. 이때 생두는 내부의 가스가 빠져나가면서 순간적으로 수축이 일어나고, 색상 변화가 빠르게 진행되면서 다양한 색을 띠게 된다. 첫 번째 파열음이 발생한 시점에서 5℃ 정도 더 로스팅을 진행하면 파열음이 점점 사그라진다. 생두의 온도가 210~220℃에 도달하면 생두 내부의 압력이 높아지면서 분자들이 서로 결합하는 중합 반응이 일어나는데, 이때 순간적으로 불필요한 열량이 밖으로 배출되면서 발열이 나타난다. 그 결과 커피는 전반적으로 묵직한 향과 쓴맛을 갖게 된다.

⑦ 냉각

로스팅 레벨이 원하는 지점에 도달하는 순간 원두를 배출해 식히는 것을 냉각이라고 한다. 냉각은 무엇보다 배출시점을 정확히 인지하는 것이 중요한데, 그래야만 용도에 맞는 로스팅을 진행할 수 있기 때문이다. 냉각 단계에서는 원두를 적절한 시점에 배출해 온도를 신속히 낮춰주어야 한다. 열을 빨리 식히지 않으면 생두 내부에 존재하는 잠열로 인해 원두를 배출한 후에도 로스팅이 계속 진행될 수 있기 때문이다. 냉각방법에는 물을 분사하여 온도를 낮추는 퀸칭과 공기를 순환시켜 온도를 낮추는 공랭식이 있다. 퀸칭은 주로 원두를 대량 로스팅하는 대규모 공장에서 사용하는 방식이며 신속한 냉각은 커피의 품질 향상에 필수적인 요소이다.

(4) 반열풍식 머신을 활용한 로스팅 방법

◎ 예열

전원을 켜고 화력을 서서히 올려주며 예열한다. 220℃에 도달하면 화력을 줄여주고 온도가 떨어지고 다시 원하는 투입 온도가 되기를 기다린다.

◎ 투입

생두의 투입량과 투입 온도를 고려하여 호퍼에 담긴 생두를 투입한다.

◎ 터닝 포인트

드럼 내부의 온도가 1~2분 사이 80~100℃까지 하락한 후 상승한다.

◎ 화력 조절

로스팅 초반에는 수분을 없애주기 위해 중간 정도 화력을 유지하다가 130℃에 도달했을 때 더 많은 열량을 공급하기 위해 화력을 올려준다.

◎ 진행 확인

샘플러를 통해 색상변화가 온도와 시간에 맞게 잘 진행되고 있는지 관찰한다.

◎ 화력 조절

반열풍식 로스팅 머신의 특성상 드럼에 열을 많이 가지고 있으므로 1차 크랙 발생 후에 화력을 줄이면 로스팅의 진행이 급격히 빨라지므로 그 전에 화력을 줄여준다. 190℃ 전후로 화력을 미리 줄여준다.

◎ 1차 크랙

드럼 온도가 190℃~200℃ 사이 1차 크랙이 시작되며 샘플러를 통해 향과 커피 표면을 확인한다.

◎ 2차 크랙

로스팅을 더 진행하여 210℃ 이상이 되면 2차 크랙이 발생한다. 샘플러를 통해 원두의 표면을 확인한다.

◎ 배출

배출과 동시에 쿨링팬을 작동시키고 배출한다.

◎ 결점 원두 제거

로스팅 후 퀘이커나 깨진 콩을 제거한다.

◎ 로스팅 머신 작동 중지

드럼 온도가 80℃ 이하로 떨어질 때까지 기다린 다음, 전원을 끈다.

7) 로스팅 변수

(1) 로스팅 머신의 선택

① 머신 성능

원활한 로스팅을 하기 위해서는 무엇보다도 머신의 성능이 뒷받침되어야 한다. 머신을 연속적으로 사용했을 때도 균일한 결과를 지속해서 얻는 것은 매우 중요한데 이는 로스팅 머신의 성능과 직결되는 문제이기도 하다.

② 머신 용량

머신 설치 공간과 필요한 원두의 규모를 예상하여 용량에 맞는 머신을 구입한다. 사용량에 비해 너무 큰 용량의 머신을 사용하면 재고 부담이 생길 수 있고 반대로 너무 작은 용량을 구입하면 로스팅 횟수가 많아지므로 원두 사용량에 따른 적정한 크기의 머신을 구입하는 것이 좋다.

③ 내구성과 유지관리

로스팅 머신은 한번 구입하면 장기간 사용하므로 성능이 지속해서 발휘될 수 있는지 또는 유지 보수는 얼마나 편리한지를 살펴보아야 한다. 이후 유지관리를 지속적으로 하여야 한다.

(2) 로스팅 시 고려사항

① 로스팅 시간

시간은 로스팅에서 가장 중요한 변수이자 30초 단위로 확인해야 할 변수이다. 로스팅 시간은 열량에 따라 결정된다. 로스팅이 기본적으로 열에너지를 이용해 생두의 물리적, 화학적 변화를 이끌어내는 작업이라는 점에서 열량 조절은 로스팅의 근본적인 요소라고 볼 수 있다. 로스팅 시간은 생두의 물리적, 화학적 변화와 밀접한 관계가 있다. 우선 물리적 측면에서 생두는 로스팅 시간이 길어질수록 세포 조직이 활발하게 팽창해 커피를 원활하게 추출할 수 있는 상태가 된다. 이에 반해 화학적 변화는 아무리 시간이 흘러도 일정 온도에 도달하지 않으면 일어나지 않는다. 예를 들어 생두의 화학변화를 일으키는 성분인 탄수화물 함량이 총 10%이고 180℃부터 열에 반응한다고 가정하면 로스팅 시간이 짧을 경우 5%도 채 변화시키지 못하고 다음 단계로 넘어갈 수 있다는 뜻이다. 이때 나머지 5%는 생두 내부에 존재하면서 로스팅이 끝날 때까지 계속 변화한다. 또 다른 예로 밀도가 높고 크기가 큰 생두를 높은 온도에 투입해 고온으로 빠르게 로스팅한 후 1차 크랙의 종료시점에 맞춰 배출하면 물리적으로 봤을 때는 팽창도가 높은 만큼 추출도 용이하지만 화학적으로는 클로로겐산이나 트리고넬린 등의 성분 변화가 충분히 진행되지 않아 거친 산미와 떫은맛이 도드라진다. 반면 좀 더 시간을 두고 천천히 로스팅을 진행한 경우에는 동일한 시점에서 원두를 배출해도 거친 산미와 떫은맛이 확연히 줄어든다. 이처럼 생두는 로스팅 시간을 어떻게 조절하느냐에 따라 장점이 잘 살아날 수도, 단점이 부각될 수도 있다. 커피 향미는 로스팅에서 메일라드 반응과 갈변반응이 차지하는 비중을 어떻게 조절하느냐에 따라서도 달라진다. 커피 향미를 구성하는 대부분의 물질은 시간이 흐르면서 가벼운 물질에서 무거운 물질로 성질이 변한다. 로스팅 시간은 생두가 지닌 장점을 최대한 끌어내는 것을 목표로 하기 때문에 추출방법에 대해서도 생각해볼 필요가 있다. 지금까지 설명한 내용을 정리해보면 로스팅 시 커피 향미를 결정하는 것은 온도지만 이를 유지하는 것은 시간이라고 할 수 있다. 생두에 열을 가했을 때 나타나는 변화는 생두의 크기, 밀도, 두께, 열전달 방식 등에 따라 적지 않은 차이를 보인다. 기본적으로 생두의 표면과 내부는 외부의 열에 반응하는 속도가 다르다. 그래서 추출 수율을 높이겠다는 생각으로 로스팅을 너무 빨리 끝내버리면 가용성분은 많이 남아 있을지 몰라도 생두의 겉과 속의 로스팅 진행 속도가 달라 맛의 밸런스 관점에서 그리 좋지 않다.

② 배기

배기는 열풍의 속도와 밀접한 관계가 있다. 열량이 일정한 상태에서 드럼은 열풍의 속도가 빠를수록 내부 온도가 빨리 떨어진다. 열량이 충분하다면 풍속을 빠르게 조절해 로스팅 시간을 단축할 수 있지만, 열량이 부족한 경우 풍속이 너무 빠르면 생두 표면과 내부의 온도 차가 커져 커피 향미에 부정적인 영향을 줄 수 있다. 또한 풍속이 빨라지면 드럼 내부의 압력이 낮아지면서 생두 주변의 공기 흐름이 빨라지고 생두 내부에 높은 압력이 형성되어 가스나 향기 물질이 쉽게 빠져나가기 좋은 상태가 된다. 반대로 풍속이 느려져 드럼 내부에 높은 압력이 형성되면 연기나 열풍이 쉽게 빠져나가지 못해 안 좋은 결과를 낳을 수 있다. 로스팅 시 배기와 열량의 흐름을 파악하는 것이 중요한 이유도 이 때문이다. 이에 따라 로스터기 설치 시 배기 관련하여 충분히 주변 환경을 로스터기 배관 시공을 해야 한다.

③ 투입량

배치 사이즈는 드럼에 얼만큼의 생두를 투입하는지이다. 일반적으로는 드럼 용량의 60~100%이며, 드럼에 비해 배치 사이즈가 작은 경우 로스팅 오버 로스팅이 될 수 있다. 로스팅 시 생두 투입량은 로스터의 용량과 열원 종류, 드럼의 열 보존율 등을 고려해 결정한다. 로스팅을 최대 열량으로 진행했는데도 로스팅 시간이 길어져 열량이 부족해진 경우 이미 화력은 최대치이기 때문에 투입량 말고는 열량을 조절할 방법이 없다. 배기의 흐름을 막거나 투입온도를 높이는 방법이 있긴 하지만 티핑이 발생하기 쉽고 커피 향미가 탁해질 가능성이 높다. 그래서 투입량을 줄여 화력 조절이 가능한 범위를 넓히고, 이를 통해 향미를 다양하게 표현할 수 있는 여지를 남겨둔다. 생두의 투입량이 많아질수록 당연히 열량을 많이 공급해야 한다.

④ 밀도

커피는 원산지, 품종, 재배고도 등에 따라 그 밀도가 다르다. 일정한 용기에 똑같은 양의 생두를 담고 무게를 측정해 보면 무게가 각기 다른데 이는 무게가 많이 나갈수록 밀도가 크다는 뜻이다. 밀도가 큰 생두는 떨어뜨렸을 때 무겁고 둔탁한 소리가 나고 로스팅 시 열을 더 가해야 한다. 반면 밀도가 작은 생두는 상대적으로 가볍고 경쾌한 소리가 나며 로스팅 시 열을 상대적으로 덜 공급해야 한다.

⑤ 예열과 로스팅 횟수

로스팅의 예열과정은 로스터의 열효율과 관계가 깊다. 로스터들이 이중구조의 스테인리스 스틸이나 주철 드럼을 선호하는 이유도 열효율과 열 보존율이 높기 때문이다. 투입온도는 같은데 예열 과정이 다른 경우 터닝 포인트에 확연한 차이가 난다. 로스터가 충분히 예열되지 않은 상태에서는 로스팅을 안정적으로 진행할 수 없으며, 로스팅 횟수에 따라서도 결과가 달라진다. 로스터는 로스팅 횟수를 뜻하는 말인 배치가 늘어날수록 드럼 안에 열이 축적되어 로스팅이 더 빠르게 진행된다. 연속적으로 로스팅하기 위해서는 중간에 드럼을 한 번 식혔다가 다시 온도를 상승시켜야 한다.

⑥ 열원과 압력

일반적으로 상업용 반열풍 로스터는 가스를 열원으로 사용한다. 가스는 LNG와 LPG로 나뉘는데 불꽃의 순도와 안정성 차이가 있다. 이는 로스팅 시간과 열량에 영향을 주는 중요한 부분이다. 날씨가 춥거나 로스팅실 내에 산소가 부족할 경우 열량이 줄어들어 의도치 않게 로스팅 시간에 편차가 발생하고 결과적으로 로스팅 레벨과 커피 향미도 달라진다. 이러한 문제를 방지하기 위해서는 가스관에 레귤레이터를 달아 일정한 압력으로 가스를 공급해야 하며 가스관이 너무 길면 일정한 불꽃을 유지하기 어려우므로 위치를 잘 선정해야 한다. LNG 사용 시 가스관 크기를 늘려 가스 압력을 높여주는 것도 방법이 된다.

⑦ 온도 센서

로스터에 장착하는 온도 센서는 대부분 접촉식이다. 생두의 실질적인 온도를 측정하기 때문인데 접촉식 센서는 재질과 위치에 따라 온도에 편차가 나타난다는 것이 단점이다. 같은 생두를 로스팅해도 로스터의 종류에 따라 1차 크랙이 195℃에 일어나기도, 187℃에 일어나기도 한다. 또한 로스팅 횟수가 증가할수록 커피오일이나 분진 등으로 인해 오차가 커지며, 센서를 너무 깊이 삽입하거나 얕게 삽입해도 오차가 발생한다. 따라서 온도 센서는 표면을 부드러운 천이나 물로 깨끗이 닦아 올바른 위치에 장착해야 정확한 값을 측정할 수 있다.

⑧ 외부 환경

맑고 따뜻한 날씨를 보이는 날 로스팅하는 것과 비가 오고 흐린 날 로스팅하는 것에는 큰 차이가 있다. 이러한 차이는 주로 온도 상승 구간에서 볼 수 있는데, 같은 양의 동일한 생두를 똑같은 조건에서 로스팅해도 뜨거운 여름의 ROR(분당 온도 상승률)과 추운 겨울의 ROR이 다르게 나타나는 것도 이러한 이유에서다. 외부 온도가 낮거나 바람이 많이 불수록 드럼 내부의 열량을 외부로 빼앗기므로 투입 온도를 높여줘야 한다. 반열풍식 머신보다 직화식 머신에서 이런 경향이 더 심하게 나타난다.

8) 로스팅 품질관리 및 유지보수

(1) 생두 구매

국내외에 생두를 전문적으로 취급하는 업체들이 많이 생기면서 구입할 수 있는 생두의 품종도 훨씬 다양해졌다. 특정 국가의 생두를 직접 수입하며 전문성을 강화한 업체들도 점차 늘어나고 있다. 현지 딜러에게 원하는 생두 및 가격대를 제안하고 그에 따른 생두를 제공받을 수도 있다.

(2) 로스터 유지보수

로스터는 로스팅이 진행되는 동안 주변 환경이 열에 의해 쉽게 변하기 때문에 에너지를 일정하게 제어하기가 매우 어렵다. 로스팅 중에 생두의 실버스킨이 제거되고 커피오일과 분진이 발생하면서 각종 센서와 배기부에 문제가 생기기도 한다. 로스팅은 가스의 압력이나 불꽃의 열로 열에너지를 공급하는 버너와 드럼 내부의 열풍 온도를 측정하는 센서, 연통의 각도와 길이에 따른 배기 시스템 등 로스터에 대한 기본적인 이해가 필요하다. 로스터 관리능력을 기르는 것은 로스터로서 갖춰야 할 기본 소양인 셈이다.

(3) 생산공정

생두를 구매, 보관하고 로스팅해 패키징하는 과정에서 이물질이 혼입되거나 다른 문제가 생기면 아무리 훌륭한 로스터라도 일정한 품질의 제품을 생산할 수 없다. 산지에서 직수입한 좋은 품질의 뉴크롭도 창고의 온도와 습도가 적절하지 않거나 선입선출을 제대로 하지 않으면 수일 혹은 수개월 내에 수분함량이 낮아지고 냄새가 날 수 있다. 이물질 관리가 잘 안 돼서 돌이나 철 같은 이물질이 혼입되면 기계에 손상이 갈 뿐만 아니라 고객 신뢰도도 떨어질 수 있다. 로스터라면 생산시설과 공정관리에 만전을 기해야 한다.

(4) 로스터의 청소 및 유지보수

① 로스터기 청소

로스터의 배기에 관련된 브로어, 댐퍼, 배관 등의 주기적인 청소가 필요하다. 배관을 먼저 분리하고 댐퍼와 브로어가 있는 모터 부분을 분리한 후 청소를 해주어야 한다.

배관, 댐퍼, 브로어 등에는 커피 채프나 분진 등이 많이 쌓여 있을 수 있다. 주기적인 청소를 해주어야 원하는 프로파일의 원두를 만들기 쉬우며 로스터의 수명도 길어진다.

② 로스터기 유지 관리 파츠

• **싸이클론(채프 콜렉터)**: 내부에 쌓여 있는 채프를 일정량 로스팅 후 제거한다.

- 드럼 축 및 유격: 베어링 부분에 윤활제를 도포한다. 유격 조절한다.
- 배관 연결부 및 배관: 로스터와 연결된 배관통을 분리하여 분진 및 채프를 제거한다.
- 배기팬: 생산량에 따른 주기를 선정하여 체크하고 청소한다.
- 버너 및 드럼 하부: 채프 및 파쇄 커피 등 이물질을 제거한다.
- 온도 센서 및 온도계: 정상작동 여부를 확인한다.
- 쿨링 트레이 및 쿨링팬: 클링 트레이 및 타공에 이물질을 제거하고 쿨링팬 모터 축에 윤활제를 도포한다.
- 조작부: 스위치 정상 작동 여부를 확인한다.
- 열원: 가스, 전기 등 열원 공급 상태를 확인한다.
- 로스터 배기 댐퍼: 분리 가능하면 분리하여 분진 및 이물질을 제거한다.
- 화재 발생 대비 교육: 긴급 정지 버튼, 소화기 배치 등 매뉴얼 교육을 한다.
- 매일 가스 누출 검지기 작동 이상 유무를 확인한다.

[댐퍼 상태]　　　　　[배관 상태]　　　　　[브로어 상태]

2   블렌딩

1) 블렌딩의 이해

블렌딩은 커피의 향과 맛 그리고 질감을 재구성하여 개성 있는 플레이버를 표현하는 작업이다. 플레이버의 밸런스를 유지하며 품질을 안정적으로 관리하는 것이 더 중요하다.

(1) 블렌딩 목적

① 새로운 커피

처음 커피를 접하면 커피 원산지도 많고 그에 따라 커피의 종류도 굉장히 많은 것처럼 생각되지만 조금만 지나면 실제 접할 수 있는 커피는 여러 가지 이유로 한정될 수밖에 없다는 것을 알게 된다. 게다가 개인적인 기호를 생각해보면 실제 사용되는 커피의 수는 더 줄어들어 금방 한계에 부딪힌다. 이런 문제들은 블렌딩을 통한 새로운 커피로 극복할 수 있고 특정 블렌딩 커피를 개발함으로써 타 업체와 차별성을 부여할 수도 있다.

② 원가 절감

상대적으로 가격이 저렴한 커피를 혼합하거나 고가의 커피를 성격이 유사한 커피로 대체 사용함으로써 제조 원가를 낮출 수 있다.

③ 판매

드립용 블렌딩 커피도 필요하지만 주로 블렌딩이 이루어지는 것은 에스프레소 커피 때문이다. 싱글 오리진 커피만 사용해서 에스프레소 커피를 추출하여도 상당히 깔끔한 에스프레소를 즐길 수 있지만 통상 에스프레소 커피는 블렌딩 커피를 사용한다. 왜냐하면 에스프레소 커피는 신맛, 단맛, 강한 바디 등 복합적인 맛을 추구하기 때문이다.

(2) 블렌딩 종류

① 원산지가 서로 다른 커피 블렌딩

가장 일반적인 방법으로 원산지가 달라 그 맛과 향의 특성에 크게 차이가 나는 경우이다. 같은 나라에서도 지역이 다른 경우가 포함되며 새로운 맛을 창조할 가능성이 매우 크다.

② 로스팅 정도가 서로 다른 블렌딩

동일한 커피를 로스팅 정도를 달리하여 블렌딩하는 방법인데 로스팅 정도를 8단계로 분류했을 때 3단계 이상 차이가 나지 않도록 하는 것이 좋다.

③ 가공 방식이 서로 다른 커피의 블렌딩

커피의 가공 방식에 따라 달라지는 맛과 향을 이용한 블렌딩 방법이다.

④ 품종이 서로 다른 커피의 블렌딩

품종이 서로 다른 커피를 조합하여 블렌딩 하는 방법이다.

⑤ 동일한 가공 방식 커피의 블렌딩

가공 방식이 동일한 커피를 사용하여 특성을 최대화하는 방법이다.

2) 블렌딩을 위한 생두 선택

(1) 맛에 따른 분류

블렌딩용 생두는 생산량과 맛을 기준으로 크게 세 가지로 나눌 수 있다. 깔끔한 산미와 단맛을 지닌 마일드 커피와 달리 로부스타는 상대적으로 쓰고 구수한 맛이 강하며, 세계 최대 커피 생산국인 브라질 커피는 중성적인 성향을 띤다. 이러한 방식의 생두 구분은 블렌드의 기본적인 향미를 결정할 때 유용하게 쓰인다.

① 마일드

아라비카는 대부분 마일드 커피에 해당한다. 풍부한 향과 산미, 단맛이 특징이며 블렌드의 개성을 잘 살린다.

② 로부스타

로부스타는 블렌딩에서 주로 바디를 높이는 역할을 한다. 우수한 품질의 로부스타는 우리나라 사람들이 선호하는 구수하고 달콤한 맛이 풍부하여 블렌드에 소량의 로부스타를 섞으면 소비자들에게 좋은 반응을 얻을 수 있다.

③ 브라질

브라질은 전 세계에서 커피 생산량이 가장 많은 나라이다. 고도가 너무 높지도 않은 분지에서 커피를 재배하기 때문에 맛도 중간적인 성향을 띤다. 신맛과 단맛, 쓴맛이 적절한 조화를 이루며 아라비카 품종임에도 바디가 높다는 장점이 있다.

3) 블렌딩 방법

(1) 블렌딩 후 로스팅(선 블렌딩, 혼합 블렌딩)

블렌딩 후 로스팅은 커피를 미리 정해 놓은 블렌딩 비율대로 생두 상태에서 혼합한 후 한 번에 로스팅하는 방법이다. 로스팅하는 동안 커피의 플레이버가 통일성을 가질 수 있고 한 번만 로스팅하므로 편리하다. 또한 블렌딩 커피의 색상이 균일하고 재고 부담이 없으며 상대적으로 균일한 커피 맛을 낼 수 있다. 하지만 커피의 특성에 차이가 많은 경우 적용이 어렵고 적정한 로스팅 포인트를 결정하기 어려운 단점이 있다. 과정이 비교적 단순하고 손실량이 적어 효율적인 생산이 가능하지만 자칫하면 향미가 단조로워지고 생두 간의 밀도차로 인해 로스팅 레벨이 불균일해질 수도 있다. 선 블렌딩에는 생두의 밀도와 크기, 수분함량 등을 고려해 비슷한 성격의 생두를 섞는 방법과 로스팅 시간을 늘려 편차를 줄이는 방법 등이 있다.

(2) 로스팅 후 블렌딩(후 블렌딩, 개별 블렌딩)

로스팅 후 블렌딩은 커피별로 각각 로스팅한 후 블렌딩하는 방식이다. 커피의 특성을 최대한 발휘할 수 있고 커피 특성에 차이가 많은 경우에 적합하지만 사용되는 커피 종류만큼 로스팅해야 하므로 작업이 어렵고 항상 일정한 로스팅을 해야 하는 부담이 있다. 또한 블렌딩을 하고 난 후 재고가 발생할 수 있으며 로스팅 포인트가 달라 블렌딩 커피의 색깔이 일정하지 않다. 생두의 다양성을 표현하기엔 적합하지만 팽창도나 로스팅 레벨이 확연히 차이가 나면 추출 시 일관성이 떨어질 수 있다. 또한 배합 비율에 따라 로스팅 횟수가 늘어나거나 블렌딩 후 발생하는 손실량이 증가할 수도 있다.

(3) 블렌딩 스타일

블렌딩을 할 때 고려해야 할 첫 번째 사항은 맛의 중심을 잡아줄 생두를 선택하는 것이다. 일반적으로 베이스는 가용성분의 함량이 높고 무거운 향미를 표현할 수 있는 생두를 사용하거나 중성적인 느낌의 생두를 사용하여 생두 간의 충돌을 완화한다.

(4) 블렌딩 과정

① 목표 설정

블렌딩을 하기 전 어떤 커피를 만들 것인지 먼저 정해야 한다. 로스터가 의도하는 플레이버의 방향이 명확해지고 이에 맞는 효과적인 생산방식을 택할 수 있다. 드립용 커피도 신맛과 향이 좋게 할 것인지 아니면 단맛이 느껴지고 바디가 강해 여운이 길게 가게 할 것인지에 따라 블렌딩의 목표가 달라질 수 있다. 에스프레소도 기호에 따라 산뜻하며 향이 좋은 커피가 좋을지 아니면 바디가 강하고 오래 지속되는 커피로 만들 것인지 정해야 한다. 우리나라는 에스프레소보다는 아메리카노나 커피 메뉴가 소비되는데 아메리카노 커피도 핫인지 아이스인지 따라 블렌딩 목표가 다를 수 있다. 우유 등이 첨가되는 배리에이션 메뉴의 경우에는 다른 부재료가 혼합되어도 커피 맛을 느낄 수 있도록 블렌딩해야 한다.

② 생두 선택

블렌딩에 사용될 커피 선택이 편리하도록 생두의 특성에 따라 다음과 같이 크게 세 그룹으로 분류하였다. 첫 번째 그룹은 신맛과 향이 좋은 그룹으로 같은 그룹이라 하더라 도 신맛의 종류 상큼한 신맛, 과일의 신맛, 톡 쏘는 신맛 등 다르므로 선택에 주의해야 한다. 두 번째 그룹은 개성이 약한 그룹으로 다른 생두와 섞었을 때 잘 어울릴 수 있는 특성이 있으며 브라질이 대표적이다. 브라질을 베이스로 하여 다른 커피와 혼합하는 일 이 많은 이유가 바로 여기에 있다. 세 번째 그룹은 바디가 강한 그룹으로 단맛을 표현할 수 있고 애프터 테이스트를 강화할 수 있다. 위 생두 분류를 토대로 우선 베이스로 사용 될 커피를 선택한다. 그다음에는 원하는 향이나 맛을 살리기 위한 커피들을 특성에 맞게 선택한다.

③ 로스팅

선택된 커피별 블렌딩 목적에 부합하는 포인트에 따라 로스팅한다. 싱글 오리진 커피의 최적 로스팅 정도와 블렌딩했을 때의 적정한 로스팅 정도는 다를 수 있음을 주의해야 한다.

④ 추출 및 평가

커피 종류별로 로스팅하고 나면 배합 비율을 정해야 한다. 이때 미리 정한 비율대로 혼합한 후 추출하고 각각의 맛과 향을 평가하여 최적의 비율을 찾아내는데 이 비율을 결정하기 위한 방법으로는 추출보다 커핑이 더 효율적이다.

⑤ 재조정

원래 목표했던 대로 결과가 나오지 않으면 생두의 선택을 다시 하거나 로스팅 정도를 달리하는 등 내용에 변화를 준 후 다시 추출이나 커핑을 하여 최적의 조합을 찾아낸다.

⑥ 주의점

- 블렌딩에 사용되는 커피의 수는 제한이 없다. 하지만 사용하는 커피의 가짓수가 너무 많으면 제조 과정이 지나치게 복잡해지고 관리와 일정한 로스팅 등 어려움이

많아 현실적으로 6종류를 넘지 않아야 하며 가능하면 3~5가지 범위에서 선택한다.

- 원산지 명칭을 딴 블렌딩, 즉 '케냐 블렌드'와 같은 경우 명칭에 사용되는 커피를 적어도 30% 이상은 사용한다.
- 지나치게 특이한 커피를 블렌딩에 사용하면 지속해서 구입할 수 없는 경우가 발생할 수 있으므로 안정적으로 구입할 수 있는 커피를 선택한다.
- 특성이 유사한 커피를 지나치게 중복해서 사용하는 것을 피한다.

(5) 싱글 오리진 커피와 블렌딩 커피의 장단점

	장점	단점
싱글 오리진 커피	커피가 지닌 고유의 플레이버를 즐길 수 있다. 사용하던 생두가 단종 되면 비슷한 플레이버의 커피로 대체 가능하다.	매년 생두의 가격과 수급 및 공급이 불안정하여 동일한 품질을 보장받기 어렵다.
블렌딩 커피	특징이 다른 두 가지 이상의 커피를 혼합하여 더 깊고 조화로운 향미를 창조할 수 있다. 원가 상승을 낮추고 차별화된 커피를 만들 수 있다.	블렌드에 사용하는 생두 수급이 안 될 시 대체품이 확보되어 있어야 한다.

(6) 블렌딩의 예

- 종이 다른 커피의 블렌딩: 아라비카 + 로부스타
- 품종이 다른 커피의 블렌딩: 카투라 + 파카스
- 산지가 다른 커피의 블렌딩: 브라질 + 에티오피아
- 가공방법이 다른 커피의 블렌딩: 워시드 + 내추럴
- 로스팅 단계가 다른 커피의 블렌딩: 라이트 + 미디엄

(7) 생두 선정

◉ 베이스

블렌드의 30~50%를 차지하는 베이스는 단맛과 바디가 좋고 다른 생두와 쉽게 호환될 수 있는 중성적인 성향을 지녀야 한다.

○ 산미

블렌드에서 산미를 담당하는 생두는 밀도가 높고 품질이 좋으며 워시드 프로세스로 가공한 커피가 주를 이룬다.

○ 단맛

블렌드에 단맛을 더하고 싶다면 달콤한 플레이버와 좋은 바디를 가진 생두가 적합하다. 내추럴 프로세스나 허니 프로세스로 가공한 커피가 적합하다.

○ 복합성

풍부한 아로마로 커피에 존재감을 드러내는 생두가 적절하다. 가공법 및 캐릭터가 강한 생두가 적합하다.

※ 예시

- 향이 부드러운 신맛과 좋은 단맛을 느낄 수 있는 일반적인 아메리카노 블렌딩: 코스타리카 30%, 브라질 버번 N 30%, 만델링 20%, 예가체프 W 20%
- 은은한 베리향과 강한 단맛을 느낄 수 있는 아메리카노 블렌딩: 콜롬비아 30%, 시다모 N 30%, 브라질 버번 N 20%, 과테말라 20%
- 케냐의 진한 향과 달콤한 맛이 조화를 이루는 아이스 아메리카노 블렌딩: 온두라스 40%, 케냐 30%, 엘살바도르 30%
- 은은한 단맛과 밸런스가 좋고 티처럼 마시기 편한 블렌딩: 니카라과 40%, 르완다 30%, 엘살바도르 30%
- 균형 잡힌 신맛과 강한 바디를 느낄 수 있는 블렌딩: 페루 40%, 코스타리카 30%, 파나마 30%
- 은은한 베리향과 뚜렷한 단맛을 느낄 수 있는 내추럴 블렌딩: 엘살바도르 N 40%, 브라질 N 30%, 시다모 N 30%
- 부드러운 산미와 뚜렷한 단맛과 밸런스가 좋은 블렌딩: 코스타리카 30%, 과테말라 20%, 브라질20%
- 화사한 산미와 쥬시함을 느낄 수 있는 블렌딩: 에티오피아 W 50%+ 에티오피아 N 50%

3 로스팅과 커피 향미 평가

1) 커피 플레이버 휠

(1) 커피 플레이버

맛을 결정하는 것은 아주 적은 양의 향이다. 입 안에 음식물이나 음료가 있을 때 숨을 들이쉬면 향이 코와 연결된 좁은 통로를 통해 향기 물질로 휘발되면서 맛을 느끼게 해주는 것이다. 맛과 향은 따로 느껴지는 것이 아니라 동시에 느껴지는데 이렇게 동시에 맛과 향을 느끼는 감각을 플레이버라 한다. 커피의 플레이버는 향과 맛 그리고 바디를 포함한 커피의 전반적인 특성을 의미한다.

(2) 커피 플레이버의 생성

커피 플레이버를 느끼게 해주는 화합물들은 그 종류가 매우 많아서 커피를 마시면 아주 다양한 플레이버가 감지된다. 커피나무는 토양에 있는 무기질의 도움을 받아 당과 지방을 생성하고 이렇게 생성된 당과 지방은 커피나무의 영양분 혹은 성장에 사용되거나 발아를 대비해 씨앗에 저장해 놓는다. 그래서 커피체리를 수확한 다음 씨앗을 로스팅하여 추출하면 씨앗에 저장되어 있던 당과 지방 같은 화합물들로 인해 커피 플레이버를 느낄 수 있는 것이다.

(3) 커피 플레이버 평가

커피 플레이버의 평가는 향, 맛, 바디의 세 가지 항목으로 이루어진다. 향은 기체 상태의 천연 화합물로 구성되어 있는데 커피를 분쇄하면 기체 상태로 방출되고 이후 추출 커피액의 표면에서는 증기 상태로 방출된다. 맛은 커피를 추출했을 때 물에 녹는 커피의 무기, 유기 성분으로 구성된다. 맛은 커피를 추출했을 때 물에 녹는 커피의 무기, 유기 성분으로 구성된다. 사람은 혀의 점막을 통해 화합물의 종류뿐만 아니라 그 강도까지 판별할 수 있다. 바디는 커피를 마셨을 때 기화하지 않고 물에 녹지 않는 성분이 입에 남아서 형성되는 것으로 입 안에서 느껴지는 감촉이다.

① 커피 플레이버 휠과 표현

그린커피의 품질과 특성에 대한 평가는 그린커피의 정보 습득과 관능 평가로 나뉜다. 재배 지역과 가공 방식, 재배 고도에 대한 이해뿐만 아니라 커피가 가지고 있는 향미 특성을 알아야 그 커피에 맞는 로스팅을 결정할 수 있기 때문이다. 커핑은 그린커피를 샘플 로스팅하여 그 품질을 평가하기 위해 만들어졌으며 로스팅을 하고 난 후 일정한 품질 유지를 위하여 같은 품질이 유지되고 있는지를 확인하기 위한 방법으로 사용되므로, 로스팅에 있어서 커핑 능력은 필수로 요구되는 능력이다.

② 플레이버 휠의 이해

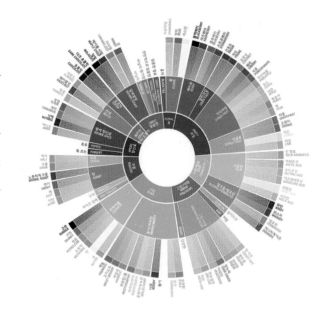

사람에 따라 먹거나 마실 때 느끼는 맛의 차이가 존재한다. 커핑도 마찬가지로 같은 커피를 마시더라도 개인차가 있기 마련이다. 그러나 커핑은 개인의 주관적인 경험에서 나오는 코멘트는 의미가 명확히 전달되지 않을 수 있기 때문에, 보다 객관적인 테이스팅 코멘트가 필요하다.

1955년 테드 링글에 의해 처음 만들어진 플레이버 휠은 20년

이 넘는 지금까지도 활발히 쓰이고 있다. 2016년 SCA는 위의 새로운 플레이버 휠을 개발하였고 기존의 플레이버 휠에서 잘못된 배열과 현장에서 언급되지 않는 용어를 수정하고 자주 사용하는 용어를 제시하여 누구나 이해할 수 있는 명확한 표현으로 향미를 설명하는 데 중점을 두었다. 각 향미 요소를 카테고리별로 분류하는 것에 집중했으며, 같은 해 발간한 '센서리 렉시콘' 연구 결과를 기반으로 비슷한 특징과 개연성을 가진 용어군을

같은 계열의 색으로 표시했다. 아래는 미국의 카운터컬처 사에서 제작한 플레이버 휠로 커피에서 느껴지는 다양한 플레이버를 카테고리별로 세분화하여 하나의 원에 표시한 것이다.

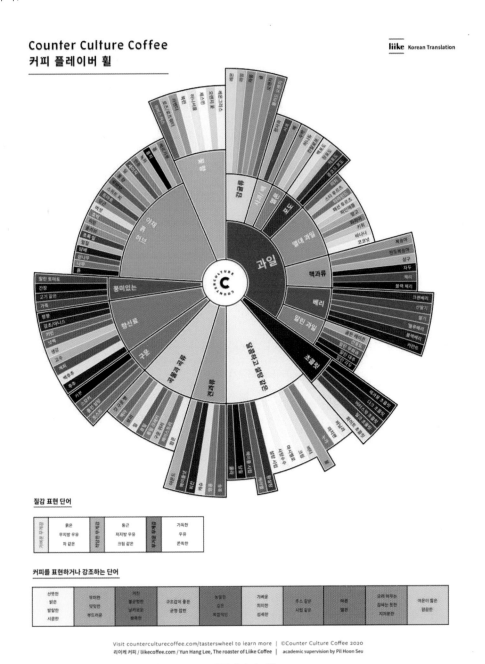

[플레이버 휠]

③ 후각 체계

향기 물질은 기체 상태로 코로 들어올 때 또는 음식이나 음료를 먹거나 마실 때 향기 물질이 증기 상태로 후각 영역에 도달한다. 그러면 코의 점막에 있는 후각 세포를 통해 수집된 정보가 대뇌로 전달되고 그곳에서 정보를 처리하여 향을 인지한다.

후각 세포는 약 1,000만 개가 있으며 냄새를 감지하는 수용체는 1,000개 정도이다. 하지만 후각의 민감도는 개인에 따라 차이가 크고 나이가 들수록 퇴화한다. 또 심리적, 생리적 차이와 같은 요인에도 많은 영향을 받는다. 그래서 같은 커피를 동시에 마셔도 사람마다 향기 특성에 대한 반응에 미묘한 차이가 있는 것이다.

커피는 각기 독특한 향기 특성이 있으며 커피의 특정한 맛 변조와 결합하여 다른 커피와 구별되는 특유의 플레이버를 형성한다. 따라서 후각은 커피를 다른 것과 구별할 수 있도록 해주는 일차적 감각수단이다.

④ 향의 분류

◉ 효소에 의해 생성되는 향(Enzymatic)

엔자이메틱에 속하는 향은 생두가 자라는 동안 생두 안에서 일어나는 효소 반응에 의하여 생성된 것들이다. 식물 상태에서 자연적으로 생성되는 향기들로 커피나무에서 체리가 열리고 자라는 동안 경험하는 여러 가지 환경적 자극에 대한 효소 작용으로 생성된다. 주로 에스테르와 알데히드로 구성되어 있고 커피향 중에 휘발성이 가장 강하며 갓 분쇄한 커피의 향에서 쉽게 느낄 수 있다.

- **꽃향(Flowery)**: 커피꽃향(Coffee Blossom), 장미향(Tea-Rose), 꿀향(Honeyed)
- **과일향(Fruity)**: 레몬향(Lemon), 사과향(Appele), 살구향(Apricot)
- **풀향(Herby)**: 완두콩향(Garden Peas), 감자향(Potato), 오이향(Cucumber)

◉ 갈변에 의한 향(Sugar browning)

갈변 반응은 로스팅 과정에서 일어나는 변화이다. 생두에 열을 가하면 내부에 들어있는 당이 반응하여 갈색의 원두로 변화시키는 것을 말한다. 일반적으로 밀도 있는 향기이며 로스팅 진행과정에 따라 각각 다른 향기가 난다. 갈변 반응이 일어나면 생두가 지니고 있는 탄수화물과 단백질 요소들에 의해 고소한 향이나 달콤한 향이 나타나게 된다. 슈가 브라우닝의 향들은 견과류향, 캐러멜향, 초콜릿향의 세 가지 향으로 분류할 수 있으며 중간 정도의 휘발성을 가지고 있고 갓 추출한 커피의 표면에서 느낄 수 있다. 이 향들은 알데히드, 케톤, 당카보닐 화합물, 피라진 화합물 등의 생성 물질로 구성되어 있고 각각의 화합물들은 맛 특성과 결합하여 커피의 주요한 플레이버 속성을 만들어 내어 우리가 각각의 커피를 구별할 수 있게 해준다. 로스팅 초기에 알데히드와 케톤이 생성되므로 라이트 로스트 커피에서는 확연한 너티향이 나고 로스팅이 더 진행되면 당 분자가 캐러멜로 알려진 갈색 물질로 농축되어 헤테로고리화합물, 황 화합물, 알코올 등을 생성하므로 미디엄 로스트 커피에서 캐러멜향의 특성이 나타난다. 이보다 더 진행되면 캐러멜이 피라진 화합물로 바뀌어 초콜릿향이 생성된다. 이후 더 많은 열이 가해지면 갈변 반응에 의해 생성된 화합물들이 연소하여 다크 로스트 커피에서는 더 이상 이 그룹의 향이 존재하지 않는다.

- **견과류향**(Nutty): 다크초콜릿향(Dark Chocolate), 바닐라향(Vanila), 구운 빵향(Toast)
- **캐러멜향**(Caramelly): 볶은 헤이즐넛향(Roasted Hazelnuts), 볶은 아몬드향(Roasted Almonds), 호두향(Walnuts)
- **초콜릿향**(Chocolaty): 카라멜향(Caramel), 신선한 버터향(Fresh Butter), 볶은 땅콩향(Roasted Peanuts)

○ 건류에 의한 향(Dry distillation)

건류 반응은 로스팅 후반부에 일어나는 반응으로 커피콩에 지속적으로 열을 가해줄 때 커피콩 내부의 섬유질이 반응하여 생성된다. 로스팅을 할 때 생두 내의 유기물이 타거나 산화되는 과정에서 잘 향기가 난다. 로스팅 시 온도의 변화에 따른 향기도 변화한다. 커피 분자 안에 남아있는 가장 무거운 향이다. 주로 헤테로고리화합물, 질소화합물, 탄화수소 화합물로 구성되어 있으며 커피 향 중에서 휘발성이 가장 약하다. 갓 추출한 커피를 마셨을 때 증기 상태로 흔히 느껴지며 송진향, 향신료향, 탄 향의 하위그룹으로 나뉜다.

- 송진향(Turpeny): 흙냄새(Earth), 가죽냄새(Leather), 짚향(Staw)
- 향신료향(Spicy): 커피 과육향(Coffee Pulp), 찐 쌀향(Basmati Rice), 약냄새(Medicinal)
- 탄향(Carbony): 고무냄새(Rubber), 요리된 고기향(Cooked Beef), 담배 냄새(Smoke)

⑤ 향을 맡는 단계에 따른 분류

커피는 각각 다른 특유의 향기 특성이 있으며 커피향은 서로 다른 온도에서 기화되는 여러 가지 화합 물질의 상대적 휘발성에 따라 프래그런스, 아로마, 노즈, 애프터 테이스트의 네 가지로 분류한다.

◉ 프래그런스(Fragrance): 분쇄 커피 향

커피는 원두 상태보다 분쇄했을 때 향기가 더 풍부해진다. 원두를 분쇄하면 커피 조직이 파괴되면서 탄산가스가 기화되고 이때 향기 성분이 함께 나오게 된다. 프래그런스 혹은 드라이 아로마는 실온이나 이보다 약간 높은 온도에서 쉽게 기화되는 화합 물질로 구성되어 있다. 원두를 분쇄하면 커피 섬유질이 파괴되면서 탄산가스가 배출된다. 이때 탄산가스는 실온에서 쉽게 기화되는 다른 유기물질들과 같이 방출되며 이 물질들은 주로 에스테르 화합물로 커피 프래그런스의 핵심을 이룬다. 보통 프래그런스는 어떤 꽃을 연상시키는 달콤한 향을 느끼게 하고 때론 달콤한 향신료와 같이 톡 쏘는 향이 나기도 한다.

◉ 아로마(Aroma): 추출 커피 향

분쇄된 커피가루에 뜨거운 물을 부으면 열에 의해 커피 섬유질에 있던 유기물질이 액체에서 기체로 바뀌는데 이를 아로마 혹은 컵 아로마라 한다. 이때 방출되는 향기 성분은 좀 더 분자량이 많은 알데히드, 케톤 등으로 이 성분들이 커피 아로마의 핵심을 이루며 모든 단계의 향 중에서 가장 복잡한 기체혼합물이다. 이 단계에서는 과일향, 풀향, 견과류향이 섞여서 나지만 전반적으로 과일향이나 풀향이 지배적이다. 만약 결점이 있는 콩이 섞여 있다면 추출된 커피의 아로마에서도 불쾌한 오프 플레이버가 느껴진다.

◎ 노즈(Nose): 마시면서 느끼는 향

추출한 커피를 마실 때 느낄 수 있는 향으로 향기 성분이 입 안에 분사되면서 비휘발성 액체 상태의 유기 성분이 공기와 혼합되어 느껴진다. 커피를 흡입하거나 힘차게 입천장 뒤쪽으로 분사시키면 커피 추출액에 액체 상태로 있던 유기 성분들이 공기와 혼합되어 기체 상태로 변화하고 동시에 커피액에 갇혀있던 기체 성분들도 방출된다. 이의 성분은 대부분 당카보닐 화합물로 커피 노즈를 구성하는 핵심이다. 이 화합물들은 대부분 생두 중에 있던 당 성분이 로스팅 과정에서 캐러멜로 변화하여 생성된 것이므로 노즈의 특성은 로스팅 정도에 따라 달라지고 캐러멜을 연상케 하는 여러 가지 캔디나 시럽부터 볶은 견과류나 볶은 곡류 등까지 다양하게 느낄 수 있다.

◎ 애프터 테이스트(Aftertaste): 후미, 뒷맛

커피를 마시고 난 뒤 커피 맛이 감소하는 시점에서 나타나는 뒷맛을 말한다. 애프터 테이스트는 말 그대로 커피 맛이 줄어든 다음 인식되는 감각으로 피니시로 표현하기도 한다. 커피액을 삼키면 후두가 움직여 입 안에 있던 공기를 비강으로 다시 보내는데, 그때 입천장에 남아 있던 무거운 유기물 일부가 증기 상태로 변화하고 이 증기 성분이 바로 애프터 테이스트의 핵심을 구성한다. 커피에 따라 느껴지는 애프터 테이스트는 매우 다양하다.

2) 커피 향과 맛

(1) 커피 향의 표현

① 플로랄

대부분 커피에서 꽃향기를 표현할 때 해당 영역에서 찾을 수 있다. 홍차 역시 좋은 향기에 대한 표현으로서 같은 범주에 들어가 있다.

② 프루트

과일 같은 상큼하고 달콤한 맛과 향을 느끼는 경우에 표현한다. 베리류나 말린 과일의 단맛, 감귤류의 새콤한 같은 표현을 이 영역에서 표현할 수 있다.

③ 사워/ 퍼멘티드

적당하고 밝은 신맛은 좋은 맛이지만, 과하거나 무거운 느낌 좋지 않은 신맛을 표현할 수 있다.

④ 그린/ 베지테이티브

신선한 채소, 허브, 풀, 풋내 등을 표현하는 영역으로 덜 익은 듯한 느낌이나 건조 등은 해당 영역에서 표현할 수 있다.

⑤ 기타

종이나 곰팡이, 먼지, 소독약, 석유 등 나쁜 맛과 향에 관한 영역이다. 그린커피가 세균 또는 곰팡이에 감염되거나 건조나 보관 과정에서 잘못되었을 때 나타나는 향이나 맛으로, 해당 영역에서 표현할 수 있다.

⑥ 로스티드

커피를 로스팅하게 되면 물리적, 화학적 반응으로 해당 영역의 맛과 향이 발현한다. 여기서 담배는 실제의 담배 연기나 퀴퀴한 냄새가 아닌 특유의 향으로 이해해야 한다.

⑦ 스파이시스

로스팅된 커피에 독특한 향신료의 향이 나타나는 경우에 사용할 수 있다. 특히 아니스, 넛맥 등은 그 특성상 독특한 동양적인 표현으로도 쓰이며 적당한 향신료 향은 이국적이고 개성이 있으므로 긍정적이라 할 수 있다.

⑧ 너티/ 코코아

고소한 견과류와 달콤하고 쌉싸래한 초콜릿 향과 맛을 표현할 때 쓰인다.

⑨ 스위트

당밀, 메이플 시럽, 꿀 등의 단맛은 바닐라 및 달콤한 향료의 향을 표현할 때 쓰이는 영역이다.

(2) 맛의 표현

① 후각

커핑 또는 테이스팅을 할 때 슬러핑을 하거나 냄새를 맡게 되면 향은 비강으로 들어가 후각 기관과 접촉하게 되면서 커피에 대한 향기의 구성과 그에 따른 강도를 표현할 수 있게 된다. 커피는 원두가 분쇄되었을 때, 물과 접촉하였을 때, 입에 머금었을 때 향을 느낄 수 있고, 마시고 난 후의 뒷맛에서도 향을 느낄 수 있다.

향기의 구성	향기의 강도
Dry aroma, Fragrance 분쇄된 커피 향	Rich 풍부하면서 강한 향
Cup aroma, Aroma 추출된 커피 향	Full 풍부하지만 강도가 약한 향기
Nose 마시면서 느끼는 향	Rounded 풍부하지도 않고 강하지도 않은 향기
Aftertaste 마시고 난 후에 느끼는 향	Flat 향기가 없을 때
Bouquet 커피의 향기를 총칭해서 부르는 말	

향은 코의 직선로를 통해 전달되거나 혹은 구개를 비강으로 연결하는 비후 경로로 전달될 수 있다. 커피의 맛은 입 뒤로 코와 연결된 작은 통로를 통해 냄새 물질이 휘발하여 나는 것으로 향기 물질이 이곳을 통과하려면 휘발성이 있어야 하고 그에 따른 결합 수용체가 있어야 한다. 또한, 향이 강하게 나는지 약하게 나는지에 대한 표현도 가능한데 이것은 향기 물질의 함량보다는 역치에 따라 다르게 반응한다.

② 미각

미각은 혀의 미뢰를 통해 느낄 수 있다. 미각은 혀를 덮고 있는 점막에 있는 수용체가 가용성 화합물의 자극을 인식하여 맛을 느끼는 것이며 커피 추출 과정에서 나온 가용성 성분을 관능적으로 평가한다. 일반적으로 혀는 단맛, 짠맛, 신맛, 쓴맛 네 가지 기본 맛을 구별할 수 있으나 커피에서는 신맛, 단맛, 쓴맛 등으로 분류한다.

○ 단맛

단맛은 커피에서 가장 중요한 요소이며 긍정적인 평가를 받는 맛으로 당, 알코올, 라이콜과 일부 산 용액의 특징적인 맛이며, 탄수화물이나 단백질에 의해 형성된다. 커피를 맛볼 때는 단맛의 유무를 판단하는 것이 중요하다. 이는 커피 테이스팅에서 가장 중요한 밸런스가 좋은지 여부를 결정짓기 때문이다. 단맛이 없으면 신맛이나 쓴맛이 도드라지고 부정적으로 느껴지며, 반대로 단맛이 있기에 신맛이나 쓴맛조차 긍정적으로 느껴지게 되는데, 단맛을 동반하는 신맛 또는 단맛을 동반한 쓴맛은 모두 촉감과 후미를 향상시키고 향미도 풍부해진다.

○ 신맛

신맛은 입 안에서 신맛을 감지하는 물질인 수소이온과 나트륨 이온은 이온 통로를 통해 미뢰에 맛을 전달한다. 이때 이온이 많으면 자극적이고 날카로운 느낌과 떫은맛이 나기도 한다. 신맛을 느낄 때는 긍정적인 신맛과 부정적인 신맛으로 구분하여 감지해야 한다. 긍정적인 신맛은 커피를 입에 넣자마자 초반에 단맛과 동반되어 커피를 새콤하고 산뜻하게 느끼게 해주며 비교적 가벼운 감촉으로 '어시디티'라는 단어로 표현된다. 부정적인 신맛은 혀를 누르는 듯한 무거운 감촉으로 커피를 머금은 초반부가 아닌 후반부에 올라오며 상한 음식에서 느껴질 법한 시큼한 신맛으로 느껴지고 사워라는 단어로 표현한다. 어시디티는 품질이 좋은 그린커피를 평가하기 위해 샘플 로스팅하여 커핑할 때 비교적 자주 느낄 수 있는 맛으로, 좋은 그린커피가 가지고 있는 긍정적인 맛으로 인지되는 신맛을 말한다. 사워는 산미가 있는 커피를 과다 추출했을 때, 또는 단맛이 동반되지 않은 신맛을 느낄 때의 은은하지 않은 발효된 듯한 선명한 시큼함을 말한다. 또한, 사워는 추출의 결함에 의해 나타나기도 하기 때문에 생두를 평가하는 커핑 시에는 사워에 대한 평가항목이 없는 반면, 제품으로 만든 프로덕트 로스팅 커피를 에스프레소나 아메리카노로 컵 테이스팅을 할 때는 추출에 따라 종종 사워가 느껴지기도 한다. 좋은 신맛은 밝고 화사한 맛을 내며 커피의 맛을 극대화하는 역할을 하며 단맛이 동반된 상태이다.

◎ 짠맛

짠맛은 신맛과 마찬가지로 이온통로를 통해 미뢰로 전달된다. 커피에서 일정한 염이 작용하면 감칠맛이 있고 커피에 활력을 불러일으킨다. 강하면 자극적인 느낌이 든다. 로스팅한 지 얼마 안 된 원두를 에스프레소로 추출하거나 커피 양을 늘려 리스트레토로 추출한 경우 느낄 수 있는 맛이다.

◎ 쓴맛

쓴맛은 퀴닌, 카페인, 기타 알칼로이드 용액의 특징적인 맛이다. 쓴맛은 커피에서 나타나는 맛으로 적절하면 향미를 증진하지만 쓴맛이 주도적으로 나타날 때는 추출에 문제가 있는 경우이다. 좋은 쓴맛은 쌉쌀한 맛으로 분류되며 입 안에서 자극적이지 않고 마셨을 때 그 맛이 남지 않는다.

◎ 감칠맛

감칠맛은 다시마의 감칠맛을 내는 성분인 글루탐산나트륨을 추출하면서 발견되었다. 잘 익은 커피 체리일수록 많이 나타나며 지방과 아미노산이 물에 용해되면서 미뢰로 전달된다.

(3) 촉각(Mouthfeel)

촉각은 음식이나 음료를 섭취하거나 그 후 입 안에서 물리적으로 느끼는 촉감을 말한다. 입 안의 말초 신경은 커피의 점도와 미끈함을 감지하는데, 이 두 가지를 '바디'라고 표현한다. 점도는 물과 비교해서 커피에 있는 고형성분의 양에 따라 결정되는데 이 성분은 주로 추출 시 여과되지 않은 미세한 섬유소로 구성되어 있다. 미끈함은 커피의 지질 함량에 따라 다르며 이것은 그린커피에는 고체 성분으로 존재하다가 로스팅을 하면 액체 상태로 변하여 추출 시 나오게 된다. 커피의 농도는 커피 액의 가용성 성분의 양과 종류에 대한 강도를 느끼는 것을 말한다. 미끈한 촉감을 바디라고 한다면 TDS 수치가 높은 것을 농도라고 보면 된다. 바디가 촉감의 특성이라면 농도는 맛의 특성이다.

(4) 지방 함량과 고형성분의 향

◎ 지방 함량에 따른 분류

Buttery > Creamy > Smooth > Watery

◎ 고형성분의 향에 따른 분류

Thick > Heavy > Light > Thin

① 지방

커피는 보통 약 7~17% 정도의 지방을 함유하고 있다. 아라비카종에 비해 로부스타종이 좀 더 지방 함유량이 많다. 지방 성분은 로스팅 과정에서 열 분해 작용으로 발생하며, 2차 크랙 전후 단계에서 표면에 배어난다. 로스팅을 강하게 한 커피는 오일이 배어 나오는 속도가 빠르다. 커피에 들어있는 지방산은 포화지방산인 팔미트산, 불포화지방산인 올레인산, 필수지방산인 리놀레산이 있다. 이 가운데 불포화지방산은 공기 중의 산소와 만나 빠르게 변질되어 커피 맛을 변화시키는 요인으로 작용한다.

② 침전물

로스팅 과정에서 일어나는 단백질 분자 간의 결합은 물에 녹지 않는 불용성 단백질로 변화되어 커피 추출 시 컵 바닥에 가라앉게 된다. 침전물의 입자 크기에 따라 여과되지 않고 가용 성분과 함께 추출되는데, 그 정도가 지나치면 텁텁함이나 불쾌감을 줄 수도 있다. 반면 너무 깔끔하게 여과된 커피의 경우 바디가 약해 다소 밋밋한 감을 줄 수도 있다.

③ 추출 콜로이드

커피 추출액에 들어있는 지방 성분과 부유 물질이 결합하여 커피 콜로이드를 만들어 내는데, 이 콜로이드는 본질적으로 지방의 성질을 갖고 있다. 커피 콜로이드는 추출액의 표면장력을 감소시켜 부드럽고 매끄러운 느낌을 줌으로써 커피액의 촉감을 더해 주는 역할을 하여 커피 향미 생성에 상승 작용을 한다. 그러나 지방 성분은 커피의 향기와 맛을 오염시키는 외부 물질을 운반하는 역할을 하기도 한다. 커피 추출액을 계속 가열하면 커피 콜로이드의 안정성이 깨져 성분이 분해되므로 커피 향미가 사라진다.

④ 바디와 농도

커피에서 바디와 농도는 엄연히 다른 개념이다. 바디는 지질이나 불용성 고형 성분에 의한 입 안의 말초신경 반응으로 중후함, 미끈함으로 표현되며 농도는 물에 녹는 가용 성분의 함량 정도에 따라 강도로 진함, 연함으로 표현된다. 따라서 바디의 정도와 농도의 정도는 항상 일치하는 것은 아니다.

3) 커피 향미 결점

커피가 만들어지는 과정 중에는 커피의 향에 좋지 않은 영향을 끼치는 내적, 외적 요인들이 끊임없이 발생한다. 이런 요인들의 대처가 미흡하면 플레이버에 결함을 주는 화학전 변화를 일으킨다. 향기의 변화에 국한되는 플레이버 결함일 경우에는 플레이버 테인트라고 하며, 커퍼의 개인적인 선호도나 결함의 종류와 정도에 따라 호불호가 갈린다. 그러나 화학적 변화가 맛에 영향을 주는 중대한 결함으로 작용하면 이를 플레이버 폴트라고 하는데 이는 커퍼의 개인적인 선호도를 떠나 대부분의 사람이 싫어한다. 이러한 결함은 커피의 수확부터 로스팅과 추출, 보관 등 커피가 만들어지는 모든 과정에서 찾을 수 있는데 로스터는 각각의 원인에 따른 맛의 결점들을 이해하고 숙지해야 한다.

(1) 수확과 건조

커피체리를 수확하고 가공하는 동안 발생한다. 환경의 영향으로 결함이 생기거나 나무에 너무 오래 매달려 있어 체리가 과성숙하는 경우, 바닥에 떨어지거나 잘못된 프로세싱으로 발효하거나 손상된 체리들에서 발견된다.

종류	생성 원인
Rioy	요오드 같은 약품 맛이 나는 결점으로 자연 건조한 브라질 커피에서 주로 생기며 커피 열매가 너무 오랫동안 매달려 부분적으로 마를 때 지속적인 효소 활동을 유발하는 박테리아로 인해 생긴다.
Rubbery	탄 고무 냄새가 나는 결점으로 아프리카의 로부스타종을 건식 가공할 때 주로 나타난다.
Fermented	혀에 매우 불쾌한 신맛을 남기는 맛의 결점으로 건조 과정에서 생두의 효소가 당분을 식초산으로 분해하여 발생한다.
Earthy	커피의 뒷맛에서 흙냄새를 나게 하는 향기 결점으로 흙 위에서 건조할 때 생두의 지방 성분이 흙냄새를 흡수하여 발생한다.
Musty	곰팡이 냄새가 나는 향기 결점으로 커피의 지방 성분이 곰팡이 냄새를 흡수하거나 건조 시 생두가 곰팡이와 접촉하여 발생한다.
Hidy	기계 건조 시 너무 많은 열이 전달되어 생두의 지방이 분해됨으로써 쇠기름이나 가죽 냄새가 나는 향기 결점이 있다.

(2) 저장과 숙성

그린커피는 수확 후 몇 개월 동안 갓 베어낸 알팔파 같은 독특한 풀향과 떫은맛이 나는데 이를 그래시라고 한다. 수개월에 걸쳐 지속적인 효소작용으로 이러한 특성이 감소하게 되면 뉴크롭이라고 한다. 수확한 후 1년 정도 지나면 화학적 변화가 일어나 그린커피 내부의 산에 영향을 주기 시작하는데, 이러한 그린커피를 패스트크롭이라고 부른다. 그린커피를 몇 년 정도 보관하면 효소가 그린커피의 산 함량을 현저히 감소시켜 숙성 상태가 되며 효소작용이 지속할수록 유기물질이 줄어들어 마른 건초 같은 지푸라기 맛이 느껴지게 된다. 더 시간이 지나면 그린커피 내 유기질 성분이 더욱 감소하게 되고 나무맛이 나게 된다. 이러한 효소작용은 적절한 보관 상태를 유지할수록 천천히 일어난다.

종류	생성 원인
Grassy	갓 벤 알팔파에서 나는 냄새와 풀의 떫은맛이 결합하여 독특한 풀의 특성을 나타내는 향미 결점이다. 체리가 익을 때 질소화합물의 성분이 너무 많으면 생성된다.
Strawy	독특한 건초와 같은 맛을 내는 맛의 결점이다. 수확한 후 장기간 보관으로 그린커피 내부의 유기화합물이 사라지면서 생성된다.
Woody	불쾌한 나무와 같은 맛을 내는 맛의 결점이다. 장기간 보관으로 유기화합물이 거의 소멸된 상태로 숙성의 마지막 단계이며 커피의 상업적 가치는 없다.

(3) 로스팅의 캐러멜화 과정

로스팅 온도가 약 205℃가 되면 그린커피 내부의 당 성분이 유기질과 무기질 성분과 결합하고 캐러멜 성분을 생성한다. 그린커피에 존재하는 당의 종류와 로스팅 시 열량과 가열 속도에 따라 최종적인 플레이버 성분에 영향을 준다.

종류	생성 원인
Green	풀냄새가 나는 맛의 결점으로 낮은 열을 짧은 시간에 공급하여 당 탄소화물이 제대로 전개 되지 않아서 발생한다.
Baked	향기가 약하고 무미건조한 맛을 내는 향과 맛의 결점으로 낮은 열로 오랜 시간 로스팅하여 캐러멜화가 제대로 진행되지 않아 발생한다.
Tipped	커피 추출액이 곡물 냄새를 내는 맛의 결점으로 열량 공급 속도가 빨라 생두의 끝부분이 타서 발생한다.
Scorched	캐러멜 성분이 제대로 생성되지 않아 페놀과 피리딘의 특성이 커피 추출액의 뒷맛에서 느껴지는 향기 결점으로 많은 열이 짧은 시간에 공급되어 생두의 표면이 타서 발생한다.

(4) 로스팅 후 변화

로스팅 직후에는 휘발성이 강한 메르캅탄이나 황 함유 화합물이 많아 원두가 신선하게 유지된다. 커피를 분쇄하면 향기 물질이 급격히 소실되고 산패가 가속화된다. 산패가 진행됨에 따라 대부분의 휘발성 유기 물질은 탄산가스 방출과 더불어 소실된다.

종류	생성 원인
Flat	로스팅한 후 산패가 진행되어 향기 성분이 커피에서 소멸하여 발생하는 향기 결점이다.
Vapid	유기 물질이 소실되어 커피 추출 시 향이 없는 결점으로 로스팅 된 커피가 산패되어 생기게 된다.
Insipid	향기 성분이 소실되어 향이 없는 결점으로 커피가 추출되기 전에 섬유 조직에 산소와 습기가 침투하여 향기 물질이 소멸하여 발생한다.
Stale	불쾌한 맛의 결점으로 산소와 습기가 커피의 섬유 조직 또는 유기 물질에 영향을 주어 생성되거나 로스팅 후 불포화 지방산이 산화되어 생기는 맛
Rancid	불쾌한 맛의 결점으로 원두에 산소와 습기가 침투하여 지방 성분을 산화시켜서 발생한다.

(5) 추출 후 보관 중 변화

갓 추출된 커피는 휘발성 유기물이 풍부하지만 지속적으로 가열하면 온도 상승에 따라 격렬한 분자 반응이 일어나 기체 성분이 증발하게 된다.

종류	생성 원인
Flat	추출 후 보관 과정에서 향기 성분이 커피에서 소실되어 발생하는 향기 결점이다.
Vapid	유기물이 소실되어 아로마와 노즈 단계에서 추출 커피에서 향이 별로 나지 않는 향기 결점이다.
Acerbic	신맛이 강하게 나는 결점으로 추출 후 클로로겐산이 짧은 사슬 구조의 퀴닉산과 카페인산으로 분해되어 생성된다.

(6) 기타

종류	생성 원인
New crop	풀 냄새가 나는 맛의 결점으로 수확과 건조 과정에서 숙성되지 않은 콩이 충분히 효소작용이 진행되지 않았을 때 생성된다.
Past crop	신맛이 약하게 나는 맛의 결점을 수확한 지 1년 이상 지나면 생두 안에 있는 효소가 변화하여 생성된다.
Aged	신맛은 약해지고 바디는 강해지는 맛의 결점으로 커피를 수확 후 오래 저장하여 숙성되면 생두에 있는 효소의 활동으로 발생한다.
Quakery	커피를 추출했을 때 땅콩맛이 나는 맛의 결점으로 수확 시 덜 익은 체리를 따서 건조하여 생기며 로스팅을 해도 연한 색깔을 띠며 잘 익지 않게 된다.
Wild	커핑 시 샘플 컵마다 차이가 많이 나는 특징이 있으며 불쾌한 시큼한 맛이 나는 맛의 결점으로 생두의 내부 화학적 변화나 외부로부터의 오염이 원인이다.

4) 커핑

커핑은 커피 감별사, 즉 커퍼가 커피에 들어있는 다양한 향과 맛의 특성을 체계적으로 평가하는 것을 말한다. 커핑을 하는 목적은 생두와 원두의 품질을 평가해 커피의 등급을 정하고 샘플의 풍미를 표현하여 선호도를 결정하기 위함이다. 커핑은 향기와 맛을 감별하는 민감한 작업이므로 철저한 기준과 체계적인 진행 과정을 거치게 된다. 커핑은 분쇄된 커피의 향을 맡는 것을 시작으로 향기의 종류, 강도, 신맛, 바디, 밸런스, 애프터테이스트, 결점 등 여러 항목을 평가한다.

커핑폼은 커피 샘플을 평가하는 도구이자 QC의 기준으로 활용된다. 흔히 SCA와 COE 커핑폼을 바탕으로 평가하나, 목적에 따라 다른 기준이 기재된 커핑폼을 사용할 수 있으므로 자신만의 커핑폼을 자유롭게 만들어 사용할 수도 있다.

(1) 커핑의 이해 및 실습

커핑은 커피 샘플의 향과 맛에 대한 특성을 항목별로 평가하여 점수화하는 것으로 구매자가 품질에 대한 객관화된 정보를 취득하게 하여 커피를 구매할 때보다 정확한 의사결정을 할 수 있게 한다. 또한 블렌딩을 할 때 서로 다른 비율로 배합된 여러 가지 샘플 중에서 본인이 원하는 것을 선택할 수 있게 하는데 이러한 커핑의 목적은 샘플들 사이에 존재하는 실질적인 감각 차이를 밝히는 것, 샘플들의 플레이버를 기술하는 것 그리고 어떤 샘플이 더 선호되는지를 알기 위한 것이다.

플레이버 휠을 활용하는 방법과 커피의 향미를 표현하는 용어를 어느 정도 숙지했다면, 이제 커핑을 익혀야 한다. 커핑은 커피 샘플의 향과 맛의 특성을 체계적으로 평가하는 것을 말하며 이런 작업을 전문적으로 수행하는 사람을 커퍼라고 한다. 커퍼는 커피농장이나 대규모 로스팅 회사, 커피 제조회사 등에서 근무하여 커피를 평가하는 중요한 일을 하는데, 선천적인 감각보다 후천적인 반복적 훈련을 통해 육성된다. 커핑은 대부분 커피의 구매나 블렌딩과 같은 상업적인 목적과 연관되어 있기 때문에 커퍼는 규정된 커핑 절차와 기법을 엄격하게 준수해야 한다.

(2) 커핑에 필요한 장비와 시설

커핑에 필요한 장비와 시설, 절차 등은 SCA의 '커핑 규약'에서 자세히 설명되어 있으며 다음과 같다.

○ 로스팅과 관련 장비

- 샘플로스터: 커핑에 필요한 여러 종류의 샘플을 동시에 로스팅할 수 있는 장비이다.
- 로스팅 컬러 측정 장비: 샘플의 로스팅 정도가 적정한지 판단하는 장비이다. 커핑 샘플은 로스팅 값이 정해져 있기 때문에 정확하게 측정할 수 있는 제품을 사용해야 하며 대표적으로 애그트론사 제품이 있다.
- 그라인더: 샘플 원두를 분쇄하기 위한 장비이다.

○ 커핑에 필요한 준비물

- 저울: 샘플의 중량을 정확히 측정하기 위한 장비이다.
- 커핑 컵: 커핑 컵은 용량이 7~9온스(207~266ml), 컵 상부는 지름이 76~89mm(3~3.5인치)로 재질은 강화 유리나 도기여야 한다. 커핑에 사용되는 컵은 용량, 크기와 재질이 동일해야 하며 균일성을 평가하기 위해서 각 샘플당 적어도 5개의 컵을 준비한다.

○ 커핑 스푼: 은이나 스테인리스 재질의 스푼을 준비한다.

○ 커핑 시트지

커피의 중요한 10가지 플레이버 속성을 기록하는 양식으로 각 플레이버 항목별로 커퍼의 평가를 반영하여 점수를 준다. 평가에 따라 6점대부터 9점대까지 점수가 주어지고 다시 아래와 같이 0.25점 단위로 세분되며 이론상으로 최저 0점부터 최대 10점이지만 6점 이하의 점수는 스페셜티 이하 등급이 된다. 스페셜티 이하 등급이 아니라면 통상 기준 점수를 8점으로 잡으며, 9점 이상이면 정말 뛰어난 것이다.

◉ 기타 장비

물을 끓일 수 있는 기구, 물을 붓기 위한 주전자, 타이머, 필기도구와 클립보드 등이
필요하다.

(3) 커핑 환경

커핑을 할 때는 조용한 장소와 적당한 채광과 온도를 유지한다.

커핑 규정	골든컵 규정에 따라 최적의 추출률로 커핑한다. 물 1㎖당 커피 0.055g 커피 사용량 = (컵 용량 x 0.055)
로스팅	로스팅 시간은 8~12분 사이에 마쳐야 한다. 샘플 로스팅은 커피의 향미 특성을 가능한한 많이 추출하는 데 목적을 둔다. 샘플 로스팅 포인트는 애그트론 숫자를 기준으로 하여홀빈 56, 그라운드빈 63으로 포인트는 미디엄이나 미디엄라이트로 한다. 로스팅 후 20℃이상 상온에서 보관하며 8~24시간 이내 커핑한다.
물	커피는 물에 따라 맛이 달라지므로 커핑에서 물은 매우 중요한 요소이다. 커핑에서 사용되는 물은 깨끗하고 냄새가 없어야 하며, 이상적인 총용존고형물은 125~175ppm 사이이지만 허용치는 최저 100ppm에서 최대 250ppm까지이다.
샘플 분쇄	분쇄는 커핑 직전에 하고 적어도 물 붓기 전 15분 이내에 완료되도록 한다. 입자의크기는 가늘게 하는데, 분쇄된 커피의 70~75%가 미국 표준 20번 체를 통과할 정도로 해준다. 분쇄 표준을 정하는 것은 분쇄 커피의 추출 수율이 18~22%가 되도록 하기 위해서이다.

(4) 커핑 절차

● 1단계: 프래그런스/아로마(Fragrance/Aroma)

향기는 휘발성이기 때문에 상온에 두면 향기가 날아가므로 샘플 분쇄 후 신속하게 분쇄 커피의 향을 깊게 들이마셔 프래그런스의 속성과 강도를 체크한다.

체크가 끝나면 아로마를 평가하기 위해 신속하게 93℃ 정도의 물을 커피가 다 적셔지도록 가득 붓는다. 이후 컵 상단에 생기는 거품층(crust)을 3~5분 정도 그대로 두면서 커피가 물에 잠겼을 때 나는 향을 체크한다.

[물 붓기]

브레이크 아로마(Break aroma)는 거품층을 깨뜨릴 때 나는 향으로 이를 평가하기 위해서 거품을 스푼으로 2~3차례 밀어 거품층을 깨뜨린다. 거품을 스푼으로 미는 순간 코를 가까이 하여 아로마를 체크한다.

브레이크 아로마 평가가 끝나면 커핑 컵 위에 떠 있는 부유물들을 걷어 낸다. 커핑 스푼 두 개를 이용하여 거품을 걷어내고(Skimming) 스푼은 물로 세척한다.

[브레이크]   [스키밍]

◎ 2단계: 플레이버, 애프터 테이스트, 신맛, 바디, 밸런스

거품을 걷어 내고 커피액의 온도가 70~75℃가 되면 커핑 스푼을 이용하여 입 안으로 강하게 흡입(Slurping)해 혀와 입 안 전체에 골고루 퍼지게 한다. 코로 숨을 내쉴 때 후각 세포에서 향을 느낄 수 있는 강도가 최대치가 된다. 그래서 플레이버와 애프터 테이스트 는 1단계 평가 이후 이 온도가 되었을 때 평가한다. 평가할 때는 커핑 스푼으로 커피를 떠서 입 안으로 강하게 흡입하여 입 안 구석구석까지 커피가 전달되도록 해야 하며 특히 혀와 입천장 상단에 좀 더 집중될 수 있도록 한다. 신맛, 바디, 밸런스는 커피가 좀 더 식어 60~70℃가 되었을 때 평가한다. 밸런스는 플레이버, 애프터 테이스트, 신맛, 바디의 상승 결합이 얼마나 서로 잘 어울리는지에 대한 커퍼의 평가 항목이다.

[슬러핑]

◎ 3단계: 단맛, 균일성, 클린컵, 오버롤

커피액이 37℃ 이하가 되면 단맛, 균일성, 클린컵, 오버롤을 평가한다. 이 단계에서 커피액의 온도가 21℃ 이하로 내려가면 더는 평가하지 않는다.

Specialty Coffee Association
Arabica Cupping Form

Name: _____

Date: _____

Table no: _____

Quality Scale

6.00 - GOOD	7.00 - VERY GOOD	8.00 - EXCELLENT	9.00 - OUTSTANDING
6.25	7.25	8.25	9.25
6.50	7.50	8.50	9.50
6.75	7.75	8.75	9.75

(5) 커피 테이스팅 결과

◉ 샘플 원두명(Sample#)

샘플 원두의 번호 또는 명칭을 표기한다.

◉ 로스팅 정도(Roast Level)

샘플 원두의 로스팅 정도를 간략하게 표기한다.

◉ 프래그런스(Fragrance)/ 아로마(Aroma)

• 드라이 아로마(Dry Aroma)

컵에 든 분쇄 커피에 코를 가까이 대고 가스 형태로 올라오는 향을 맡는다. 이때 컵을 가볍게 두드리거나 흔들어서 체크한다. 휘발성이 강하므로 유의해서 빠르게 체크해야 한다. 분쇄된 커피 향을 통해 생두 가공 방식과 산지에 대해 어느 정도 구분할 수 있다.

• 브레이크 아로마(Break Aroma)

물을 붓고 3~4분 후 표면의 커피 층을 부수며 아로마를 체크한다. 커핑 스푼으로 3번, 표면의 커피 층 윗부분을 밀어주며 갇혀있던 향을 맡는다.

특별한 향이 인지되면 그 향에 대한 정보를 퀄리티 항목에 표기한다.

◉ 플레이버(Flavor)

맛과 향을 체크하는 단계로서 입 안에 머금었을 때 미각과 후각이 결합하여 만들어진 다. 커핑 스푼으로 강하게 슬러핑하면서 체크한다.

◉ 애프터 테이스트(Aftertaste)

맛과 향의 지속성을 체크하는 항목이다. 커피를 목으로 넘긴 이후의 여운이 짧거나 깔끔하지 못하다면 낮은 점수를 얻는다. 긍정적인 맛과 향이 입 안과 목 부분까지 느껴 지고 오래 지속될수록 좋은 점수를 얻는다.

◉ 산미(Acidity)

신맛의 강도를 체크하는 지수이다. 과도하거나 강렬한 신맛은 좋은 점수를 받지 못한다. 수평 눈금에는 커피의 고유 특성, 로스팅 정도 등을 바탕으로 커퍼가 인지한 신맛에 대한 점수를 준다.

◉ 스위트니스(Sweetness)

로스팅한 원두의 탄수화물에 당 성분의 미각적 요소를 체크한다. 미각의 민감도와 경험이 매우 필요하며 여운에서 느껴지는 단맛을 세심하게 평가해야 한다. 커피의 단맛은 강하게 느낄 수 없지만 다른 플레이버 속성에 영향을 준다.

◉ 바디(Body)

입 안에서 느껴지는 촉감에 대한 점수를 부여하는 항목으로 혀와 입천장, 입 안 전체에서 느껴지는 커피의 감촉을 점수로 표현한다. 묵직하고 부드러운 감각에 가까울수록 높게 평가하며 질감이 텁텁하고 거칠수록 점수가 낮아진다. 바디의 강도는 수직 눈금에 표시한다.

◉ 균형감(Balance)

전체적으로 얼마나 조화를 이루고 있는지를 체크하는 항목이다. 어떤 향이나 맛이 한쪽으로 지나치게 치우친 경우 밸런스 점수는 낮아진다.

◉ 동일성(Uniformity)

준비된 한 샘플을 여러 컵으로 나누어 균일성을 체크한다. 여러 컵 간의 맛 또는 향에 차이가 나 동일한 속성이 떨어지면 낮은 점수를 받게 된다.

◉ 클린컵(Clean cup)

커피를 슬러핑하는 순간부터 목으로 넘긴 이후까지 부정적인 요소가 있는지를 평가하는 항목이다. 이때 결점 요소를 발견했다면 맛에 대한 결점인지 향에 대한 결점인지를 반드시 체크하고 평가해야 한다.

◉ 종합(Overall)

샘플에 대한 평가와 더불어 커피의 주관적인 점수를 부여할 수 있는 항목이다. 각 항목의 평가를 마친 후 전반적인 느낌을 주관적으로 평가한다.

◉ 총점(Total Score)

샘플에 대한 평가를 마친 후 10개 항목의 점수를 모두 더한 총점을 기록한다.

◉ 결점(Defects)

커피 향미에 영향을 주는 요소로 테인트는 향에 대한 감점, 폴트는 향과 맛에 대한 감점이다. 발견된 컵의 개수와 결점의 강도를 곱하여 표기한다.

◉ 최종 점수(Final Score)

총점에서 결점 점수 차감하고 최종 점수를 산출한다.

※ 점수에 따른 품질 분류

점수	평가	분류
90~100점	Outstanding	Specialty
85~89점	Excellent	
80~84점	Very Good	
80점	Premium	Premium

PART
II 기 / 출 / 문 / 제   KOREA COFFEE BEVERAGE MASTER

01 다음 중 커피를 로스팅할 때 발생하는 일반적인 현상에 대한 설명으로 틀린 것은?

① 부피의 증가
② 수분의 감소
③ 중량의 감소
④ 밀도의 증가
⑤ 휘발성 물질 방출

02 다음 커피를 로스팅할 때 일어나는 변화에 대한 설명 중 맞는 것은?

① 갈변화가 일어난다.
② 무게가 증가한다.
③ 밀도가 커진다.
④ 부피가 줄어든다.
⑤ 휘발성 성분은 감소한다.

03 커피를 풀 시티 정도 로스팅했을 때, 원두의 수분 함량에 가장 가까운 것은?

① 약 1%
② 약 3%
③ 약 5%
④ 약 7%
⑤ 약 9%

04 커피 로스팅 과정에서 가장 많이 발생하는 가스 성분은?

① 질소
② 이산화탄소
③ 산소
④ 일산화탄소
⑤ 메탄가스

05 다음 중 커피를 로스팅하여도 변화하지 않는 것은?

① 부피
② 향
③ 중량
④ 밀도
⑤ 생두 특성

06 다음 생두 성분 중 로스팅 시 가장 많이 감소하는 것은?

① 단백질
② 카페인
③ 수분
④ 지방
⑤ 유기산

07 다음 중 생두를 로스팅할 때 일어나는 변화 중 틀린 것은?

① 휘발성 향기 성분이 생성된다.
② 로스팅 정도는 로스팅 과정의 가열 온도로만 결정된다.
③ 카페인 성분은 로스팅 과정에서 큰 변화를 보이지 않는다.
④ 생두의 수분 함량은 줄어들고, 부피는 50% 이상 증가한다.
⑤ 유기물 손실이 발생하여 중량과 밀도가 감소한다.

08 다음 로스팅에 관한 설명 중 맞는 것은?

① 로스팅 과정에서 열에 의해 조직이 팽창되어 부피가 3~4배 증가한다.
② 로스팅이 진행됨에 따라 진한 갈색에서 연한 갈색으로 변화하며, 맛과 향도 달라진다.
③ 추출이 될 수 있도록 생두에 열을 가해 세포조직을 분해·파괴하여 여러 가지 성분들을 발현시키는 과정이다.
④ 하이 로스트는 가장 진하게 로스팅된 상태를 말하며, 맛이 매우 강해 에스프레소뿐만 아니라 카푸치노와 같은 베리에이션 메뉴에 사용된다.
⑤ 이탈리안 로스트의 원두 색은 옅은 갈색을 띠며 신맛이 강하고 향이 풍부하다.

09 다음 중 커피를 로스팅하는 이유와 가장 거리가 먼 것은?

① 음용 가능한 커피를 얻기 위해서
② 커피의 맛과 향을 얻기 위해서
③ 커피 추출을 쉽게 하기 위해서
④ 커피 보관을 늘리기 위해서
⑤ 커피콩을 부서지기 쉬운 구조로 만들기 위해서

10 다음 로스팅에 따른 맛의 변화에 대한 설명 중 맞는 것은?

① 다크 로스트일수록 신맛이 강하다.
② 다크 로스트일수록 쓴맛이 강하다.
③ 라이트 로스트일수록 신맛이 약하다.
④ 라이트 로스트일수록 탄맛이 강하다.
⑤ 다크 로스트일수록 향이 최고조에 이른다.

11 다음 중 로스팅에 대한 설명으로 틀린 것은?

① 열에 의해 생두 내부에 화학적, 물리적 변화가 생긴다.
② 생두의 수분이 감소하고 부피가 증가하며 향과 맛이 발현된다.
③ 로스팅 머신의 열원으로는 가스, 전기 등이 있고 화력 공급방식에 따라 직화식, 열풍식, 반열풍식 등으로 구분된다.

④ 8단계 분류에 의한 로스팅 단계는 '라이트-시나몬-하이-미디엄-시티-풀시티-프렌치-이탈리안' 순이다.

⑤ 로스팅이 진행되면 갈변화가 일어난다.

12 로스팅 단계에 대한 다음 설명 중 틀린 것은?

① 로스팅 단계는 로스팅 과정의 가열 온도와 시간에 의하여 결정된다.

② 로스팅 단계는 장비로 측정한 L값(명도)으로 나타내기도 한다.

③ 로스팅이 약할수록 로스팅 단계를 나타내는 L값(명도)은 감소한다.

④ 원두의 갈색 정도를 표준 샘플과 비교해서 로스팅 단계를 정하기도 한다.

⑤ 로스팅이 강할수록 로스팅 단계를 나타내는 L값(명도)은 감소한다.

13 다음의 로스팅 8단계 중 가장 강한 로스팅 단계는?

① 미디엄 로스트

② 이탈리안 로스트

③ 하이 로스트

④ 풀 시티 로스트

⑤ 프렌치 로스트

14 원두 세포벽의 파열이 발생하며, 내부의 지방이 표면에 스며 나오는 로스팅 단계는?

① 라이트 로스트

② 미디엄 로스트

③ 시나몬 로스트

④ 이탈리안 로스트

⑤ 프렌치 로스트

15 로스팅 진행에 따라 원두에서 발생하는 현상 또는 변화에 대한 설명 중 틀린 것은?

① 신맛은 로스팅 진행에 따라 점차 감소한다.

② 카페인은 로스팅에 따른 변화가 거의 없다.

③ 지방의 양은 현저하게 줄어든다.

④ 이산화탄소는 증가하며 옅은 풋내는 감소한다.

⑤ 생두의 수분이 증발하고 휘발성 물질이 방출된다.

16 다음 로스팅 단계 중에서 생두에 비해 원두의 부피가 가장 커지는 단계는?

① 프렌치 로스트

② 하이 로스트

③ 풀 시티 로스트

④ 시나몬 로스트

⑤ 미디엄 로스트

17 로스팅 과정에 따른 변화 및 관련 작업에 대한 설명으로 맞는 것은?

① 생두가 열을 계속 흡수하면 조직이 수축하고 푸른색으로 변한다.

② 생두의 탄수화물, 지방, 단백질, 유기산 등은 화학반응을 일으켜 커피의 맛과 향기 성분으로 변화한다.

③ 프렌치 로스트는 원두가 계피색을 띠며 신맛이 뛰어나다.

④ 수분이 증발하고 휘발성 물질이 방출되기 때문에 유기물 손실이 발생하여 중량과 밀도가 증가한다.

⑤ 로스팅의 화학적 변화인 메일라드 반응은 다당류 중 하나인 자당의 열 분해를 통해 일어난다.

18 생두를 로스팅할 때 나타나는 변화에 대한 설명으로 맞는 것은?

① 밀도 증가, 조직 수축, 수분 증가, 떫은맛 상승

② 갈변반응, 조직 팽창, 밀도 감소, 수분 감소

③ 청록색으로 변화, 조직 수축, 밀도 감소, 수분 감소

④ 맛과 향기는 변화 없음, 수분 감소, 조직 팽창, 밀도 감소

⑤ 갈변반응, 조직 수축, 밀도 증가, 수분 감소

19 로스팅 과정에서 두 번의 파열음이 발생하는데 이를 크랙이라 한다. 이에 대한 설명으로 틀린 것은?

① 1차 크랙은 세포 내의 수분이 기화하여 발생한다.

② 2차 크랙은 가스와 오일의 압력으로 인해 발생한다.

③ 1차 크랙 전부터 커피콩의 부피는 팽창하기 시작한다.

④ 2차 크랙이 더 진행되면 표면에 오일이 배어나온다.

⑤ 2차 크랙 이후 세포 조직은 더욱더 다공질로 바뀌어 부서지기 쉬운 상태가 된다.

20 다음 중 로스팅 진행에 따른 커피의 특성에 대한 설명으로 맞는 것은?

① 로스팅이 진행될수록 쓴맛은 강해진다.

② 로스팅이 진행될수록 바디는 강해진다.

③ 로스팅이 진행될수록 향은 강해진다.

④ 로스팅이 진행될수록 신맛은 강해진다.

⑤ 로스팅이 진행될수록 단맛은 강해진다.

21 로스팅 단계별 명칭이나 정의는 나라나 지역마다 다른데, SCA에서는 명칭이 아니라 원두 컬러의 밝기에 따라 Agtron No.에 의해 총 8단계로 분류하고 있다. 가장 밝은 단계의 Agtron No.와 명칭이 올바르게 짝지어진 것은?

① #95 – Very Light
② #95 – Light
③ #25 – Very Light
④ #25 – Light
⑤ #95 – Very Dark

22 다음 중 로스팅에 관한 설명으로 틀린 것은?

① 로스팅 중 발생하는 모든 기체는 이산화탄소 계열이다.
② 로스팅 시 색이 변하는 주된 원인은 갈변반응이다.
③ 로스팅 시 열원의 종류에 따라 향미 변화를 가져올 수 있다.
④ 로스팅은 일반적으로 열에 의한 생두의 물리적, 화학적 변화를 뜻한다.
⑤ 로스팅 시 커피의 갈변은 마이야르 반응과 캐러멜화로 인해 일어난다.

23 로스팅 과정에서 두 번의 크랙이 발생하는데 1차 크랙은 생두 세포 내부의 (   )이 증발하면서 나타나는 압력에 의해 발생하며, 2차 크랙 현상은 주로 (   )의 생성에 의한 팽창으로 발생한다. (   ) 안에 들어갈 알맞은 것은?

① 향기 성분, 이산화탄소
② 수분, 일산화탄소
③ 유기산, 질소
④ 수분, 이산화탄소
⑤ 향기 성분, 일산화탄소

24 다음 중 로스팅 방식에 따른 로스팅 머신의 분류에 해당하지 않는 것은?

① 직화식
② 열풍식
③ 반열풍식
④ 자연건조식
⑤ 전기식

25 다음 중 커피 로스팅 시 열원에 해당하지 않는 것은?

① 가스
② 전기
③ 화목
④ 증기
⑤ 원적외선

26 로스팅 과정 중 샘플러를 통해 확인할 수 없는 것은?

① 향의 변화
② 색깔의 변화
③ 형태 변화
④ 맛의 변화
⑤ 센터컷의 변화

27 다음 중 로스팅에 대한 설명 중 틀린 것은?

① 로스팅 계획을 수립하고 그에 맞춰 로스팅을 진행한다.

② 날씨, 원산지별 생두 특성, 생두 투입량 등을 감안하여 투입 온도를 결정한다.

③ 로스팅을 하기 전에 로스팅 머신을 강한 화력으로 최대한 짧은 시간에 예열해야 한다.

④ 로스팅을 하기 전에 생두의 수분 함량, 밀도, 수확 연도, 가공 방법 등을 점검한다.

⑤ 로스팅을 하기 전에 로스팅 머신을 중간 화력으로 시간을 두고 예열한다.

28 다음 중 커피 로스팅 과정이 순서대로 나열된 것은?

① 건조 – 열분해 – 냉각

② 열분해 – 건조 – 냉각

③ 건조 – 냉각 – 열분해

④ 냉각 – 열분해 – 건조

⑤ 열분해 – 냉각 – 건조

29 다음의 다양한 로스팅 방법에 대한 설명으로 틀린 것은?

① 저온 로스팅: 저온으로 장시간 동안 로스팅하는 방법

② 고온 로스팅: 고온으로 짧은 시간에 로스팅하는 방법

③ 더블 로스팅: 로스팅을 두 번에 걸쳐 하는 방법

④ 혼합 로스팅: 단종 로스팅 후 혼합하는 방법

⑤ 샘플 로스팅: 커핑에 필요한 샘플을 로스팅하는 방법

30 일부 로스팅 머신에 부착된 댐퍼의 기능과 거리가 먼 것은?

① 드럼 내부의 공기 흐름을 조절하는 기능

② 실버스킨을 배출하는 기능

③ 흡열과 발열 반응을 조절하는 기능

④ 드럼 내부의 열량을 조절하는 기능

⑤ 배기량을 제어하여 향미를 조절하는 기능

31 커피 로스팅 시 생두에 열을 가하는 방식에 해당하지 않는 것은?

① 전도

② 대류

③ 복사

④ 반사

⑤ 원적외선

32 다음 중 홈 로스팅의 장점에 해당하지 않는 것은?

① 매회 균일한 로스팅 정도를 기대할 수 있다.
② 원산지별로 다양한 종류의 생두를 특성별로 폭넓게 이해할 수 있다.
③ 생두의 가격이 저렴하므로 원두를 구입하는 것보다 훨씬 경제적이다.
④ 필요한 양만큼만 로스팅함으로써 불필요한 커피의 낭비를 줄일 수 있다.
⑤ 원하는 생두를 원하는 로스팅 포인트에 배출하여 커피를 즐길 수 있다.

33 다음 중 블렌딩을 하는 이유로 틀린 것은?

① 커피 원가를 낮추기 위해
② 차별화된 커피를 만들기 위해
③ 새로운 맛과 향을 창조하기 위해
④ 단종 커피의 특성을 최대한 살리기 위해
⑤ 플레이버 밸런스를 유지하며 안정적으로 관리하기 위해

34 다음 중 로스팅 머신에 대한 설명으로 틀린 것은?

① 로스팅 머신의 용량은 한 번에 로스팅할 수 있는 생두의 중량을 kg으로 표시한다.
② 가정용 로스팅 머신은 주로 전기를 열원으로 한다.

③ 일반적으로 열풍식 로스팅 머신은 반열풍식이나 직화식 로스팅 머신에 비해 로스팅 시간이 짧게 걸린다.
④ 반열풍식 로스팅 머신은 주로 전도열을 이용해 로스팅이 이루어진다.
⑤ 직화식 로스팅 머신은 예열시간이 반열풍식에 비해 빠른 편이다.

35 다음 로스팅 머신의 부품에 대한 설명 중 틀린 것은?

① 버너: 노즐을 통해 열을 드럼에 공급하는 장치
② 호퍼: 미리 계량된 생두를 담아 놓는 깔때기 형태의 용기
③ 댐퍼: 드럼 내부의 공기 흐름과 열량을 조절하는 장치
④ 사이클론: 로스팅 도중에 일정량의 콩을 드럼에서 꺼내 볼 수 있는 기구
⑤ 쿨러: 로스팅이 완료되어 배출된 원두를 식혀주는 역할을 하는 기구

36 로스팅 시 파악해야 할 생두의 특성 중 가장 거리가 먼 것은?

① 밀도
② 수확 연도
③ 수분 함량
④ 생산지 토양
⑤ 가공 방법

37 다음 중 커피의 색깔과 관련이 없는 성분은?

① 클로로겐산

② 캐러멜

③ 멜라노이딘

④ 카페인

⑤ 자당

38 커피나무의 여러 부위 중 카페인을 함유하고 있는 것은?

① 생두, 나뭇잎

② 생두, 뿌리

③ 나뭇잎, 뿌리

④ 나무껍질, 뿌리

⑤ 나뭇잎, 나무껍질

39 다음 중 로스팅에 의한 성분 변화가 가장 적은 것은?

① 트리고넬린

② 수분

③ 자당

④ 카페인

⑤ 유기산

40 다음 커피의 성분 중 12~16%가 함유되어 있으며, 커피 향과 맛에 많은 영향을 주는 것은?

① 지방

② 카페인

③ 트리고넬린

④ 타닌산

⑤ 단백질

41 커피 추출액에 함유되어 있는 무기질 성분 중 가장 많은 것은?

① 칼륨

② 인

③ 나트륨

④ 칼슘

⑤ 염소

42 다음 중 로스팅에 따른 성분의 변화에 대한 설명 중 틀린 것은?

① 수분: 로스팅 시 가장 많이 소실되는 성분으로 8~12%에서 1~2%까지 줄어든다.

② 단백질: 로스팅 시 당과 반응하여 멜라노이딘을 형성하는 캐러멜화 반응을 발생시킨다.

③ 카페인: 로스팅 시 카페인의 함량 변화는 크지 않다.

④ 탄수화물: 탄수화물 중 자당은 원두의 갈색과 향을 형성하는 데 큰 영향을 미친다.

⑤ 지질: 로스팅 시 열에 안정적이어서 큰 변화를 보이지 않는다.

43 다음 중 향기 성분에 대한 설명으로 틀린 것은?

① 커피의 맛에 영향을 미친다.
② 로스팅 방법이나 로스팅 정도와 관련이 있다.
③ 생두의 품종, 재배지 고도와 밀접한 관련이 있다.
④ 풀 시티 로스트까지 감소하지만 프렌치 로스트나 이탈리안 로스트에 이르면 급격히 증가한다.
⑤ 아라비카가 로부스타보다 더 많이 존재한다.

44 다음 중 효소작용에 의해 생성된 커피 향기가 아닌 것은?

① 프루티　　② 스파이시
③ 허비　　　④ 플라워리
⑤ 커피블라썸

45 다음의 커피 향기 성분 중 휘발성이 강한 순서부터 맞게 나열된 것은?

① 스파이시 > 플라워리 > 너티 > 초콜리티
② 너티 > 초콜리티 > 플라워리 > 스파이시
③ 플라워리 > 스파이시 > 초콜리티 > 너티
④ 플라워리 > 너티 > 초콜리티 > 스파이시
⑤ 초콜리티 > 플라워리 > 너티 > 스파이시

46 다음 중 향기의 강도를 강한 것부터 맞게 나열한 맞는 것은?

① 풀 > 리치 > 플랫 > 라운디드
② 리치 > 풀 > 라운디드 > 플랫
③ 풀 > 리치 > 라운디드 > 플랫
④ 리치 > 풀 > 플랫 > 라운디드
⑤ 플랫 > 라운디드 > 풀 > 리치

47 다음은 온도 변화에 따른 맛의 강도에 대한 설명으로 틀린 것은?

① 단맛은 온도가 높아지면 약하게 느껴진다.
② 신맛은 온도 변화에 따른 변화가 별로 없다.
③ 쓴맛은 온도가 높아지면 강하게 느껴진다.
④ 짠맛은 온도가 높아지면 약하게 느껴진다.
⑤ 쓴맛은 온도가 높아지면 약하게 느껴진다.

48 다음 중 바디를 지방 함량에 따라 강한 것부터 순서대로 맞게 나열한 것은?

① 버터리 > 크리미 > 스무드 > 워터리
② 크리미 > 버터리 > 스무드 > 워터리
③ 버터리 > 스무드 > 크리미 > 워터리
④ 크리미 > 스무드 > 버터리 > 워터리
⑤ 스무드 > 크리미 > 버터리 > 워터리

49 커피의 품질 평가기준 중 하나로 입 안에서 느껴지는 물리적 감각에 대한 용어에 해당하는 것은?

① 바디 ② 플레이버
③ 애시더티 ④ 아로마
⑤ 밸런스

50 다음 중 커피 맛을 감별하기 위한 기본적인 미각에 해당하지 않는 것은?

① 짠맛 ② 쓴맛
③ 단맛 ④ 신맛
⑤ 감칠맛

정답 NCS 커피식음료실무

01 ④	02 ①	03 ①	04 ②	05 ⑤	06 ③	07 ②	08 ③	09 ④	10 ②
11 ④	12 ③	13 ②	14 ④	15 ③	16 ①	17 ②	18 ②	19 ③	20 ①
21 ①	22 ①	23 ④	24 ④	25 ④	26 ④	27 ③	28 ①	29 ④	30 ③
31 ④	32 ①	33 ④	34 ④	35 ④	36 ④	37 ④	38 ①	39 ④	40 ①
41 ①	42 ②	43 ④	44 ②	45 ④	46 ②	47 ③	48 ①	49 ①	50 ②

커피기계 운용

1. 커피머신 / 2. 커피그라인더

PART

III

✿ 능력단위

커피머신 & 그라인더

✿ 능력단위 정의

커피머신 및 그라인더의 역사와 종류를 이해하고, 각 커피머신의 부품의 명칭과 역할, 보조기계의 관리법 및 커피그라인더의 구조와 명칭, 버(burr)에 따른 그라인더의 특성과 커피그라인더 분해를 통한 올바른 관리방법을 학습한다.

✿ 수행 준거

- 커피머신의 역사와 종류를 이해할 수 있다.
- 커피머신의 운용에 대한 각 부품의 명칭을 이해할 수 있다.
- 커피머신의 설정방법 및 소모품을 교체할 수 있다.
- 커피머신의 올바른 관리방법을 통하여 커피머신을 청소할 수 있다.
- 제빙기의 올바른 위생관리 방법과 분해 및 세척할 수 있다.
- 블렌더의 올바른 위생관리 방법과 분해 및 세척할 수 있다.
- 커피그라인더의 구조와 역할을 이해할 수 있다.
- 버(burr)에 따른 그라인더의 특성을 파악할 수 있다.
- 커피그라인더를 분해하여 청소 및 관리할 수 있다.

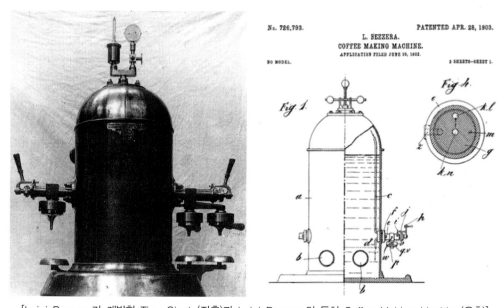

PART Ⅲ 커피기계 운용

1 커피머신

1) 커피머신의 역사

1855년 산타이스는 증기압을 이용한 에스프레소 커피머신을 개발하였으며, 프랑스 파리의 만국 박람회에 선보이면서 에스프레소의 기원이 시작되었다. 이후 19세기 초, 증기의 압력을 이용하여 이탈리아에서 커피를 제조하려는 노력이 이루어졌다.

1901년 이탈리아 밀라노의 엔지니어였던 루이지 베제라(Luigi Bezzera)가 세계 최초로 물을 가열할 때 생기는 증기를 이용하여 커피머신에서 에스프레소를 추출하는 프로

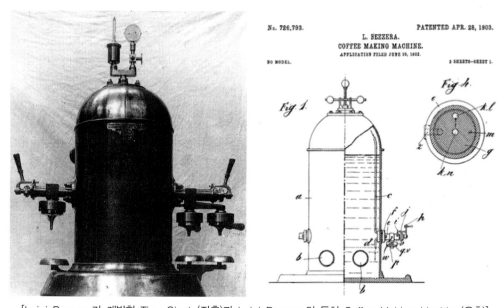

[Luigi Bezzera가 개발한 Tipo Giante(좌측)과 Luigi Bezzera의 특허 Coffee Making Machine(우측)]

세스를 개발함으로써 커피머신 특허출원을 하게 되었다. 이 커피머신의 출원으로 커피 제조 시간이 약 4분에서 25초 전후로 단축되는 계기가 되었으며, 1~2기압의 압력으로 물을 밀어내어 추출하는 방식이 개발되었는데 오늘날의 가압추출방식의 커피를 추출하는 에 스프레소 머신의 기본 원리가 성립되었다고 볼 수 있다.

이후 1905년 데지데리오 파보니(Desiderio Pavoni)가 라파보니(La Pavoni) 회사를 설립 하였으며 베제라의 특허를 획득하여 머신을 생산하면서 본격적인 커피머신의 보급이 이루 어졌다. 그러나 물의 온도가 100℃ 이상 올라 간 상태로 커피 추출이 이루어져 커피의 부정 적인 맛의 요인인 쓴맛이 강하게 나타나고, 증 기압이 1.5~2bar 정도로 다소 낮아, 추출 후 보 일러를 다시 가열하여 증기를 생성하는 시간이 오래 걸려 동시 추출 및 여러 잔을 제공하기에 한계가 있 었다.

[La Pavoni 사에서 개발한 Coffee Machine]

1946년 지오바니 아킬레 가찌아(Gionanni Achille Gaggia)에 의해 상업적 피스톤 발명하면서 증기압의 단점을 보완하였으며, 이러한 원리를 이용하여 9기압 의 압력을 형성시킴으로써 에스프레소의 심장이라고 할 수 있는 크레마가 형성되었다. 오늘날에도 단순 및 유지관리가 편하여 간혹 사용되고 있다.

FAEMA라는 커피머신의 공장의 창업자이면서 엔 지니어였던 카를로 에르네스토 발렌테(Carlo Ernesto Valente)는 1960년 FAEMA E61 머신을 본격적으로 생산했으며, 수동식이었던 핸드레버를 없애고, 전기

[Achille Gaggia에 의해 개발된 피스톤 레버 방식의 커피머신]

의 원리를 이용하여 전동펌프를 내장한 머신을 채택하였다.

즉, 찬물을 펌프로 끌어당겨 열교환기를 통하여 고온의 물을 뽑아내고, 인퓨전 추출 방식을 사용하였다. 이는 피스톤 레버 방식에 비해 추출이 원활하여, 에스프레소의 불필 요한 잡미를 최소화하였다. 또한 버튼 레버를 통해 추출시간을 조절할 수 있는 머신을 생산하였다.

[FAEMA사에서 개발한 전동펌프방식의 E61 커피머신]

2) 커피머신의 종류

커피머신의 종류는 크게 3가지 방식으로 나뉜다.

(1) 수동식 커피머신(Manual Coffee machine)

지렛대의 원리를 이용한 레버 방식으로 사람의 힘으로 피스톤을 작동하여 커피를 추출하는 전통적인 방식이다. 추출 동작에서 멋스럽게 보이는 퍼포먼스가 있으나, 수동식인 만큼 플로우미터가 없어 추출 세팅에 제한이 있다. 또한 일정한 추출이 어렵고, 청소 마감 시 오토클리닝 모드가 없기 때문에 과도한 인력 소모와 힘이 많이 드는 단점이 있다.

추출을 하거나 물을 흘려야 하는 경우에 수시로 레버를 당겨야 하고, 반자동이나 자동에 비해 힘이 많이 들어가는 경우가 많으며, 플로우미터로 인한 추출 양 세팅 및 추출의 균일성도 다소 떨어지기 때문에 대형매장이나 프랜차이즈 매장에서 사용에는 다소 적합하지 않다.

(2) 반자동 커피머신(Semi-automatic Coffee machine)

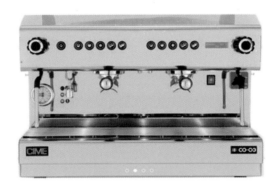

매장에서 가장 많이 사용하는 머신으로, 지렛대의 원리를 이용한 수동식과는 다르게 전자제어 부품으로 구성된 각각의 추출버튼이 내장되어 있어 버튼을 누르면 추출되는 원리이다. 플로우미터가 내장되어 있으며, 이 부품을 활용하여 각 추출버튼마다 추출양을 조절할 수 있기 때문에 수동식에 비해 편리하다. 그라인더가 별도로 필요하며, 그라인딩부터 도징, 탬핑을 직접 작업하여 커피를 추출하기 때문에 반자동 머신이라고 한다.

근래에는 반자동 머신에도 혁신적인 디자인과 보일러의 종류 및 다양한 추출변수를 조절하는 고성능의 머신까지 다양하며, 고객과의 소통과 매장 인테리어를 고려한 언더싱크 머신도 많이 보급되고 있다.

(3) 전자동 커피머신(Super automatic Coffee machine)

수동머신 및 반자동 머신과는 다르게 그라인더가 내장되어 있으며, 추출버튼을 누르면 그라인딩부터 추출까지 이루어지는 머신이다. 프랜차이즈 매장에서는 반자동 머신을 사용하는 경우도 많지만 균일한 추출과 인력 소모가 적은 장점이 있기 때문에 전자동 머신으로 교체하여 사용하거나 세팅하는 경우도 많다.

전자동 머신은 패밀리 레스토랑이나 결혼식장, 기타 오피스 등에서 주로 사용된다. 그러나 전자동 머신인 만큼 그라인더까지 내장되어 있으므로 머신 내부에 있는 메인보드부터 전자 제어프로그램들이 많이 내장되어 있기 때문에 복잡한 구조이며, 관리가 소홀한 경우가 많아 고장이 잦은 편이다.

또한 수동과 반자동 머신에 비해 보일러의 크기가 작아 커피 향미가 다소 떨어지며, 추출에 제한이 있기 때문에 고려해야 할 부분이 많다.

3) 커피머신의 보일러 역할과 기능

(1) 단일형 보일러

가장 많이 보급된 커피머신으로 그룹헤드와 핫워터 노즐에서 나오는 열수는 모두 한 보일러에서 나온다. 가격이 저렴한 편이고 유지보수도 간편한 편이지만, 과도한 열수 사용 시에는 보일러에 물 공급이 이루어지고, 찬물을 데우기 위해 보일러가 작동한다.

이때에는 보일러 안에 있는 물의 온도가 바뀌면서 그룹헤드에서 나오는 추출수의 온도가 떨어지고, 균일한 추출이 어려우며 추출력이 낮아지므로 독립보일러나 듀얼보일러에 비해 커피 향미가 다소 떨어지는 편이다.

또한 대부분은 동으로 제작된 머신들이 대부분이기 때문에 열전도율은 높지만, 쉽게 부식하고, 스케일이 잘 생기는 편이므로 보일러의 수명이 짧은 단점이 있다.

[단일형 = 일체형 보일러]

(2) 독립형 보일러

독립형 보일러는 일체형 보일러가 있고, 그룹헤드마다 전기 히팅 보일러가 내장되어 있다. 추출 시 일체형 보일러에서 나오는 열수를 그룹헤드 쪽으로 이동하면서 물의 온도가 떨어지는 것을 방지하기 위해 한 번 더 물의 온도를 데워 열수의 온도를 잘 유지시키는 형태로 이루어져 있다.

[독립형 보일러]

독립형 보일러는 그룹헤드마다 히팅 시스템이 내장되어 있으므로 그룹별 온도를 각기 다르게 설정할 수 있으며, 열수와 스팀을 사용하더라도 단일형 보일러에 비해 추출수의 온도가 잘 떨어지지 않는다는 장점이 있지만, 이 역시 추출횟수가 잦아지면 추출수의 온도는 떨어진다.

(3) 듀얼형 보일러

듀얼형 보일러는 온수와 스팀보일러, 추출전용 보일러로 구성되어 있다. 이렇게 별도로 구성된 듀얼형 보일러는 스팀과 온수를 지속적으로 사용하더라도 전용 보일러가 따로 구분되어 있으므로 추출수의 온도가 떨어지지 않고 계속 유지되는 장점이 있다. 주로 고가의 머신에 듀얼형 보일러가 내장되어 있다.

그러기 때문에 추출수의 편차가 적어 에스프레소의 편차가 가장 적으며, 보일러의 재질 역시 동보다 니켈크롬 도금이나 스테인리스 재질로 된 보일러로 만들어지기 때문에 장기적인 관점에서 동 보일러보다 부식률이 적은 편이다. 다양한 플레이버를 가진 스페셜티 커피를 사용하는 매장이나 에스프레소 추출의 빈도수가 많은 커피 매장에서는 이 머신을 추천하는 편이다.

[듀얼형 보일러]

4) 커피머신의 외부 구조와 명칭

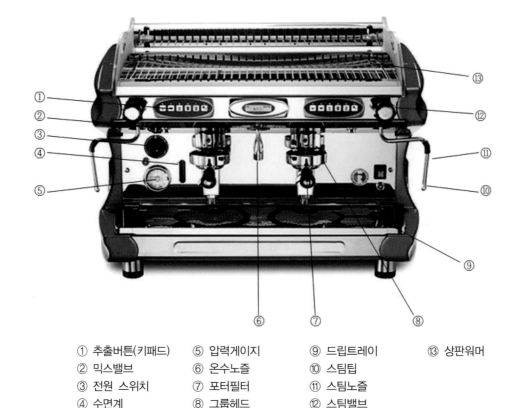

① 추출버튼(키패드)	⑤ 압력게이지	⑨ 드립트레이	⑬ 상판워머
② 믹스밸브	⑥ 온수노즐	⑩ 스팀팁	
③ 전원 스위치	⑦ 포터필터	⑪ 스팀노즐	
④ 수면계	⑧ 그룹헤드	⑫ 스팀밸브	

[커피머신의 외부 구조명칭]

(1) 커피머신 외부 구조 설명

① 추출버튼(키패드)

추출버튼(키패드)은 평균적으로 5개로 구성되어 있으며, 간혹 버튼이 6개 있는 경우도 있다.

5개의 추출버튼으로 구성된 키패드의 경우에 4개의 버튼은 사용자가 물의 양, 즉 추출 양을 임의적으로 설정하고 세팅할 수 있다. 나머지 버튼은 프리버튼이라고 하는데 프로그램 설정 역할도 한다. 이 버튼은 보통 물의 양을 따로 설정하지 않도록 되어 있는데, 간혹 이 프리버튼에서도 물의 양을 설정할 수 있는 머신도 있다.

6개의 추출버튼으로 구성된 키패드의 경우에는 위의 5개의 키패드와 구성은 같으며, 추가적으로 온수버튼이 내장된 경우가 있다. 보통 온수버튼은 온수노즐 부근에 별도로 구성되어 있는데 간혹 추출키패드에 같이 구성되어 있는 머신들도 있다.

추출버튼의 물의 양을 설정하는 방법은 프리버튼(프로그램 설정버튼)을 약 4~5초 정도 길게 누르다 보면 각 추출버튼에 LED가 점멸하거나 LCD창에 '세팅모드'라는 문구가 뜨게 되는데 이때 설정하고자 하는 버튼을 누르면 물이 나오고 사용자가 원하는 물의 양(추출 양)에 도달하면 다시 프리버튼을 눌러 설정할 수 있다. 이 설정버튼은 제조사마다 조금씩은 다르나, 설정방법은 대부분 비슷하다. 물의 양을 설정한 만큼 일정하게 나오는 이유는 바로 플로우미터에서 전기적 신호를 보내 임펠러가 회전하면서 임펠러의 회전수만큼 물의 양을 감지하여 설정되는 원리이다.

[산레모 머신사 5개의 키패드]

[BFC 머신사 6개의 키패드]

② 믹스밸브

믹싱밸브는 보일러에서 나오는 뜨거운 물에 가열되지 않은 연수를 섞어줌으로써 과열수의 온도를 낮추고, 원하는 추출수와 온수의 온도를 조절하여 맞춰주는 밸브이다.

믹싱밸브는 모든 머신에 다 설치되어 있지 않고, 제조사마다 위치가 다르며, 커피머신의 외부 또는 내부에 믹싱 밸브가 있다.

보통 추출수나 온수노즐에서 나오는 열수를 80~95℃ 사이로 조절할 수 있으며, 추출수가 너무 높거나 낮을 경우에 믹싱밸브를 사용하고, 온수노즐의 경우 온수의 온도가 너무 높을 시에(95~100℃), 온수를 배출하면 주변에 튀기 때문에 믹싱밸브를 통해 추출수와 온도를 조절하여 커피의 향미와 물의 온도를 맞추도록 한다.

[BFC머신 사의 믹스밸브(머신 외부 위치)]   [콘티X1머신 사의 믹싱밸브(머신 내부 상부위치)]

③ 전원 스위치(메인 스위치)

[버튼식 전원 스위치]   [다이얼식 전원 스위치]

커피머신 내부의 물 공급과 펌프, 보일러 히팅 등을 작동하는 메인 스위치로 전원을 공급하는 스위치이다. 전원공급 스위치는 제조사마다 커피머신의 부착된 위치가 다르며, 다이얼식 전원 스위치와 버튼식 스위치로 구분된다. 또한 스위치의 방식도 2가지로 나뉘는데, 1단 단일형 전원 스위치와 2단 전원/히팅 스위치로 구분할 수 있다.

1단 스위치는 ON/OFF로만 구성되어 있으며, 메인보드에 전원을 공급하고 펌프를 작동하여 보일러에 물을 공급하며, 각 추출버튼에도 전원이 공급됨과 동시에 보일러 히터에도 전원이 공급된다.

2단 스위치는 1단 스위치와는 다르게 전원 작동시스템과 히팅 가동시스템이 구분되어 있다.

전원 스위치가 1단에 위치하면 메인보드 전원공급, 펌프작동, 보일러 연수 공급, 추출 버튼 가동까지 작동되나, 히팅은 되지 않는다.

간혹 2단 스위치가 내장된 커피머신에서 1단 스위치만 놓고 커피를 추출할 경우 추출 수가 일반 상온으로 추출되기 때문에 유의해야 하며, 2단까지 스위치를 가동해야 히터가 가열되고 커피머신의 모든 작동이 된다.

④ 수위 게이지

커피머신의 메인 보일러에 물이 얼마만큼 채워져 있는지 육안으로 확인하는 게이지이다.

보통 보일러는 수위가 70% 정도로 유지되는데, 일반적으로는 보일러 내부의 수위를 볼 수 없기 때문에 수위 게이지를 통해 보일러에 수위가 얼마나 채워져 있는지 확인할 수 있다. 수위 게이지가 별도로 내장되어 있지 않은 머신도 있다.

⑤ 압력 게이지

커피머신의 보일러와 펌프가 구동되는 수압의 압력을 표시해주는 게이지이다.

보일러 내부의 압력은 평균 1~1.5bar를 유지하고 펌프압력, 즉 추출압력은 펌프를 가동할 때 압력은 약 8~10bar로 작동한다. 적정 범위를 벗어날 경우 커피머신 점검을 받아 조기에 조치해야 한다.

⑥ 온수노즐

온수노즐은 가열된 온수를 사용할 때 열어주는 밸브로 일반적으로 버튼식과 다이얼식으로 나뉜다. 메인 보일러의 아래쪽에 파이프 동관이 연결되어 있고, 파이프 동관을 거쳐 2WAY 솔레노이드 밸브를 통해 온수가 추출된다. 아메리카노나 따뜻한 티를 제조할 때 머신 온수를 이용하여 메뉴를 만들기도 하지만 보일러 내부의 스케일과 부식으로 인한 침전물이 나올 수 있으며, 오래된 머신일수록 수질이 좋지 않기 때문에 되도록 온수 전용 핫워터 디스펜서를 사용하는 것을 권장한다.

[온수노즐]　　　　　[온수노즐팁]

⑦ 포터필터와 필터바스켓

커피를 분쇄한 후 분쇄된 커피를 포터필터 필터바스켓에 담고 탬핑하여 에스프레소를 추출하는 추출도구로서 사용자가 가장 많이 사용하고 다루는 커피용품이다.

내부는 열 보존율과 전도율이 뛰어난 동 재질이며, 외부는 부식을 방지하기 위해 크롬으로 도금되어 있다. 보통 마감청소를 할 때 포터필터를 약품에 담가 고착된 커피 고형물을 불려 제거하는데, 하루 이상 불리면 크롬도금의 부식도 가속되어 금방 벗겨지고 물리적으로 힘이 가해진 부분 또한 더 빠르게 부식이 일어날 수 있으므로 포터필터를 약품으로 불리는 시간은 2~4시간 정도를 추천한다.

[커피머신 포터필터의 형태]

[싱글바스켓]　　　　　　　　[더블바스켓]

　　보통 1샷용 포터필터 싱글바스켓과 2샷용 포터필터 더블바스켓으로 구성되어 있다.
1샷용 포터필터 싱글바스켓은 2샷용 포터필터 더블바스켓과는 다르게 에스프레소가 떨
어지는 스파웃이 1구이며, 필터바스켓 크기 역시 작은 편이다.

　　대부분의 매장에서는 주로 2샷용 포터필터 더블바스켓을 사용하며 1샷용 포터필터
싱글바스켓을 잘 사용하지 않는 편이다. 2샷용 포터필터 더블바스켓은 에스프레소가 떨
어지는 스파웃이 2구이며, 필터바스켓 크기가 다양하다.

　　포터필터는 필터바스켓과 필터바스켓을 고정하는 필터스프링 스파웃으로 구성되어
있다. 에스프레소 추출 시 형성되는 크레마를 살리고, 질감과 향미를 살리기 위해 바텀
리스 포터필터를 사용하는 경우도 많다. 포터필터의 하단부터 스파웃까지 통과되는 이
부분에서 에스프레소의 크레마가 많이 손실되기 때문에 에스프레소의 풍미와 크레마를
최대한 얻기 위해 바텀리스 포터필터를 사용한다.

1샷용 포터필터 싱글바스켓을 사용하지 않는다면, 대신 바텀리스 포터필터를 개조하거나 주문 시 바텀리스 포터필터를 대체하여 공급받는 것을 추천한다.

재질은 스테인리스로 되어있으며, 싱글바스켓부터 더블바스켓, 트리플바스켓까지도 제작된다. 보통 제조사에서 제공되는 기본 사이즈 중에 싱글바스켓의 경우 8~10g 정도가 대부분이며, 더블바스켓의 경우 16~18g로 제작된다.

다만 더블바스켓은 사용자의 용도에 따라 14~21g까지 제작되는데 이는 원두의 절감, 에스프레소의 향미, 질감 등을 고려하여 사용하는 것이 좋다. 23~24g도 제작되어 나오는데 이는 트리플바스켓이라고도 불린다.

[바텀리스 포터필터]

※ VST 필터바스켓과 IMS 필터바스켓

● VST 필터바스켓

VST 필터바스켓은 Voice Systems Technology의 약자로서, 커피굴절계를 개발한 회사에서 제작한 필터이다. VST 필터바스켓은 일반 필터바스켓과 비교했을 때 상단부와 하단부의 지름이 동일하다. 반면 일반 필터바스켓은 상단 부분이 넓고 하단부분이 좁아지는 형태이기 때문에 VST 필터바스켓이 추출되는 타공의 개수가 많으며 이러한 형태로 인해 저항이 낮은 편이다.

이러한 필터의 특성상 미분의 양이 적어지고, 같은 커피의 양을 담는다 하더라도 더 높은 농도를 구현해낼 수 있는 장점이 있다.

[VST 필터바스켓]

○ IMS 필터바스켓

IMS 필터바스켓은 Industria Materiali Stampati의 약자로, 1929년에 필터타공 기술이 발명된 이후 1946년에 IMS라는 회사가 이탈리아 북부인 파비아에 설립하면서 제작한 필터이다. VST 필터바스켓에 비해 바스켓 타공 개수가 적으며 바스켓이 상단부에서 하단부로 내려갈수록 둥글고 좁아지는 형태로 설계되어 있다. IMS의 타공 형태는 아래로 넓어지는 형태인 코니컬 형태로 제작되기 때문에 커피를 더욱 안정적으로 추출할 수 있다.

[IMS 필터바스켓]

⑧ 그룹헤드

포터필터와 직접적으로 결합되는 부위로, 에스프레소 커피머신의 중요한 메인 부품이기도 하다. 보일러에서 가열된 열수가 열교환기를 통하여 3way 솔레노이드 밸브를 통해 그룹헤드에 샤워홀더, 샤워스크린을 거쳐 최종적으로 추출된다. 에스프레소 커피머신에서 사용자가 각별히 관리를 해야 하는 부품이다.

[샤워스크린]

[그룹헤드 가스켓]

○ 그룹헤드의 구성요소 및 관리

그룹헤드는 샤워홀더와 샤워스크린, 그룹헤드 가스켓, 지글러로 구성되는데, 지글러의 경우 지글러 망에 스케일이 축적되기 때문에 주기적으로 지글러에 고착된 스케일을 제거해야 균일하게 추출할 수 있다.

그룹헤드와 결합되는 포터필터는 커피파우더를 담는 곳으로 커피 추출 시 그룹헤드의 샤워스크린과 가스켓에 커피 찌꺼기 및 커피 고형물, 커피오일 등 커피 잔여물들이 접촉하기 때문에 수시로 열수를 배출해주고 그룹헤드에 붙어있는 샤워스크린과 가스켓 청결 및 관리에 신경 써야 한다.

에스프레소 커피머신은 그룹헤드가 있는 수량에 따라 1그룹 머신, 2그룹 머신, 3그룹 머신 4그룹 머신으로 나뉘며, 그룹헤드의 수량에 따라 보일러의 크기가 달라지고 플로우 미터와 열교환기, 솔레노이드 밸브도 수량이 늘어가기 때문에 1그룹 커피머신에서 4그룹 커피머신까지는 가격 차이가 큰 편이다. 그룹헤드의 수량이 많은 만큼 전자제어장치 등이 늘어나기 때문에 고장 비율도 높아지며, 수리비 역시 더 커지게 되므로 각별히 더 관리하고 신경 써야 한다.

평균적으로 그룹헤드의 지름은 커피머신 제조사마다 각기 다르며, 53~58mm 정도로 다양한 편이다. 보편적으로 가장 많이 보급되는 그룹헤드의 지름은 58mm가 가장 많다. 샤워스크린과 가스켓 같은 소모품을 구매하여 자가 교체 시에는 사용자의 커피머신에 해당하는 그룹헤드의 지름 사이즈를 확인한 후 구매하여야 한다.

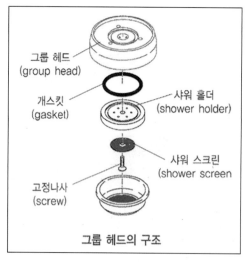

[그룹헤드]

◎ 그룹헤드의 재질

그룹헤드는 열을 보존하기 위해 보통 두껍게 제작되며, 열전도율과 보존이 뛰어난 동을 사용하여 에스프레소 커피머신의 내부를 만든다. 그러나 동은 뜨겁게 가열된 물에 의해 생성되는 스케일이 잘 발생하고, 부식률이 높으므로 이를 방지하기 위해 크롬으로 도금한다.

⑨ 드립트레이

그룹헤드에서 나오는 열수와 에스프레소 커피 추출 후 커피의 잔여물을 받아내는 곳으로 에스프레소를 추출할 때 커피 잔이나 다양한 컵을 놓는 받침대 역할을 한다.

드립 트레이에는 열수 및 커피의 잔여물이 빠져나갈 수 있는 홀이 하나 있는데, 커피머신 제조사마다 홀의 위치와 지름이 각기 다르다. 드립 트레이에 홀이 있는 부분 아래에는 커피 잔여물을 받아내는 드레인 박스가 있으며, 드레인 박스에 배수호스가 연결되어 배수가 이루어진다. 드립 트레이 밑에 위치한 드레인 박스에는 커피 찌꺼기와 고형물이 자주 끼기 때문에 머신약품과 열수를 이용하여 수시로 청소해야 하며, 간혹 커피머신을 무리하게 이동하거나 충격을 가해 드레인 박스가 손상되면 누수되므로 드립 트레이와 드레인 박스를 잘 관리해야 한다.

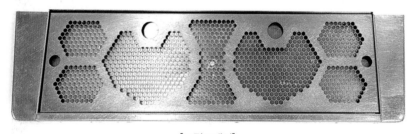

[드립트레이]

⑩ 스팀팁과 스팀노즐

[스팀노즐]

[스팀분사구의 각도가 다른 2개의 스팀팁]

메인 보일러에서 물을 가열하여 생성된 증기는 밸브를 통해 분출하는데, 스팀을 사용하거나 우유를 가열하고 스티밍을 통해 거품을 형성시킬 때 주로 사용된다. 이 역시 온수밸브와 같은 구조로 되어 있는데 2way 솔레노이드 밸브는 따로 있지는 않으며, 메인보일러 내부에는 평균적으로 온수가 70%, 증기(스팀)가 30%로 채워져 있기 때문에 보일러의 상부 부근에 파이프동관이 연결되어 있다.

스팀밸브는 스팀노즐과 스팀팁이 구분되어 있으며, 스팀팁의 경우 제조사마다 스팀팁의 형태, 분사구의 개수와 지름사이즈, 스팀팁 분사구의 각도가 각기 다르기 때문에 온도상승률과 공기주입의 강도, 스티밍의 회전력 역시 다르다.

원활한 우유스티밍 작업과 벨벳 같은 밀크를 만들기 위해 스팀압력을 따로 조정하기도 하지만 스팀팁을 교체하는 것도 좋은 방법일 수 있다.

스팀노즐은 우유를 데우거나 우유스티밍 작업을 하는 데 사용하므로 스팀노즐과 스팀팁 관리가 중요하다. 우유는 40도 이상 가열하면 응고하는데 스팀노즐 내부에도 우유 잔여물이 고착되어 있으며, 특히 스팀팁 분사구에도 고착되어 분사능력이 저하되거나 완전히 막혀 스티밍이 되지 않기도 한다.

스팀노즐과 스팀팁 관리는 정기적으로 분리하여 스팀노즐 내부를 전용 막대솔로 문질러 고착된 우유 잔여물을 제거하고, 스팀팁은 주기적으로 얇은 송곳이나 핀으로 스팀분사구를 뚫어주고, 세제를 이용하여 100℃의 끓는 물에 담가 고착된 우유 잔여물을 제거하고, 우유로 인한 이취와 위생관리에 신경 써야 한다.

⑪ 스팀밸브

스팀밸브는 스팀을 분출하거나 우유스티밍 작업이 필요할 때 사용하는 부품이다. 크게는 레버형 스팀밸브와 핸들형 스팀밸브로 나뉜다. 레버형 스팀밸브는 레버를 올리면 스팀이 분사되고 내리면 작동이 멈추는 방식이고, 핸들형 스팀밸브는 반시계방향으로 돌리면 스팀이 분사되고 시계방향으로 돌리면 스팀이 멈추는 방식이다.

커피머신의 스팀밸브는 각 커피머신의 제조사마다 작동방법과 핸들이 방향이 다를 수 있으므로 처음 사용할 때에는 조작이 필요하며, 밸브를 작동할 때 너무 강한 힘을 주면 레버 안쪽 부분이 균열이 가거나 파손될 수 있으므로 주의해야 한다.

[레버형 스팀밸브]

[핸들형 스팀밸브]

⑫ 상판워머(컵워머)

머신 상부에 머그잔이나 기타 사기잔 등을 올려놓는 상판으로 강한 열을 발생하는 보일러에서 생기는 대류열에 의해 전달되어 머신 상판은 따뜻하게 유지된다. 따라서 따뜻한 메뉴를 제공할 때 사용하는 잔을 이 상판에 올려서 예열한다.

간혹 상판 워머 바로 밑에 따로 히터열선이 부착된 머신도 있으며, 이곳에 먼지가 자주 쌓이고 물이나 기타 잔여물이 들어가면 머신 내부에 장착된 전자제어 부품들이 오류가 나거나 합선, 작동에 문제가 발생할 수 있으므로 이 부분에는 물이 들어가거나 기타 잔여물이 들어가는 것을 주의해야 한다.

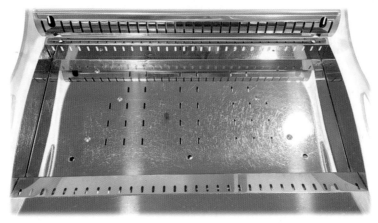

[상판워머판]

5) 커피머신의 내부 구조부품과 기능

(1) 메인보드

메인보드는 커피머신의 핵심부품으로 커피머신의 뇌를 담당한다고 할 수 있다.

커피머신 내부에 있는 부품들은 머신에서 작동하는 부분이 다르다. 따라서 각 부품에서 메인보드에 신호를 전파하면 메인보드는 그 신호를 읽고 전달하여 머신 부품의 역할을 작동시키는 전자회로 부품이다. 메인보드에는 기판에 다양한 IC단자, 즉 케이블 연결 단자들이 있고, 저항 및 메모리 칩, 다이오드 등 전자회로 부품들이 존재하는데 이곳에 물이 닿거나 과부하가 걸리면 메인보드가 망가지고, 머신 작동에 치명적인 문제가 되므로 합선이나 전기공급에 유의해야 한다.

커피머신 상부 상판에는 일정한 크기로 뚫린 타공 처리가 된 상판으로 구성되어 있는데, 이는 보일러에서 발생하는 열을 방출시킴으로써 커피머신의 부품과 메인보드의 과열 및 과부하를 방지한다.

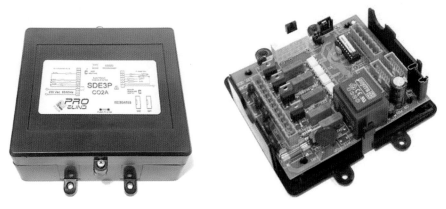

[커피머신의 메인보드]

(2) 펌프

커피머신 펌프는 커피머신 밖 급수에서 정수필터를 통해 유입되는 물을 끌어당겨 커피머신 내부의 보일러에 물을 공급하고, 물의 수압을 8~10bar로 끌어올리는 역할을 한다.

펌프는 펌프헤더와 펌프모터로 구분되는데 펌프모터에는 콘덴서가 있으며, 콘덴서에 전기적 신호를 보내 모터가 구동할 수 있게 해준다. 펌프헤더는 펌프모터와 결합되어 있는데 펌프모터가 작동하면 펌프헤드도 함께 돌아가며 펌프헤드에 물이 통과되고, 물이 통과되면서 물의 수압이 8~10bar로 올라가는 원리이다.

또한 펌프헤드에서 추출되는 압력을 임의적으로 조절할 수 있는 조절 다이얼이 붙어 있다. 간혹 펌프에서 이상한 굉음이 발생하고 추출이 되지 않는 경우가 있는데 이는 단수되었거나, 수도밸브가 잠김, 또는 정수필터에서 헤드가 잠겨있는 경우가 대부분이며, 간혹 헤드가 막히는 경우에도 이러한 굉음이 발생한다.

이는 물 공급이 원활하게 되지 않는 경우이며, 이러한 경우가 잦거나 지속되면 펌프에 무리가 가고 고장의 원인이 되므로 주의가 필요하다.

[펌프헤드]

[펌프모터]

(3) 압력스위치

압력스위치는 히터코일에 전기적 신호를 전파하여 보일러를 가열한다. 보일러 내부에 물을 가열함으로써 증기가 형성되며 압력스위치에 내장된 스프링 압력에 의해 작동하는 부품이다. 보일러 내부의 압력을 감지하여 조절하고 보통 1~1.5bar의 적정압력을 유지하는 장치이다.

[압력스위치]

압력스위치가 불량 또는 고장으로 인해 작동되지 않으면 보일러 가열에 문제가 생기고 스팀이 형성되지 않는다.

(4) 전기히터

압력스위치에서 전기적 신호를 보내면 보일러히터는 가열하기 시작한다. 보통 보일러히터 장치는 최대 350도까지 발열된다. 커피머신의 히터는 동 재질이 대부분이며, 스테인리스 재질로도 보급되기도 한다.

[전기히터 = 전열기]

히터방식은 보통 수식히터이며, 수식히터 방식은 물속에서 발열하여 물을 데워주는 원리이다. 히터는 물속에 잠겨있어 곰팡이가 발생하는 경우가 적다. 다만 물을 가열하면 물속에 있는 탄산칼슘과 마그네슘, 칼슘 등 이러한 성분이 히터에 달라붙게 되고, 이로 인한 스케일이 발생하게 되는데 정수필터의 성능 및 수질에 따라 스케일이 생성되는 양도 각기 다르다.

그러므로 연수기 청소와 주기적으로 정수필터를 교체함으로써 보일러 내부에 스케일이 생성하는 것을 억제하는 관리를 해야 하며, 이는 커피머신의 발열성능 및 추출수의 온도유지, 수질에 따라 커피의 향미에도 영향을 주므로 보일러 히터관리를 잘 해야 한다. 커피머신의 유지관리 및 수질관리, 커피의 향미유지를 위해 커피머신에 사용되는 수질을 많이 신경 쓰는 커피매장도 많으며, 스케일을 제거하는 장치와 물의 이취를 제거하고 녹물을 제거하는 전처리 필터를 함께 사용함으로써 히터관리 및 수질 개선효과를 볼 수 있다.

(5) 과열방지 바이메탈

과열방지기는 전기히터 내부의 온도를 감지하는 열선 감지형과 보일러 외부에 부착하는 외부 부착형 이 두 종류로 분류된다. 커피머신에서 하나의 안전장치이며, 전기히터가 열수를 데우면서 보일러의 온도는 지속적으로 올라가게 되는데 적정온도인 120℃를 초과하여 평균 130~140℃에 도달하면 전기히터로 공급되는 전력을 차단한다.

　　과열방지기는 종류마다 위치가 다른데 보일러 옆면에 부착되어 있거나 전원분배기 근처에 위치한다.

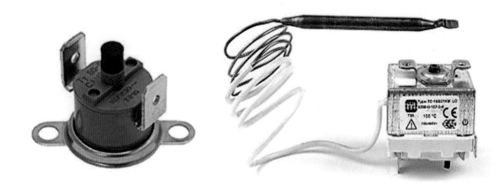

[과열방지 바이메탈]

(6) 수위감지기

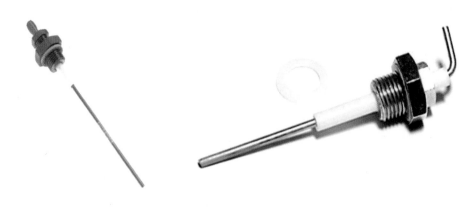

[수위감지기]

　　메인 보일러의 위쪽에 부착된 부품으로 수위감지봉 또는 수위조절 센서라고도 한다. 보일러 내부는 평균 열수 70%, 증기 30%로 채워져 있다. 전도성 액체인 물(열수)가 담긴 보일러 안에 수위 감지기(전극봉)와 보일러 사이에 교류전류를 흘려보내 보일러 내부의 수위를 조절하는 원리로 이루어진다.

수위감지기는 물의 접촉 여부에 따라 전류의 흐름을 제어하는데, 보일러 내부의 수위가 내려가고, 스테인리스 재질로 된 수위감지봉 끝부분에서 물이 감지되지 않으면 전자제어장치(메인보드)에 신호가 가며 신호를 통해 펌프가 가동되면서 물을 보충해준다.

물을 보충하다가 수위감지봉을 감싼 부분(교류차단 부분)에 도달하면, 물 공급이 멈추는데, 이 시점이 보일러의 70% 정도 수위이다. 이러한 원리로 보일러의 내부의 수위를 유지하는 것이다.

다만 센서에도 스케일이 발생하기 때문에 스케일로 인한 센서 불량이 나타날 수 있으므로 주의해야 한다.

(7) 진공방지기(에어밸브)

[진공방지기(에어밸브)]

진공방지밸브 또는 에어밸브라고도 하며, 커피머신의 보일러 내부의 공기는 바깥으로 방출하고, 외부에 있는 공기는 들어오지 못하게 차단함으로써 보일러 내부의 수축과 팽창을 방지하는 부품이다. 즉 커피머신을 작동하면 전원공급과 동시에 보일러 내부의 히터를 통해 물이 가열되고 증기가 발생하면서 압력이 발생하는데 보일러에 남아있던 공기는 진공방지기를 통해 바깥으로 빠져나가게 된다.

이때 진공방지기는 물의 가열로 인해 생성된 증기가 유출하지 않게 하며, 외부에 존재하는 공기가 유입되지 않도록 막아주는 역할을 한다. 또한 커피머신을 차단하여 보일러가 작동하지 않는 냉간 시에는 보일러 내부의 스팀압력이 떨어지고 증기가 줄어들면서 발생하는 보일러의 진공상태를 방지하는 역할을 한다.

　　진공방지기도 수위감지봉과 마찬가지로 보일러 상부에 위치하며, 진공방지기에 핀이 달린 것을 볼 수 있는데 보일러 내부에 증기가 채워지면 핀이 위로 올라가고, 냉간 상태에서는 핀이 내려간다.

(8) 과압력 방지 밸브(릴리프 밸브)

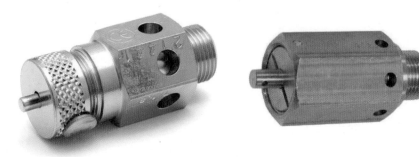

[릴리프 밸브=과압 방지 밸브]

　　과압력 방지 밸브 또는 릴리프 밸브라고도 하며, 히터가 보일러 내부의 열을 가하게 되면 압력이 형성되는데 보일러에 증기압이 적정기준 이상 초과하여 과압이 발생할 때 작동하는 안전밸브 중 하나이다.

　　보통 보일러 내부의 압력은 1~1.5bar를 유지하는데 1.8~2bar 이상 초과하게 되면 스프링이 압축되면서 밸브가 작동하고, 보일러 내부의 과압이 형성된 압력을 배출함으로써 적정 압력을 안정적으로 유지하는 원리이다. 평소에는 작동하지 않으며, 과압이 발생한 경우에만 작동한다. 이 밸브가 자주 발생하면 커피머신에도 영향이 미칠 수 있으므로 압력스위치나 과열방지기 등을 점검하거나 AS를 요청하여 조치하는 것이 바람직하다.

(9) 유량계(플로우미터)

　　연수필터를 통해 커피머신으로 물이 유입되고, 유입된 물은 펌프헤드를 통해 평균적으로 9bar의 수압으로 바뀐다. 이 수압은 바로 유량계를 거쳐 물을 통과시키는데, 이때 플로우미터 안에 있는 임펠러가 회전하면서 물의 흐름을 감지하고 회전 수에 따라서 물의 양을 조절하는 부품이다.

이를 통하여 커피 추출 양을 조절하고, 각 커피머신에 있는 추출세팅 버튼을 통하여 세팅 값을 입력할 수 있다. 플로우미터는 본체와 유동자석(임펠러) 센서로 구성되어 있으며, 임펠러 상부에 두 개의 자석, 케이스 외부에 픽업코일이 설치되어 있다.

플로우미터에는 물의 통과방향이 화살표로 표기되어 있고, 인입측 구멍이 토출측 구멍보다 작게 설계되었으며, 플로우미터에서의 작동원리는 물이 통과할 때 유동자석(임펠러)이 회전하면서 자력이 발생하는데, 발생한 자력은 상부의 센서에 감지되면서 메인보드에 전달된다. 이렇게 센서에 감지된 값만큼 물의 양이 측정되어 커피를 추출할 수 있는 원리이다.

커피가 빠르게 추출되면 임펠러 회전이 빨라지고 커피가 느리게 추출되면 임펠러 회전이 느려지며, 플로우미터에 이상이 생길 경우 인입측 또는 토출측 부분과 유동자석(임펠러) 부분에 스케일이 축적되어 추출 양에 오류나 편차가 생기고, 전기적 신호가 흐르는 연결단자에 물이 들어가게 되면 누전으로 고장이 나므로 누전이 되지 않도록 유의하고, 스케일 발생을 방지할 수 있도록 필터관리 및 수질관리가 필요하다.

[유량계=플로우미터]

(10) 솔레노이드 밸브

물의 흐름을 통제하는 전자밸브 부품으로, 플로우미터와 마찬가지로 전기적 신호로 플런저의 개폐를 제어하여 물을 통과하거나 차단하는 역할을 한다.

물이 공급되어 배출되는 그룹헤드나 온수노즐에 솔레노이드 밸브가 부착되어 있다. 솔레노이드 밸브는 2way 솔레노이드 밸브와 3way 솔레노이드 밸브로 나뉜다.

[3way 솔레노이드 밸브]

[2way 솔레노이드 밸브]

[3way 솔레노이드 밸브]

① 2way 솔레노이드 밸브

온수 배출이나 보일러 탱크의 물 공급에 부착되어 있으며, 전기가 공급되면 코일에서 발생하는 전자력으로 플런저를 끌어올려 물을 통과시키고, 전기가 차단되면 플런저 스프링이 다시 원위치하면서 공급되는 물을 차단한다.

② 3way 솔레노이드 밸브

커피머신의 그룹헤드 부근에 부착되어 있으며, 2way 솔레노이드 밸브와 비슷한 구조이나 그룹헤드와 바스켓 사이의 잔존하는 압력과 잔여물을 내보내는 또 하나의 배출라인이 있어 3way 솔레노이드 밸브라고 한다.

그룹헤드에서 내보내진 열수가 통과되고 전기가 차단되면 플런저 스프링이 다시 원위치하면서 차단되는데, 이때 그룹헤드와 바스켓 사이의 공간에 남아있는 압력과 잔여물을 안전하게 배출하는 원리이다.

(11) 과수압 방지 밸브

커피머신 부품 중 하나의 안전밸브이며, 익스팬션 밸브라도고 불린다. 보통 커피머신에 공급되는 수압은 8~10bar 정도인데, 물이 공급되는 수압이 11~12bar 이상 되면 작동하는 부품이다. 이때 과수압 방지 밸브가 열리면서 과도하게 올라간 압력을 낮춰 정상범위로 유지하는 역할을 한다.

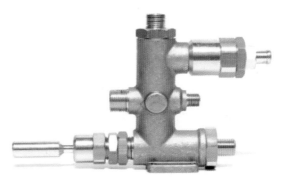

[과수압 방지 밸브=익스팬션 밸브]

과수압 방지 밸브는 평상시에는 대기 상태로 있다가 과수압이 걸렸을 경우에만 작동한다.

(12) 역류방지 밸브

보일러에서 가열된 열수가 역류하여 펌프로 흘러 유입되지 않도록 막아주는 밸브이다.

역류방지 밸브에 문제가 생기면 물이 역류하고 처음 추출한 커피와 그 이후의 추출이 달라진다. 이러한 경우에는 펌프헤드까지 문제가 생길 수 있으므로 역류방지 밸브에 이상이 생기면 커피머신 수리 전문업체에 의뢰하여 점검받는 것이 좋다.

[역류방지 밸브]

6) 커피머신 추출 세팅 및 청소 유지관리

(1) 커피머신 추출 세팅의 이해와 세팅 방법

커피머신의 추출 양 세팅은 매장을 운영하는 카페에서는 필수항목으로 그룹헤드와 온수노즐에서 나오는 추출 양, 즉 물의 양을 사용자가 세팅한 양만큼 자동으로 추출되고 원하는 양에 도달하면 자동으로 종료된다.

이런 원리는 커피머신 내부의 메인보드와 플로우미터(유량계)의 부품에 의해 설정되는데, 메인보드에서 메모리 기능을 하고, 플로우미터 내부 부속의 유동자석인 임펠러의 회전수만큼 물의 양을 감지한 후 통과시키는 기능을 한다.

조금 더 쉽게 설명하자면, 셀프주유소에서는 원하는 금액이나 양만큼 주유할 수 있는데 주유를 하게 되면, 주유기 본체 내부에 보이는 투명액체 속 임펠러가 돌아가는 것을 볼 수 있다. 임펠러의 회전 수만큼 양이 나오는데 그 원리랑 같다.

각각의 추출키패드에 추출 양을 세팅할 때에는 포터필터에 담기는 커피의 양이 동일한 조건이 성립되어야 한다. 커피의 양이 각기 다르면 추출시간과 추출속도가 달라지는데, 이렇게 되면 편차가 심할수록 세팅을 한다 하더라도 달라질 수 있으므로 사용자는 세팅 시 분쇄 커피의 양을 동일하게 해주는 것이 좋다.

그럼 커피머신의 추출 양을 세팅하는 방법을 알아보도록 한다.

① 키패드의 프리(설정) 버튼을 3~5초
정도 길게 누른다. 길게 누르고 있으
면 키패드의 LED가 점멸하거나 LED
창에 세팅 모드의 전환표시가 뜬다.

② 원하는 버튼 키를 클릭하면 추출이
되는데 사용자가 세팅하고자 하는
양에 도달할 때까지 기다린다.

③ 양이 도달되었으면 세팅하였던 버튼
키를 다시 눌러 추출을 종료한다.

④ 프리(설정) 버튼을 눌러 입력을 완
료한다. (제조사마다 세팅방법이 약
간씩 다르므로 매뉴얼을 참고한다)

(2) 커피머신 청소 및 유지관리

① 포터필터를 분리 후 먼저 그룹헤드 (가스켓, 샤워필터)를 그룹헤드용 청소솔을 이용하여 깨끗하게 문질러 잔여물을 제거한다.

② 사전 워싱작업 후 블라인드 필터로 교체하여 커피머신 약품을 담은 후 그룹헤드에 결합한다. 클리닝모드(연속 버튼을 누른 상태에서 1번 추출 버튼 클릭)로 작동시켜 클리닝한다.

③ 약 3~5분 정도 클리닝모드가 작동되고, 작동이 끝나면, 1회 더 클리닝 모드를 실시하여 내부에 잔존하는 커피 찌꺼기와 약품 잔여물들을 말끔히 제거한다.

④ 커피머신 약품청소가 끝나면 포터필터와 드립트레이를 분리하여 깨끗하게 청소한다.

7) 보조 기계 관리법

(1) 제빙기 청소 및 유지관리

제빙기는 식품 및 식음료를 다루는 모든 공간에서 필수 장비이다. 다만 제빙기 청소는 다소 까다롭고 장비의 분해와 조립 때문에 청소 및 위생관리를 매우 소홀히 하는 경우가 많다. 실제로 관리를 소홀히 한 제빙기의 내부를 보면 물때와 곰팡이가 서식하는 경우가 대부분이며, 찌꺼기가 끼어있는 경우도 많다. 심지어는 날파리나 벌레 사체가 있는 경우도 있다. 그러므로 정기적인 위생관리와 청소는 필수이다.

처음에는 어려울 수 있으나 한번 분해하여 청소해보면 그리 어려운 것은 아니며, 여름철의 경우 세제 및 알코올을 이용한 제빙기 내부 간단 청소는 주 1회, 겨울철에는 2주에 1회를 하며, 분해청소의 경우는 적어도 월 1~2회는 실시하여야 한다.

또한 얼음 사용 시 얼음스쿱은 제빙기 내부에 두면 오염이 가속화되기 때문에 분리해서 보관해야 한다. 얼음스쿱은 하루에 수회, 주기적으로 세척하여 오염을 방지한다면 제빙기 위생관리를 더욱 효율적으로 할 수 있으므로 얼음스쿱 관리도 중요하다.

다음에서 제빙기를 청소하는 과정을 살펴보도록 한다.

① 제빙기 청소 전 전원을 끈 다음, 제빙기 내부의 얼음을 모두 제거한다.

② 워터커튼을 분리하고 다음으로 얼음 경사판을 분리한다.

③ 워터 노즐부를 분리 후 각 부품을 부드러운 수세미나 솔을 이용하여
　세제로 닦아준다.

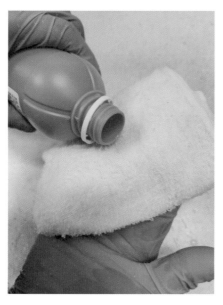

④ 세제 작업 후 깨끗하게 물로 헹군다. 그리고 깨끗한 천에 알코올을 묻
　혀 부품을 소독한다.

⑤ 제빙기 내부도 알코올 행주로 닦아 소독 후 분해했을 때의 순서와 반대로 부품들을 조립한다.

⑥ 잘 마르도록 1시간 정도 건조한 뒤 제빙기를 가동하여 얼음을 생산한다.

＊ 제빙기 용량의 20% 정도가 생산된 얼음은 사용하지 않고 버린 후 이후 생산된 얼음부터 사용하는 것을 권장한다.

(2) 블렌더 청소 및 유지관리

블렌더도 제빙기와 마찬가지로 식음료 업장에서 많이 사용하는 장비 중 하나로, 특히 음료가 직접 닿는 블렌더 볼의 청소가 제대로 이루어지지 않으면 곰팡이 서식과 악취가 발생하므로 위생관리가 매우 중요하며, 블렌더의 올바른 청소법을 알아보도록 한다.

① 먼저 블렌더 볼을 부드러운 수세미를 이용하여 세제로 볼을 닦아준 후 물로 세척한다.

② 볼에 미온수 1L에 머신 세정제 5g 정도를 넣고 블렌더를 작동하여 30초 정도 세정한다.

③ 세정작업 후 흐르는 물에 여러 번 세척하고 블렌더 볼에 미온수 1L를 다시 넣고 워싱한다.

 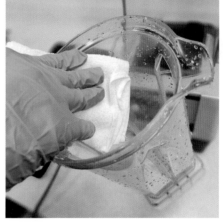

④ 미온수 세척 워싱작업은 2~3회 약 20~30초 정도 진행한다.

⑤ 마지막으로 깨끗하게 건조한다. (이렇게 건조한 블렌더는 지방질을 포함한 잔여물까지 말끔히 제거되기 때문에 건조 후 블렌더 볼에서 발생하는 악취를 예방할 수 있다.)

2   커피그라인더

1) 에스프레소 커피그라인더의 구조 및 명칭

① 호퍼
② 호퍼게이트(투입레버)
③ 분쇄입자조절판
④ 도저
⑤ 도저레버(배출레버)
⑥ ON/OFF 전원스위치
⑦ 포터필터 거치대
⑧ 그라인더 받침대

(1) 호퍼

원두를 담는 통으로 제조사마다 호퍼의 용량과 형태가 각기 다른데 평균 1~2kg의 용량을 사용한다. 호퍼는 원두가 보관되는 곳이므로 관리해야 하는데, 원두의 신선함을 유지하고 공기와 습기의 접촉, 먼지 유입을 차단하기 위해 호퍼 뚜껑을 항시 닫아놔야 한다. 또한 원두의 오일과 원두에서 나오는 미세가루가 호퍼에 묻어있기 때문에 주기적으로 호퍼를 깨끗하게 닦아 잘 건조해야 한다.

호퍼를 닦을 때에는 철수세미와 같은 거친 수세미를 사용하는 것보다 잔기스가 생기지 않도록 부드러운 수세미로 잘 닦아주어야 한다.

(2) 호퍼게이트(투입레버)

보통 호퍼에서 원두를 빼내어 다른 곳에 보관할 때 쓰이며, 바깥쪽으로 잡아당기면 투입구가 열리고 밀어 넣으면 투입구가 닫히는 형태로 되어 있다. 다만 제조사에 따라서 그 반대인 경우도 있으므로 사용자가 잘 확인해야 한다.

(3) 분쇄입자조절판(메쉬)

분쇄입자조절판에는 보통 숫자가 적혀있는데 숫자가 커지는 방향으로 돌리면 입자가 굵어지고 숫자가 작아지는 쪽으로 돌리면 입자가 가늘어진다. 정확한 원리는 시계방향으로 돌리면 버(Burr)의 간격이 벌어지면서 입자가 굵어지며, 시계 반대방향으로 돌리면 버(Burr)의 간격이 좁아지면서 입자가 가늘어지는 원리이다. 이 역시 제조사마다 조금씩 다르기 때문에 사용자가 직접 조정하여 분쇄입자가 굵고 가늘어지는 방향을 정확히 판단하고 조정해야 한다.

(4) 도저(도징챔버)

분쇄되는 원두가루를 담아내는 통으로 도저(도징챔버) 내부에는 6개의 분할판, 분할판과 이어진 도저레버로 구성되어 있다. 원두가루가 포터필터로 배출되는 원리는 분쇄된 원두가루를 배출하기 위해 도저레버를 한 번씩 당길 때마다 도저 내부에 있는 6개의 분할판이 한 칸씩 이동하면서 도저 바닥 토출구 쪽으로 밀어보내는 원리이다. 레버를 너무 강한 힘으로 하거나 너무 빠르게 담을 경우 도저 내부의 분할판이 헛돌게 되며, 도저 내부의 분할판을 움직이는 도저레버의 스프링이 파손되거나 불량이 날 수 있으므로 사용자는 이 부분을 유의해야 한다.

(5) 도저레버(배출레버)

도저(도징챔버)의 오른쪽에 위치하며, 도저레버를 앞으로 당기면 분할판이 한 칸씩 이동하면서 원두가루를 배출하게 하는 장치이다.

(6) ON/OFF 전원 스위치

그라인더를 작동시키는 전원 스위치로 ON으로 하면 전력공급과 함께 그라인더 내의 모터가 회전하면서 커피원두를 분쇄한다. 간혹 작동을 하지 않을 때가 있는데 전원이 차단되거나 누전, 정전되었는지 확인해야 하고, 간혹 그라인더에 내장된 콘덴서가 소모된 경우 모터가 작동되지 않기 때문에 정기적인 검사가 필요하다.

(7) 포터필터 거치대

원두가루를 포터필터에 담을 때 움직임이 크면 원두가루를 제대로 담기지 않고 흘릴 수 있기 때문에 정확한 도징을 위해 포터필터를 고정해 주는 장치이다.

(8) 그라인더 받침대

포터필터에서 떨어지는 커피 잔여물이나 그라인딩 후 커피를 받아낼 때 일부 떨어지는 가루를 받아주는 받침대이다. 또한 작업대의 오염을 방지해주기도 한다.

2) 커피그라인더의 종류

커피그라인더의 종류는 크게 핸드그라인더(핸드밀)와 자동그라인더로 구분된다.

(1) 핸드그라인더

맷돌의 원리를 이용하여 제작된 방식으로 주로 원추형(코니컬) 날로 구성되어 있으며, 이러한 칼날이 달린 손잡이를 사용자가 직접 돌려서 원두를 분쇄하는 방식이다.

핸드그라인더는 제조사마다 재질과 형태가 각기 다른데 대부분은 우드재질이며, 스테인리스와 아크릴 재질도 많다. 핸드그라인더 날은 주로 주철과 세라믹으로 구분된다.

핸드그라인더는 상부 나사, 핸들 손잡이, 스토퍼, 와셔, 분쇄조절 나사로 구성되어 있으며, 중앙 부분에 분쇄조절 나사 축이 있는데 이 나사 축은 커피의 분쇄도를 조절할 수 있으므로 사용자가 추출에 맞게 나사 축을 조절하여 분쇄도를 맞출 수 있다.

핸드그라인더는 간편하게 휴대할 수 있으며, 별도의 전기 없이도 분쇄할 수 있기 때문에 공간 활용과 보관이 용이하지만 사용자가 직접 분쇄해야 하기 때문에 시간과 힘이 많이 드는 단점이 있어 커피를 자주 분쇄해야 하는 경우에는 적합하지 않다.

① 핸들손잡이

② 상부 나사

③ 스토퍼

④ 와셔

⑤ 분쇄조절 나사

⑥ 원추형 날

⑦ 커피가루받이 서랍

(2) 자동그라인더

자동그라인더는 전력을 가동하여 그라인더 내부에 내장된 모터의 힘으로 빠르게 원두를 분쇄하는 방식이다.

자동그라인더는 크게 드립용 그라인더와 에스프레소용 그라인더로 구분되며, 드립용 그라인더와 에스프레소용 그라인더 모두 사용되는 혼합용 그라인더도 별도로 제작된다.

① 드립용 그라인더

주로 핸드드립 추출이나 기타 가정에서 드립커피를 추출할 때 사용되며, 컵 테이스팅 시에도 사용되는 그라인더로 가정용 그라인더와 상업용 그라인더로 나뉘게 된다.

[가정용 그라인더]　　　　　[상업용 그라인더]

② 에스프레스용 그라인더

에스프레소 커피머신과 함께 사용되는 그라인더로 전자동 그라인더와 반자동 그라인더로 나뉜다. 전자동 그라인더는 버튼을 누르면 설정한 시간만큼 커피원두가 분쇄되어 별도의 도징챔버 없이 포터필터 필터바스켓에 바로 분쇄된 커피를 일정한 양으로 담을 수 있다. 또한 고가의 장비는 그라인딩할 때 발생하는 열을 최소화하기 위해 별도의 냉각팬이 내장되기도 한다.

반자동 그라인더는 분쇄되는 시간을 설정하는 시스템이 없으며, on/off 스위치를 통하여 커피가 분쇄되고 분쇄된 커피는 도징챔버에 담겨 사용자가 도징챔버에 달린 레버를 당겨 수동적으로 담는 방식이다.

반자동 그라인더와 자동 그라인더의 날의 형태가 같으면 반자동 그라인더가 가격이 저렴한 편이다. 다만 반자동 그라인더는 도저에서 분쇄된 커피를 담을 때 원두가루가 버려지는 단점이 있으며 장기 사용 시 도징챔버의 스프링 손상으로 인해 레버가 고장이 나는 경우가 종종 발생한다. 또한 커피 분쇄량이 일관되지 않기 때문에 매장에서 사용하

는 것은 추천하지 않는 편이며, 주로 교육을 진행하는 교육기관에서 바리스타의 교육
목적으로 반자동 그라인더를 사용하는 편이다.

[반자동 그라인더]   [전자동 그라인더]

3) 커피그라인더의 날 종류와 재질

우리가 사용하는 커피그라인더는 커피원두를 분쇄하는 장비이다. 단순히 커피원두를
분쇄하는 것에 그치는 것이 아니라 날의 형태와 크기, 재질에 따라서 분쇄입자가 얼마나
정교한지, 분쇄에 따른 커피원두의 향미의 손실이 얼마나 큰지, 미분은 얼마나 발생하는
지에 따라 각기 다르다. 그러므로 그라인더를 선택할 때에는 장비의 외관과 크기도 중요
하지만, 날의 종류와 형태에 분쇄방식이 어떠한지도 같이 살펴봐야 한다.

그라인더의 날의 방식은 크게 블레이드 타입(Blade Type)과 버 타입(Burr Type) 2가
지 방식으로 나뉜다.

(1) 블레이드 타입(Blade Type)

[블레이드 날]

[블레이드 타입형 그라인더]

블레이드 타입(Blade Type)의 그라인더는 간격식인 버 타입(Burr Type)과는 다르게 충격식 분쇄방식이며, 주로 핸드밀이나 가정용 소형 그라인더에 사용된다. 가격이 저렴하고, 공간 활용이 좋고 실용적이라 주로 가정 또는 오피스에서 쓰인다. 다만 커피의 분쇄입도가 불균일한 단점이 있으며, 그라인딩 시간도 버 타입(Burr type)보다 긴 편이다.

(2) 버 타입(Burr Type)

주로 상업용으로 쓰이며, 분쇄입도가 블레이드 타입(Blade Type)에 비해 균일하다. 버 타입(Burr Type)도 종류가 다양한데, 그라인더의 제조사마다 버 타입의 형태와 재질에 따라 가격이 다르다. 각기 다른 형태와 재질에 따라 그라인더의 다른 이점을 보여주므로 사용자의 상황에 맞는 그라인더 타입을 선택하는 것이 중요하다.

버 타입(Burr Type) 그라인더는 크게 2가지의 형태와 5가지의 재질로 구분된다.

① 원추형(Conical Burr)

원추형은 원추와 비슷한 모양으로 서로 밀착된 형태로 구성되어 있으며, 숫날이 회전축, 암날이 고정축으로 이루어져 숫날이 회전하면서 암날과 숫날 사이를 통과하면서 분쇄된다.

날의 직경 사이즈마다 회전속도(RPM)에 차이가 있으나 상업용 전동그라인더는 평균 400~600RPM으로 회전속도가 비교적 적고, 이로 인한 마찰열이 적은 편이며, 커팅 방식보다 으깨어져 아래로 쏟아지는 형태로 분쇄되기 때문에 보편적으로 평면형(Flat Burr)보다 빠른 분쇄시간을 자랑한다.

상업용으로 많이 사용되지만, 가정용이나 핸드밀에도 많이 사용되기도 한다.

[원추형(Conical) 날의 구조]

② 평면형(Flat Burr)

평면형은 상부 날과 하부 날이 같으며, 서로 마주 보고 있는 형태이다. 하부 날이 모터에 연결되어 하부 날은 회전축, 상부 날은 고정축으로 이루어져 하부 날이 회전하면서 상부 날과 하부 날 사이의 간격에서 커팅되어 분쇄된다.

원추형 날과 마찬가지로 날의 직경 사이즈마다 RPM 회전속도에 차이가 있으나 평균적으로 약 1000~1500RPM으로 원추형(Conical Burr)보다 회전속도가 2~3배 빠른 편이며, 이로 인한 마찰열이 크고, 분쇄시간도 원추형(Conical Burr)보다 긴 편이다.

다만 평면형(Flat Burr)은 직경 사이즈가 원추형보다 범위가 넓어 58~98mm까지 다양하기 때문에 오히려 직경이 넓은 평면형(Flat Burr)의 경우에는 초당 20g을 분쇄하는 속도로 원추형(Conical Burr) 날보다 더 빠른 분쇄시간을 자랑하기 때문에 무조건 분쇄시간이 길다고 장담할 수는 없다.

평면형(Flat Burr) 날을 교체할 때에는 원두가 닿는 면적과 중력, 회전축에 의한 마모도가 상부 날에 비해 크기 때문에 바로 새 날로 교체하지 않고, 상부 날과 하부 날의 위치를 교환하여 사용하는 것을 권장한다. 상부 날과 하부 날의 위치를 교환하였고, 이 역시 마모되었을 경우에는 새 날로 교체한다.

[평면형(Flat) 날의 구조]

4) 커피그라인더 관리 및 분해 청소방법

그라인더는 커피 추출에서 매우 중요한 핵심 장비이며, 원두가 직접 맞닿아 분쇄시키는 날의 관리에 따라 같은 장비이다 하더라도 커피 추출 및 향미에 영향을 미치게 된다.

그러므로 사용자는 커피그라인더 날의 관리는 필수적이며, 더 나아가서는 날 교체도 스스로 할 수 있어야 한다. 뿐만 아니라 도저가 달린 수동 그라인더는 커피가루를 직접 보관하는 도저 내부의 관리와 도저레버에 대한 관리도 숙지해야 하며, 도저레버를 조작할 때 거칠게 다루면 분할판과 연결된 스프링이 파손되는 경우가 많으므로 사용자 역시 주의해야 한다.

다음은 커피그라인더의 기본 청소방법과 분해를 통한 청소방법을 알아본다.

① 호퍼에 남아있는 원두는 호퍼게이트를 받아 분리하고 통로에 있는 원두를 최대한 제거한다.

② 그라인더 버(Burr)에 남아있는 원두를 분쇄 후 도저 내부의 커피가루를 비워준다. (미니청소기를 이용하여 날 통로와 도저 내부에 있는 커피가루를 제거하면 더 깨끗하게 관리할 수 있다.)

③ 그라인더 본체 부분과 바닥 주변에 남아있는 커피가루를 깨끗하게 제거한다.(여기까지는 일반적으로 마무리하는 방법이다.)

④ 입자조절판을 분리한다.

⑤ 브러쉬를 이용하여 버(Burr)와 버(Burr) 주변에 남아있는 커피가루를 제거
해준다.

⑥ 고정축과 회전축에 나사로 고정된 그라인더 버(Burr)는 나사를 풀러 분리
후 2차로 완전히 가루를 제거한다. 만약 최초로 버(Burr)를 교체할 때에는
새 날로 교체하지 않고 고정축과 회전축의 버(Burr)의 위치를 교환하여
사용한다. 만약 위치 교환을 했다면 그때 새 버(Burr)로 교체한다.

⑦ 분해 후 청소된 MAZZER사의 수동그라인더의 모습(조립은 분해의 역순으로 조립한다.)

01 다음은 커피머신의 역사에 대한 설명이다. 해당하는 인물은?

> 이탈리아 밀라노의 엔지니어였던 인물로 1901년 세계 최초로 물을 가열하여 만들어지는 증기를 이용하여 커피머신에서 에스프레소를 추출하는 프로세스를 개발함으로써 커피머신 특허출원을 하게 되었다.

① 크레모네시(Cremonesi)
② 루이지 베제라(Luigi Bezzera)
③ 데지데리오 파보니(Desiderio Pavoni)
④ 지오바니 아킬레 가찌아(Gionanni Achille Gaggia)
⑤ 카를로 에르네스토 발렌테(Carlo Ernesto Valente)

02 다음 괄호 안에 들어갈 단어는?

> 1946년 (   )에 의해 상업적 (   )을 발명하면서 증기압의 단점을 보완하였다. 이러한 원리를 이용하여 9기압의 압력을 형성함으로써 에스프레소의 심장이라고 할 수 있는 크레마가 형성되었다. 오늘날에도 단순 및 유지관리가 편하여 간혹 사용되고 있다.

① 데지데리오 파보니, 피스톤
② 데지데리오 파보니, 전동펌프
③ 지오바니 아킬레 가찌아, 피스톤
④ 크레모네시, 전동펌프
⑤ 카를로 에르네스토 발렌테, 피스톤

03 1960년 FAEMA E61 머신을 본격적으로 생산해 내었으며, 수동식이였던 핸드레버를 없애고, 전기의 원리를 이용하여 전동펌프를 내장한 머신을 채택한 인물은?

① 크레모네시(Cremonesi)
② 루이지 베제라(Luigi Bezzera)
③ 데지데리오 파보니(Desiderio Pavoni)
④ 지오바니 아킬레 가찌아(Gionanni Achille Gaggia)
⑤ 카를로 에르네스토 발렌테(Carlo Ernesto Valente)

04 커피머신의 개발시기와 개발자가 바르게 연결된 것은?

① 1901년 – 크레모네시(Cremonesi)
② 1909년 – 아킬레 가찌아(Achille Gaggia)
③ 1938년 – 루이지 베제라(Luigi Bezzera)
④ 1951년 – 에틸리오 칼리말리(Attilio Calimani)
⑤ 1960년 – 카를로 에르네스토 발렌테(Carlo Ernesto Valente)

05 커피머신의 종류는 크게 3가지로 나뉘게 되는데 지렛대의 원리를 이용한 레버방식으로 사람의 힘으로 피스톤이 작동하여 커피를 추출하는 커피머신은?

① 반자동 커피머신
② 직화식 커피머신
③ 전기식 커피머신
④ 수동식 커피머신
⑤ 압착식 커피머신

06 다음 설명은 커피머신의 종류 중 하나이다. 해당하는 것은?

> 패밀리 레스토랑이나 결혼식장, 기타 오피스 등에 사용되어지는 머신으로, 추출버튼을 누르면, 그라인딩부터 추출까지 되는 머신이다. 다만 관리가 소홀한 경우가 많아 고장이 잦은 편이다.

① 반자동 커피머신
② 전자동 커피머신
③ 압착식 커피머신
④ 수동식 커피머신
⑤ 직화식 커피머신

07 다음 커피머신 3가지 종류에 해당하는 것은?

① 반자동, 직화식, 압착식
② 반자동, 압착식, 전기식
③ 반자동, 수동식, 전자동
④ 수동식, 직화식, 전자동
⑤ 압착식, 직화식, 전기식

08 커피머신 보일러의 종류로만 묶인 것은?

① 단일형, 독립형, 듀얼형
② 단일형, 듀얼형, 평면형
③ 독립형, 평면형, 나선형
④ 단일형, 독립형, 평면형
⑤ 듀얼형, 평면형, 나선형

09 다음 설명은 커피머신 보일러의 종류 중 하나이다. 해당하는 것은?

> 그룹헤드마다 히팅시스템이 내장되어 있으며, 그룹별 온도를 각기 다르게 설정할 수 있다.

① 단일형   ② 독립형
③ 평면형   ④ 듀얼형
⑤ 나선형

10 듀얼 보일러의 보일러 수는?

① 1개   ② 2개

③ 3개   ④ 4개

⑤ 5개

11 커피머신의 압력은 (　　) 게이지와
(　　) 게이지로 나눈다. (　　)에
들어갈 단어는?

① 추출압력, 가스압력

② 가스압력, 보일러압력

③ 추출압력, 전기압력

④ 전기압력, 보일러압력

⑤ 추출압력, 보일러압력

12 보일러에서 나오는 뜨거운 물에 가열되
지 않은 연수를 섞어줌으로써 추출수나
열수 온도를 조절하여 맞추는 부품은?

① 릴리프 밸브

② 워터펌프

③ 믹싱밸브

④ 솔레노이드 밸브

⑤ 유량계

13 커피머신 내부의 물 공급과 펌프, 보일
러 히팅 등을 작동시키는 부품으로 다
이얼식과 버튼식으로 나뉜다. 설명에
해당하는 것은?

① 압력스위치

② 펌프헤드

③ 메인보드

④ 전기히터

⑤ 전원스위치

14 다음은 커피머신의 한 부품 사진이다.
이 부품의 명칭과 주요 기능으로 옳은
것은?

① 온수노즐 – 온수를 공급해준다.

② 워터펌프 – 물의 공급되는 것을 표
시한다.

③ 수위게이지 – 보일러의 수위를 표시
한다.

④ 솔레노이드 밸브 – 물의 흐름을 공
급 차단한다.

⑤ 유량계 – 물의 양을 조절한다.

15 다음 포터필터의 구성요소끼리 묶인
것은?

① 필터바스켓, 가스켓

② 샤워스크린, 가스켓

③ 필터바스켓, 스파웃

④ 필터스프링, 샤워스크린

⑤ 샤워스크린, 필터바스켓

16 다음 사진에 해당하는 부품은?

① 샤워스크린   ② 가스켓
③ 필터바스켓   ④ 탬퍼
⑤ 스파웃

17 커피머신 그룹헤드의 구성요소가 아닌 것은?

① 샤워홀더   ② 샤워스크린
③ 가스켓   ④ 바스켓필터
⑤ 지글러

18 커피머신 그룹헤드의 가스켓 수명이 다 하였을 경우의 현상은?

① 커피머신의 전원이 차단된다.
② 추출이 되지 않는다.
③ 펌프에서 이상한 굉음이 난다.
④ 추출 시 그룹헤드와 포터필터 사이에서 누수가 발생한다.
⑤ 추출압력에 문제가 생긴다.

19 그룹헤드의 평균 직경 사이즈는?

① 38mm   ② 48mm
③ 58mm   ④ 68mm
⑤ 78mm

20 다음은 그룹헤드 재질의 대한 설명이다. 해당하는 것은?

> 동은 뜨겁게 가열된 물에 의해 생성되는 스케일이 잘 발생하고, 부식률이 높기 때문에 (   )을 하여 이러한 부식을 방지한다.

① 크롬도금   ② 폴리싱
③ 알로이 코팅   ④ 필름랩핑
⑤ 오버홀

21 메인 보일러의 표준압력은?

① 0.2~0.5bar
② 0.6~0.9bar
③ 1.0~1.4bar
④ 1.5~1.8bar
⑤ 1.8~2.0bar

22 펌프 구동 시 추출되는 표준 추출압력은?

① 2~4bar
② 5~7bar
③ 8~10bar
④ 11~14bar
⑤ 15~17bar

23 드레인 박스에 금이 생기거나 파손되었을 경우의 현상은?

① 에스프레소 추출에 문제가 발생한다.
② 역류가 발생하게 되어 넘친다.
③ 메인보드에 오류가 발생한다.
④ 히팅이 되지 않는다.
⑤ 머신 바닥에 누수가 발생한다.

24 다음은 커피머신의 한 부품 사진이다. 이 부품의 명칭과 주요 기능으로 옳은 것은?

① 과열방지기 – 커피머신의 스팀압력을 조절한다.
② 유량계 – 물의 양을 감지하여 조절한다.
③ 솔레노이드 밸브 – 물의 흐름을 통과, 차단한다.
④ 릴리프밸브 – 보일러 내부의 압력을 제어한다.
⑤ 수위감지기 – 물의 높이를 조절한다.

25 다음 사진에 해당하는 커피머신의 부품은?

① 진공방지기　　② 릴리프밸브
③ 과열방지기　　④ 과수압 방지밸브
⑤ 솔레노이드밸브

26 커피머신의 압력스위치에 대한 설명으로 틀린 것은?

① 히터코일에 전기적 신호를 전파하여 보일러를 가열하고 이로 인해 보일러가 가열된다.
② 스프링 압력에 의해 작동이 되는 부품이다.
③ 보일러 가열에 문제가 생기고 스팀 형성이 되지 않는다.
④ 보일러가 120℃ 이상 초과되어 평균 130~140℃에 도달하게 되면 전기 히터로 공급되는 전력을 차단하는 역할을 한다.
⑤ 보일러 내부의 압력을 조절하고 보통 1~1.5bar의 적정압력을 유지시켜준다.

27 다음 사진에 해당하는 커피머신의 부품은?

① 드레인박스
② 압력스위치
③ 솔레노이드 밸브
④ 메인보드
⑤ 과열방지 바이메탈

28 커피머신의 전기히터 부품의 설명으로 틀린 것은?

① 보일러 히터장치는 최대 120도까지 발열된다.
② 커피머신의 히터는 동 재질이 대부분이나, 스테인리스 재질로 보급되는 경우도 있다.
③ 히터방식은 보통 수식히터이다.
④ 연수기 청소와 주기적으로 정수필터를 교체하여 관리해야 하는 부품이다.
⑤ 스케일이 많이 발생하면 히팅 능력이 저하된다.

29 커피머신의 우유가 접촉되고 우유를 데우고 거품을 내는 역할을 하는 부품은?

① 믹싱노즐   ② 전기히터
③ 스팀노즐   ④ 온수노즐
⑤ 열교환기

30 다음 (   )안에 들어갈 알맞은 단어는?

> (   )는 전기히터 내부의 온도를 감지하는 열선 감지형과 보일러 외부에 부착하는 외부 부착형 이 두 종류로 분류된다. 커피머신 부품 중 하나의 안전장치이며, 적정온도의 (   )도 이상 초과되면 전기히터로 공급되는 전력을 차단한다.

① 열교환기, 60
② 열교환기, 120
③ 열교환기, 200
④ 과열방지기, 60
⑤ 과열방지기, 120

31 메인 보일러의 평균 열수 비율은?

① 15%   ② 30%
③ 50%   ④ 70%
⑤ 100% 가득 차 있다.

32 메인 보일러의 평균 수증기 비율은?

① 15%   ② 30%
③ 50%   ④ 70%
⑤ 100% 가득 차 있다.

33 진공방지기에 대한 설명으로 맞는 것은?

① 보일러 내부의 공기는 바깥으로 방출시키고, 외부의 공기는 들어오지 못하게 하는 부품이다.

② 보일러 하단에 위치한다.

③ 보일러에 증기압이 적정기준 이상 초과되어 과압이 발생할 경우에 작동한다.

④ 공기를 보일러 내부에 생성시키는 역할을 한다.

⑤ 주변의 공기를 끌어당겨 주는 역할을 한다.

34 다음 설명은 커피머신의 부품 중 하나이다. 해당하는 것은?

전기적신호를 통하여 플런저의 개폐를 통해 물이 통과되고 차단하는 역할을 하며, 물이 공급되어 배출되는 그룹헤드 쪽 라인이나 온수노즐 라인 쪽에 부착되어 있다.

① 압력스위치

② 과수압 방지밸브

③ 솔레노이드 밸브

④ 유량계

⑤ 수위조절 센서

35 커피머신에 공급되는 수압은 8~10bar 정도가 되는데, 물이 공급되는 수압이 11~12bar 이상 되면 작동하는 부품은?

① 압력스위치

② 솔레노이드 밸브

③ 플로우 미터

④ 익스펜션 밸브

⑤ 릴리프 밸브

36 제빙기 청소 및 관리법에 대한 설명 중 틀린 것은?

① 분해 청소는 월 1~2회 실시하여야 한다.

② 얼음스쿱은 되도록 분리 보관하는 것이 위생적이다.

③ 청소 후 제빙기 내부는 알코올로 소독해준다.

④ 각종 부품은 흐르는 물에 세제를 이용하여 솔이나 수세미로 물때를 제거한다.

⑤ 워터커튼은 100도의 끓는 물에 약품을 넣고 삶아 살균한다.

37 커피그라인더 부품 명칭으로 해당하지 않는 것은?

① 호퍼

② 도저

③ 분쇄입자조절판

④ 배출레버

⑤ 드립트레이

38 다음 커피그라인더의 부품 중 하나이다. 해당하는 것은?

> 6개의 분할판으로 구성된 이 부품은 분쇄된 커피가루를 보관하고, 레버를 당길 때마다 분할판이 한 칸씩 이동하면서 토출구 쪽으로 커피가루를 내보내는 역할을 한다.

① 드립트레이
② 도저
③ 분쇄입자 조절판
④ 호퍼
⑤ 호퍼게이트

39 커피 그라인더의 대한 설명이 맞는 것은?

① 도저레버는 원두를 배출하는 장치이다.
② 커피 그라인더 내부는 물로 세척한다.
③ 도징챔버는 원두를 보관해두는 부품이다.
④ 버(Burr)는 크게 원추형과 평면형으로 나뉜다.
⑤ 핸드그라인더는 별도의 전기가 필요하다.

40 다음은 핸드그라인더에 대한 설명이다. 틀린 것은?

① 대부분 평면형 날로 구성되어 있다.
② 맷돌의 원리를 이용하여 제작된 방식이다.
③ 우드재질이 많으며, 스테인리스와 아크릴 재질도 있다.
④ 휴대가 가능하다.
⑤ 소요시간과 힘이 드는 단점이 있으므로, 대량분쇄에는 적합하지 않다.

41 커피그라인더 날에 대한 설명 중 틀린 것은?

① 회전축과 고정축으로 구성되어 있다.
② 날 타입은 크게 2가지로 블레이드 타입(Blade Type)과 버 타입(Burr Type)으로 나뉜다.
③ 원추형 날은 상부 날과 하부 날이 동일하다.
④ 날을 분리하여 청소할 때에는 부드러운 솔로 깨끗하게 털어준다.
⑤ 굵은 입자와 가는 입자가 섞여 나오는 경우 날을 교체해준다.

42 커피그라인더 호퍼의 설명 중 틀린 것은?

① 호퍼의 용량은 제조사마다 약간 다르나 평균적으로는 1~2kg의 용량을 사용한다.
② 먼지 유입을 차단하고 원두의 선선도를 위해 호퍼는 닫아 놓는다.
③ 기름때를 잘 제거하기 위해 철수세미로 깨끗이 닦아준다.
④ 깨질 수 있으므로 떨어트리지 않도록 주의한다.
⑤ 호퍼 청소 후 물기를 잘 닦고 건조해야 한다.

43 다음은 그라인더 버(Burr)의 사진으로 해당하는 것은?

① 원추형 날   ② 평면형 날

③ 롤러형 날   ④ 블레이드 날

⑤ 드럼형 날

44 다음은 커피그라인더 버(Burr)의 사진으로 해당하는 것은?

① 원추형 날

② 평면형 날

③ 롤러형 날

④ 블레이드 날

⑤ 드럼형 날

45 다음 커피그라인더 버(Burr)의 설명이다. 해당하는 것은?

상부 날과 하부 날이 같으며, 서로 마주 보고 있는 형태로 구성되어 있다. 하부 날이 모터에 연결되어 있어 하부 날은 회전축, 상부 날은 고정축으로 이루어져 하부 날이 회전하면서 상부 날과 하부 날 사이의 간격에서 커팅되어 분쇄된다.
날의 직경 사이즈마다 RPM 회전속도가 차이가 있으나 평균적으로 약 1000~1500RPM으로 비교적 빠른 편이다.

① 원추형 날   ② 평면형 날

③ 롤러형 날   ④ 블레이드 날

⑤ 드럼형 날

46 다음 커피그라인더 버(Burr)의 설명이다. 해당하는 것은?

숫날이 회전축, 암날이 고정축으로 이루어져 숫날이 회전하면서 암날과 숫날 사이를 통과하면서 분쇄된다.
날의 직경 사이즈마다 RPM 회전속도가 차이가 있으나 상업용 전동그라인더의 경우 평균 400~600RPM으로 비교적 회전속도가 적고, 이로 인한 마찰열이 적은 편이다.

① 원추형 날   ② 평면형 날

③ 롤러형 날   ④ 블레이드 날

⑤ 드럼형날

정답

01 ②	02 ③	03 ⑤	04 ⑤	05 ④	06 ②	07 ③	08 ①	09 ②	10 ②
11 ⑤	12 ③	13 ⑤	14 ③	15 ③	16 ③	17 ④	18 ④	19 ③	20 ①
21 ③	22 ③	23 ⑤	24 ②	25 ②	26 ④	27 ②	28 ①	29 ③	30 ⑤
31 ④	32 ②	33 ①	34 ③	35 ④	36 ⑤	37 ⑤	38 ②	39 ④	40 ①
41 ③	42 ③	43 ②	44 ①	45 ②	46 ①				

커피 추출

1. 추출에 관한 기초 이론 / 2. 추출 변수
3. 커피 맛의 변화 / 4. 다양한 추출기구와 추출법

PART

IV

능력단위

커피 추출

능력단위 정의

추출이론 및 추출조건의 요인들은 이해하고, 다양한 추출 기구를 활용하여 핸드드립, 클레버, 프렌치프레스, 모카포트, 케맥스, 콜드워터드립, 에어로프레스, 터키식커피, 사이폰 등의 커피를 추출하는 능력을 갖춘다.

수행 준거

- 추출의 원리, 과정, 방식을 이해할 수 있다.
- 추출 농도와 수율을 확인할 수 있다.
- 원두와 물의 비율을 이해하고 추출할 수 있다.
- 분쇄도와 추출시간의 관계를 이해하고 추출할 수 있다.
- 추출온도를 이해하고 추출할 수 있다.
- 물의 종류와 조건을 이해하고 추출할 수 있다.
- 추출 조건에 따른 커피 맛의 변화를 이해하고 추출할 수 있다.
- 여과식 추출기구의 원리 및 구조 특성을 이해하고 추출할 수 있다.
- 침지식 추출기구의 원리 및 구조 특성을 이해하고 추출할 수 있다.

PART Ⅳ 커피 추출

1 추출에 관한 기초 이론

1) 추출 원리

추출이란 로스팅 된 원두가 갖고 있는 맛과 향을 얻기 위해 적당한 굵기로 분쇄한 후 다양한 추출기구를 사용하여 물을 이용해 커피의 특성에 따른 향미를 최대한 표출해 내는 행위로 영어로 Brewing이라고 하는데 이는 원두에서 커피성분을 뽑아내는 의미이다.

※ 추출조건의 요인들

생두	품종, 생산여건, 가공방법, 수확연도, 수분함량, 밀도
원두(커피)	볶음도, 분쇄도, 로스팅 기간 및 보관
기구	침지식(우려내기, 달이기, 진공), 여과식(드립여과, 가압여과)
물	종류, 온도, 주입량

2) 추출 과정

추출 과정은 뜨거운 물이 분쇄된 원두입자 속으로 스며들어 커피성분 중 물에 녹는 가용성 성분이 용해된다. 용해된 성분들이 확산과정을 거쳐 용출된 성분들은 물의 침지 및 여과방식을 이용해 추출이 이루어진다.

3) 추출 방식

(1) 침지식

침지식이란 추출용기에 분쇄된 원두 가루를 넣고 뜨거운 물을 붓고 우려내거나, 찬물을 넣고 가열하여 커피 성분을 뽑아내는 방식이다.

- 우려내기: 프렌치프레스
- 달이기: 터키식, 퍼컬레이터
- 진공: 사이폰

(2) 여과식(투과식)

여과식이란 분쇄된 원두 가루를 필터(종이, 금속)에 넣고 물을 통과시켜 커피성분을 뽑아내는 방식이다.

- 드립여과: 융드립, 페이퍼드립, 워터드립, 핀드립, 커피메이커
- 가압여과: 모카포트, 에스프레소, 에어로프레스

4) 추출농도와 추출수율

(1) 추출농도

추출농도는 원두로부터 추출된 커피음료 안에 고형물질(커피성분)과 물의 비율을 말한다.

> 농도 = 커피성분(g) / 추출된 커피음료 양(ml) *100
>
> *커피성분을 알 수 없기 때문에 TDS기기로 농도를 측정한 값으로 수율을 계산함

(2) 추출수율

추출수율은 원두로부터 얼마만큼의 커피성분을 추출했는지의 비율을 말한다.

추출수율 = TDS(%) * 추출에 사용한 물의 양(ml) / 추출에 사용한 원두 양(g)

Coffee Brewing Control Chart로 연구로 밝혀진 추출수율과 농도의 관계는 다음과 같다.

미국 스페셜티커피협회(SCA, Speciaty Coffee Association)에서는 이상적 추출수율로서 18~22%일 때 향기가 풍부하고 조화된 맛을 느낄 수 있는 커피음료가 완성된다고 한다. 수율 16% 이하는 과소추출로 향미가 적으며, 24% 이상은 과다추출로 쓰고 잡미가 강한 커피 맛을 느낄 수 있다.

농도는 1.15~1.35%가 이상적이며, 1.0% 미만이면 커피 맛이 연하게 느껴지고, 1.5% 이상이면 쓴맛이 강해 조화롭지 않을 커피 맛을 느낄 수 있다.

다음 표는 이상적인 추출농도와 추출수율 간의 관계를 보여준다.

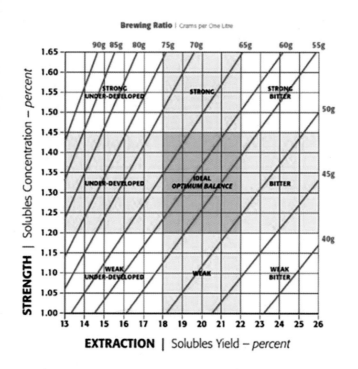

2 추출 변수

1) 원두와 물의 비율

미국 스페셜티커피협회(SCA, Speciaty Coffee Association)가 추천하는 가장 이상적인 원두와 물의 비율은 분쇄된 원두 55g당 물 1,000ml이다. 오차 범위는 ±10%를 제시하였다. 따라서 원두 55g을 사용할 경우 1,000ml의 ±10%는 100ml이므로, 900~1,100ml의 범위로 볼 수 있다.

추출기구 종류나 커피를 만드는 사람에 따라 커피 한 잔에 쓰이는 원두 및 물의 양은 차이가 있을 수 있다. 보통은 10g의 원두로 150ml의 커피를 추출할 수 있다. 하지만 원칙이 있는 것은 아니니 선호도에 따라 조절할 수 있다. 한 예로 10g의 커피로 100ml와 200ml의 커피를 추출하게 되면, 100ml의 경우는 더 진할 것이고, 200ml의 커피는 보다 부드럽고 연한 커피가 될 것이다. 사람마다 선호하는 맛이 있기 때문에 자신의 입맛에 맞는 커피를 선택하기 위해서는 다양한 추출방법을 여러 번 시도해 보고 맛보는 것이 중요하다. 다음 표는 보편적 기준을 제시한 것이다.

※ 커피의 분량과 커피 추출량

인분	기준 커피 양(g)	기준 추출량(cc)	실제 커피 양(g)	실제 추출량(cc)
1인분	10	150	15	200
2인분	20	300	20	300
3인분	30	450	30	450

출처: 교육부(2016). 커피추출(LM1301020305_16v2). p34. 한국직업능력개발원.

2) 분쇄도와 추출시간의 관계

추출 기구의 형태에 맞는 적정한 분쇄도를 사용하여야 한다. 분쇄도는 추출 시간에 좌우된다. 굵게 분쇄된 원두가루는 표면적이 좁으므로 커피 성분이 추출되는 시간을 길게 잡아야 한다. 하지만 가늘게 분쇄된 원두가루는 표면적이 넓기 때문에 추출 시간을 짧게 잡아야 한다. 또한 추출 시간은 분쇄도에 좌우된다. 분쇄도가 가늘면 물이 천천히 이동하여 추출 시간이 느려진다. 반면에 분쇄도가 굵으면 물이 빠르게 이동하여 추출 시간이 빨라진다.

3) 추출온도

커피 추출 온도가 적정 온도보다 낮을 경우 과소 추출로 향미와 산미가 감소하며, 적정 온도보다 높을 경우 과다 추출로 쓴맛과 떫은맛이 증가한다. 그러므로 로스팅 정도와 전체적인 추출 시간을 고려하여 커피 추출 온도를 정하는 것이 바람직하다. NCS 기준 약볶음도는 90~95℃, 중볶음도는 85~89℃, 강볶음도는 80~84℃ 정도가 적합하다.

4) 물의 종류와 조건

커피를 추출할 경우 어떤 종류의 물을 사용하는가에 따라 커피의 맛이 다르게 나타난다. 적정량의 미네랄은 물맛을 좋게 하지만, 지나치게 많으면 물맛을 변질시킬 수 있다. 커피를 추출할 때 적정한 미네랄을 함유한 물은 커피 향미를 뽑아낼 때 긍정적인 맛을 낸다. 반면, 과다한 미네랄을 함유한 물은 부정적인 신맛과 떫은맛을 내는 커피를 만든다. 칼슘의 경우는 너무 많으면 짠맛, 마그네슘이 지나치면 쓴맛이 난다. 알칼리도 성분은 중탄산염, 탄산염과 같은 성분으로 커피의 산성을 중화시키는 역할을 한다. 또한 알칼리도가 너무 낮으면 머신의 부식을 초래할 수 있다.

※ 물의 종류

종류	미네랄 함유량(ppm)	커피음료 맛
연수	0~75	약한 쓴맛
약경수	75~150	볼륨감 있는 쓴맛
경수	150~300	거친 쓴맛

① 좋은 물의 조건

- 수돗물보다는 염소성분이 없는 정수물

- 냄새가 없고 불순물이 없는 물

- 무기질이 50~100ppm 함유되면 커피음료 맛이 가장 좋음

② 추출수 온도의 조건

- 이상적인 추출수의 온도는 90~96℃ 내외

- 높은 온도(97℃ 이상)에서는 쓴맛과 날카로운 맛이 강해짐

- 낮은 온도(85~89℃)에서는 신맛과 떫은맛이 강해짐

5) 좋은 커피음료를 추출하기 위한 조건

한 잔의 맛있는 커피음료를 추출하기 위해서는 품질 좋은 원두 사용, 숙련된 기술 등도 있겠지만, 사람들의 입맛은 다양하므로 매우 객관적인 기준을 찾기란 쉽지 않다. 하지만 신선한 원두 사용, 적절한 물의 사용, 추출 상황에 따른 적절한 분쇄와 알맞은 추출시간은 언제나 통용되는 기준이므로 이 조건들에 대해 숙지할 필요가 있다.

① 산패되지 않은 신선한 원두 사용

② 추출기구에 따른 적절한 분쇄

③ 깨끗하고 좋은 물 사용

④ 정확한 물의 온도

⑤ 적정량의 원두 사용

⑥ 원하는 커피음료 맛을 표현할 수 있는 추출기구 사용

⑦ 적당한 컵의 선택

3 커피 맛의 변화

1) 커피의 기본 맛과 원인물질

아무런 가미 없이 커피를 마시는 경우 사람들은 대부분 쓴맛을 가장 두드러지게 느끼고, 단맛을 잘 느끼지 못한다. 커피는 기본적으로 신맛, 단맛, 쓴맛, 짠맛 등의 4가지 맛이 있으며, 이 기본 맛은 상대적 강도에 따라 다르게 느껴지기도 한다. 예를 들어 단맛을 더 느끼고자 하는 경우 약간의 소금을 넣어 더 달게 느껴지도록 하는 경우가 있는데 이를 맛의 변조라 한다.

커피의 기본 맛과 그 원인물질을 비교하면 아래 표와 같다.

맛	원인물질
신맛	• 클로로제닉산(Chlorogenic acid), 옥살릭산(Oxalic acid), 말릭산(Malic acid), 시트릭산(Citric acid), 타타릭산(Tartaric acid)과 같은 유기산(Organic acid)에 기인한다. • 라이트-시나몬 로스트일 때 신맛이 가장 강하다.
단맛	• 환원당, 캐러멜당, 단백질 등에 기인한다. • 아라비카종이 로부스타종보다 더 강하다.
쓴맛	• 알칼로이드인 카페인과 트리고넬린, 카페인산, 퀴닉산 등의 유기산과 페놀릭 화합물에 기인한다. • 로부스타종이 아라비카종보다 더 강하다.
짠맛	• 산화칼륨에 기인한다.

2) 온도에 따른 맛의 변화

온도 변화에 따라 맛에 영향을 미치는 성분이 변화하는 것은 아니지만 느껴지는 맛은 차이가 있다. 즉, 단맛과 짠맛은 온도가 높아지면 상대적으로 약해지는 경향이 있으며, 과일산은 온도 변화에 따른 영향을 받지 않으므로 신맛은 온도의 영향을 거의 받지 않는다.

3) 분쇄도에 따른 맛의 변화

분쇄도에 따라 커피의 맛이 다르게 나타날 수 있다. 입자의 크기가 가늘면 물이 통과되는 속도가 느려지기 때문에 원두가루와 물의 접촉 시간이 길어진다. 이로 인해 커피의 성분이 과다하게 추출되어 쓴맛이 강하고 자극적이며 후미가 텁텁한 커피를 추출하게 된다. 반대로 원두의 분쇄도가 굵으면 물이 통과하는 시간이 빨라져서 원두가루와 물의 접촉 시간이 짧아져서 커피의 성분이 과소로 추출되어 향미가 밋밋하고 개성이 없는 커피를 추출하게 된다.

※ 분쇄도에 따른 커피의 향미 변화

분쇄도	물의 통과	추출 성분	쓴 맛	특징
가는 분쇄도	느리다	많고 강함	자극적임	추출 과다로 잡미, 쓴맛 등 발생
굵은 분쇄도	빠르다	적고 약함	밋밋함	추출 과소로 커피 맛이 약하고 개성이 없음

출처: 교육부(2016). 커피추출(LM1301020305_16v2). p33.한국직업능력개발원.

4) 추출 변수에 따른 맛의 변화

커피의 맛은 물의 온도와 추출 시간, 분쇄도와 관련이 깊다. 커피의 입자가 가늘면 표면적이 넓어져 유속이 느려지고 추출 시간이 길어지므로 진하게 추출된다. 반대로 입자가 굵으면 유속이 빨라지고 추출 속도가 짧아지므로 연하게 추출된다. 아래의 표는 핸드 드립의 여러 추출 변수에 따른 커피의 변화를 나타낸 것이다. 사용하는 커피의 상태에 따른 여러 추출 변수를 파악하여 맛을 조절할 수 있다.

진한맛 (쓴맛)			부드러운 맛 (신맛)
	←작다	분쇄도	크다→
	←고온	물의온도	저온→
	←많다	원두양	적다→
	←적다	추출양	많다→
	←강배전	볶음도	약배전→
	←고노/하리오	추출기구	칼리타→
	←느리게	유속	빠르게→

4 다양한 추출기구와 추출법

1) 핸드드립

(1) 핸드드립의 정의

핸드드립이란 드리퍼에 여과지(종이필터)를 넣어 적절하게 분쇄된 원두가루를 담은 뒤 드립포트에 뜨거운 물을 부어 사람이 조절하여 커피를 추출하는 방식을 총칭한다.

우리가 흔히 말하는 핸드드립이라는 명칭은 일본에서 사용했으며, 서양에서는 여과지에 원두가루를 담고 주전자로 물을 붓는 방식을 가리켜 매뉴얼 드립, 푸어오버, 필터커피 등 각각의 미묘한 차이는 있지만 모두 핸드드립 또는 핸드드립 커피와 같은 뜻으로 사용된다.

핸드드립은 바리스타의 손기술과 주변 환경적 요건에 따라 향미가 달라질 수 있다. 즉 드리퍼의 종류, 필터의 종류, 원두의 종류, 볶음도, 분쇄도, 드립 시간, 물의 양, 물의 온도, 물줄기의 굵기, 물을 붓는 방향 등 많은 변수의 영향을 받는 추출법이라 할 수 있다.

(2) 핸드드립 도구

① 드립포트

드립포트는 일반 주전자와는 모양이 다르며, 핸드드립 시 물을 부을 때 사용되는 핸드드립 전용 주전자를 말한다.

배출구가 다른 주전자와는 달리 S자 형태로 되어 있어 물이 급속히 배출되는 것을 방지할 수 있으며, 배출구가 좁을수록 물줄기가 가늘며 조절하기 쉽다. 용량은 0.6~1.3L로 다양하며, 재질은 구리, 에나멜, 스테인리스가 있으며, 재질과 용량, 디자인 등에 따라 가격 차이가 큰 편이다.

② 드리퍼

여과지를 올려놓고 분쇄된 원두가루를 담은 채 물을 붓는 도구로 다양한 형태와 재질의 종류가 있다. 특히 드리퍼의 형태는 추출구의 수와 크기, 그리고 내부 경사면에 물이 흘러 내려갈 수 있는 통로인 리브의 모양 등으로 구분되며, 리브의 수가 많고 그 높이가 높을수록 물 통과 속도가 빨라진다.

드리퍼의 소재는 플라스틱 주를 이루는데, 그 밖에 금속(동, 스테인리스), 도기(세라믹), 유리 제품 등이 있으며 사이즈에 따라 1~2인용부터 6인용까지 다양하다.

멜리타 드리퍼	칼리타 드리퍼
추출구가 1개이다. 드리퍼에 물이 고여 있는 시간이 길어 추출속도가 늦다. 깔끔한 맛이 부족하다.	추출구가 3개이다. 커피 추출 시 물의 흐름이 빠르다. 깔끔하고 안정적인 맛을 낼 수 있다.
고노 드리퍼	하리오 드리퍼
원추형 드리퍼를 사용한다. 다른 드립도구에 비해 바디감이 좋다	고노 드리퍼와 달리 리브가 유선형으로 되어 있어 유속이 빠르다. 고노 드리퍼보다 바디감이 약하다.

③ 여과지

물과 섞인 원두가루가 빠져나오지 않도록 거르는 역할을 하며, 종이 재질과 융 재질이 있다. 종이 재질 여과지는 커피의 지방 성분을 흡수하여 깔끔한 맛의 커피를 추출하고자 하는 경우에 사용하며, 표백 여과지와 천연펄프 여과지로 나뉜다. 융 재질은 부드럽고 바디가 강한 커피 맛이 난다. 종이 여과지는 일회용이므로 융 여과지에 비해 사용이 간편하다.

④ 서버

추출된 커피를 담는 도구로 뜨거운 커피의 온도를 견딜 수 있어야 하므로 내열유리로 되어 있다. 용량 및 모양은 제조회사에 따라서 다양하다.

(3) 준비도구 및 추출과정

① 준비도구

드리퍼, 드립포트, 여과지(필터), 서버, 계량스푼, 온도계, 전자저울, 스톱워치, 커피잔, 원두, 그라인더

② 준비과정

• 필터를 접은 후 드리퍼에 밀착시킨다.
• 원두를 분쇄하여 드리퍼에 담고 옆을 살짝살짝 쳐주면서 표면을 평탄하게 만든다.
• 드립포트에 끓인 물을 붓고 온도를 맞춘다.

③ 뜸 들이기

뜸 들이기란 추출에 앞서 소량의 물을 원두가루에 흠뻑 적시는 과정을 말한다. 이는 추출 전 원두가루를 충분히 불려서 커피가 가지고 있는 고유의 성분을 원활하게 추출할 수 있도록 하는 데 그 목적이 있다.

뜸을 들이기 위해 물을 주입하는 방법은 여러 가지가 있지만 가장 기본적으로 드리퍼의 중심으로부터 나선형의 원을 그리며 바깥쪽으로 나아가는 방법으로, 이때 물의 양은

물 주입 후 서버로 추출액이 한두 방울 떨어질 정도가 적당하다.

물의 주입량이 너무 적어 원두가루를 충분히 못 적시면 활성화가 잘 안 되어 원활한 추출이 이루어지지 않아서 쓴맛, 신맛, 떫은맛, 텁텁한 맛 등 불필요한 맛까지 지나치게 추출될 수 있으며, 반대로 물의 주입량이 너무 많으면 추출이 과다하게 되어 개성이 없고 맛이 약한 커피가 추출될 수 있다.

④ 추출

충분히 뜸이 들었다고 판단되면 추출을 시작한다. 추출은 보통 3차 정도 실시한다. 1차 추출은 가는 물줄기를 이용해서 안에서 밖으로 나선형을 그리듯 천천히 커피를 추출하는 과정이다. 촘촘히 4~5바퀴 정도 돌려 나갔다가 다시 중심으로 들어오는 것을 반복한다. 이때 물줄기는 가늘고 일정하게 수직으로 떨어지도록 유지돼야 한다. 2차 추출은 부풀었던 커피가 평평해지면 1차와 같은 방법으로 추출한다. 1차보다 빠르고 좀 더 넓게 물줄기를 주입한다. 3차 추출은 굵은 줄기로 빠르게 추출 후 마무리한다.

추출방식은 물을 주입하는 방식에 따라 다양한데, 특히 드리퍼의 종류나 의도하는 맛에 따라 여러 패턴으로 물을 부을 수 있다. 나선형을 그리며 추출하는 경우가 일반적이며, 그 외에 점추출, 원형추출 등의 방식도 사용된다.

핸드드립을 하는 경우 국한된 방법으로 틀이 맞춰 추출하기보다는 드리퍼의 종류, 원두의 종류, 볶음도, 원두의 사용량, 물의 온도, 소비자의 요구에 따라 다양한 방식을 융통성 있게 활용하는 것이 중요하다.

나선형 추출	가운데에서 바깥쪽으로 나갔다가 다시 원점으로 돌아오는 방법이다. 부드러운 맛의 커피를 추출할 때 주로 사용하는데, 일정한 추출이 가능하다. 가장자리에 물을 주입할 때는 빠르게 주입될 수 있도록 조절해 주고, 중심 쪽은 천천히 주입한다. 이와 같은 방식으로 물줄기를 조절하여 커피의 농도를 맞추도록 한다.
원형 추출	주로 고노, 하리오, 융과 같은 원추형 드리퍼에 많이 사용된다. 커피 층이 가장 두꺼운 가운데를 중심으로 하여 원형으로 물줄기를 주입하는 방식이다.
점 추출	점의 형태로 물을 주입하는 방식으로 시간이 오래 걸린다. 원추형이나 융 드리퍼에 적용하여 묵직한 바디감과 농후한 점성을 표현한다

(4) 다양한 핸드드립 도구 추출법

① 멜리타

1908년 독일 멜리타 벤츠 부인에 의해 최초로 고안된 것으로, 드리퍼 중앙에 작은 구멍의 추출구 1개가 있다. 바닥면은 약간의 경사가 있고 리브(rib)는 길게 되어 있어 물이 빠지는 속도를 균일하게 해준다. 물과 접촉하는 시간이 길어서 바디감은 묵직한 느낌을 받을 수 있다. 맛 또한 강한 편인데, 너무 오랜 시간 물과 접촉하면 텁텁한 맛과 쓴맛이 강하게 나타난다.

추출방법

(a) 준비하기

- 멜리타 드리퍼, 종이필터, 드립포트, 서버, 온도계, 저울, 계량스푼
- 한 잔 기준 - 원두 10g, 물 150ml

(b) 뜸 들이기

- 1인분 기준 원두 10g을 분쇄한 후 드리퍼 안의 종이필터에 담고 표면을 평평하게 고른다.
- 원두 볶음도에 따라서 물을 준비하고 온도를 체크한다.
- 드리퍼의 중심에서 시작하여 바깥쪽으로 나선형을 그리며 물을 주입한다.
  (일반적으로 30~40초 이내 시간을 기다린다)

(c) 추출과정

- 칼리타 방식과는 달리 물을 나누어 붓지 않고 150ml의 물을 계량하여 계속해서 물을 주입한다.

(d) 마무리하기

• 물을 다 주입하면 커피가 추출될 때까지 기다린 뒤 드리퍼를 분리한다.

** 풀 오버 드립 드립법은 일명 유럽식 드립이라고도 한다. 물을 한 번에 주입해서 커피 성분을 추출하는 방식으로 여러 가지 드립법 중에서 가장 간단한 방법이다. 멜리타 도구를 풀오버 드립법으로 하면 뜸 들이기 없이 바로 추출할 수 있다.

※ 멜리타 드립식 추출 설계 표

멜리타	원두명	볶음도	커피양 (g)	분쇄도	물의 양 (ml)	물의 온도	추출 시간	희석수의 양 (ml)
기본								
1								
2								

② 칼리타

1958년 일본 도쿄에서 창업하여 60여 년간 커피를 추출하기 위한 도구를 제조, 판매하는 회사로 멜리타 드리퍼의 추출이 오래 걸리는 단점을 보완하였다. 바닥은 수평이고 추출구는 3개로 이루어져 있다. 리브는 드리퍼의 위까지 올라와 있다. 추출 시간은 추출구가 1개만 있는 멜리타에 비해 빠르고, 맛은 부드러우며 추출이 안정적이다.

추출방법

(a) 준비하기

- 칼리타 드리퍼, 종이필터, 드립포트, 서버, 온도계, 저울, 계량스푼
- 한 잔 기준 – 원두 10g, 물 150ml

(b) 뜸 들이기

- 1인분 기준 원두 10g을 분쇄한 후 드리퍼 안의 종이필터에 담고 표면을 평평하게 고른다.
- 원두 볶음도에 따라서 물을 준비하고 온도를 체크한다.
- 드리퍼의 중심에서 시작하여 바깥쪽으로 나선형을 그리며 물을 주입한다.
  (일반적으로 30~40초 이내 시간을 기다린다)

(c) 추출과정(1:1:1 비율)

- 1차 추출 시 물은 중심에서 바깥쪽으로, 바깥쪽에서 중심부로 주입하면서 대략 2~3바퀴 정도 돌리며 50ml 정도 물을 주입한다.
- 2차 추출 시 물은 중심에서 바깥쪽으로, 바깥쪽에서 중심부로 주입하면서 대략 2~3바퀴 정도 돌리며 50ml 정도 물을 주입한다.

- 3차 추출 시 물은 중심에서 바깥쪽으로, 바깥쪽에서 중심부로 주입하면서 대략 2~3 바퀴 정도 돌리며 50ml 정도 물을 주입한다.

⒟ 마무리하기

물을 다 주입하면 커피가 추출될 때까지 기다린 뒤 드리퍼를 분리한다.

** 칼리타 드립법의 추출과정은 중심부에서 일본어 노(の)를 그리듯이 붓고 뜨거운 물의 온도가 떨어지지 않도록 주의한다. 추출 시간은 3~4분 정도가 적당하다.

※ 칼리타 드립식 추출 설계 표

칼리타	원두명	볶음도	커피양 (g)	분쇄도	물의 양 (ml)	물의 온도	추출 시간	희석수의 양 (ml)
기본								
1								
2								

③ 칼리타 웨이브

드리퍼에 일정하게 물을 붓는 것은 커피 드립에서 가장 중요한 부분인데 칼리타 웨이브는 이런 부분을 보완하여, 균일하게 물이 퍼지도록 개발된 드리퍼이다. 웨이브 드리퍼의 특징은 필터에 20개의 웨이브(곡선 라인)가 일반 드리퍼의 리브 역할을 담당한다. 이 웨이브 필터와 드리퍼 측면의 접촉면이 기존 드리퍼의 반 정도이고, 하부는 드리퍼와 접촉하지 않아 물이 필터 안에 오래 머물러 있지 않고 신속하게 하부의 웨이브 존으로 드립된다. 한쪽에 치우치게 물을 부어도 평평한 바닥으로 인해 커피에 균일하게 퍼지기 때문에 균형감 있는 커피맛을 추출할 수 있다.

추출방법

⒜ 준비하기

- 칼리타 웨이브 드리퍼, 종이필터, 드립포트, 서버, 온도계, 저울, 계량스푼
- 한 잔 기준 – 원두 10g, 물 150ml

⒝ 뜸 들이기

- 1인분 기준 원두 10g을 분쇄한 후 드리퍼 안의 종이필터에 담고 표면을 평평하게 고른다.
- 원두 볶음도에 따라서 물을 준비하고 온도를 체크한다.
- 드리퍼의 중심에서 시작하여 바깥쪽으로 나선형을 그리며 물을 주입한다.
  (일반적으로 30~40초 이내 시간을 기다린다)

(c) 추출과정

- 1차 추출 시 물은 중심에서 바깥쪽으로 물을 천천히 주입한다.
- 2차 추출 시 일정한 물줄기로 1차 추출 때보다 빠르게 주입한다.
- 3차 추출 시 원하는 양만큼 물을 주입하여 추출한다.

(d) 마무리하기

원하는 양의 커피가 추출되면 드리퍼를 분리한다.

※ 칼리타 드립식 추출 설계 표

웨이브	원두명	볶음도	커피양 (g)	분쇄도	물의 양 (ml)	물의 온도	추출 시간	희석수의 양 (ml)
기본								
1								
2								

④ 고노

1923년 일본 도쿄에서 출범한 커피 브랜드로 사이폰이라 이름 붙인 회사이기도 하다. 지금의 고노 드리퍼는 1973년부터 제조, 판매되기 시작하였다. 고노는 칼리타나 멜리타보다 큰 추출구가 1개 있으며 물 붓기에 따라 추출되는 속도가 달라진다. 추출구가 크기 때문에 물 붓기를 조절함으로써 다른 드리퍼에 비해 강한 맛의 커피를 추출할 수도 있고, 부드러운 맛의 커피를 추출할 수도 있다.

추출방법

(a) 준비하기

• 고노 드리퍼, 종이필터, 드립포트, 서버, 온도계, 저울, 계량스푼
• 한 잔 기준 – 원두 15g, 물 150ml

(b) 뜸 들이기

• 1인분 기준 원두 15g을 분쇄한 후, 드리퍼 안의 종이필터에 담고 표면을 평평하게 고른다.
• 원두 볶음도에 따라서 물을 준비하고 온도를 체크한다.
• 드리퍼의 중심에서 시작하여 바깥쪽으로 나선형을 그리며 물을 주입한다.
  (일반적으로 30~40초 이내 시간을 기다린다)

(c) 추출과정

• 1차 추출 시 물은 중심에서 바깥쪽으로 물을 천천히 가늘게 스프링식으로 주입한다.
• 2차 추출 시 볼록하게 부푼 부분이 낮아져 수평을 이루면 1차 추출보다 굵고 빠르게 주입한다.

• 3차 추출 시 2차 추출보다 굵고 빠르게 주입한다.

⒟ 마무리하기

원하는 양의 커피가 추출되면 드리퍼를 분리한다.

※ 고노 드립식 추출 설계 표

고노	원두명	볶음도	커피양 (g)	분쇄도	물의 양 (ml)	물의 온도	추출 시간	희석수의 양 (ml)
기본								
1								
2								

⑤ 하리오

하리오(HARIO)는 일본어로 '유리의 왕'이라는 뜻으로 일본의 내열유리 제품을 만드는 식기 회사인 하리오 사에서 만든 드리퍼이다. 고노 드리퍼를 개량한 도구로 리브가 회오리 형태이며 드리퍼의 끝까지 올라와 있다. 추출구는 고노보다 좀 더 크다.

추출방법

(a) 준비하기

- 고노 드리퍼, 종이필터, 드립포트, 서버, 온도계, 저울, 계량스푼
- 한 잔 기준 – 원두 15g, 물 150ml

(b) 뜸 들이기

- 1인분 기준 원두 15g을 분쇄한 후 드리퍼 안의 종이필터에 담고 표면을 평평하게 고른다.
- 원두 볶음도에 따라서 물을 준비하고 온도를 체크한다.
- 드리퍼의 중심에서 시작하여 바깥쪽으로 나선형을 그리며 물을 주입한다. (일반적으로 30~40초 이내 시간을 기다린다)

(c) 추출과정

- 1차 추출 시 물은 중심에서 바깥쪽으로 물을 천천히 가늘게 스프링식으로 주입한다.
- 2차 추출 시 볼록하게 부푼 부분이 낮아져 수평을 이루면 1차 추출보다 굵고 빠르게 주입한다.
- 3차 추출 시 2차 추출보다 굵고 빠르게 주입한다.

(d) 마무리하기

원하는 양의 커피가 추출되면 드리퍼를 분리한다.

※ 하리오 드립식 추출 설계 표

하리오	원두명	볶음도	커피양 (g)	분쇄도	물의 양 (ml)	물의 온도	추출 시간	희석수의 양 (ml)
기본								
1								
2								

2) 클레버(Clever)

클레버 드리퍼는 표일배를 만드는 대만 회사에서 만든 기구로, 프렌치프레스의 장점과 드리퍼의 장점을 결합하여 여과식이나 침지식으로 추출하여 누구나 손쉽게 커피의 맛과 향, 풍미를 즐길 수 있는 도구이다.

필터를 이용한 핸드드립 추출은 커피의 맛을 조절하기 위해서 숙련된 기술이 필요한 반면, 클레버 드리퍼는 독특한 실리콘 차단장치를 사용하여 추출과정이 아주 쉽고 단순하여 커피 드립 경험이 없는 초보자도 특별한 기술 없이 풍부한 맛과 향이 가득한 커피를 추출할 수 있다.

추출방법

⒜ 준비하기

- 클레버 드리퍼, 종이필터, 스틱, 온도계, 저울, 계량스푼
- 한 잔 기준 – 원두 10g, 물 150ml

⒝ 추출과정(침지식)

- 원두 분쇄 후 드리퍼 안의 종이필터에 담고 표면을 평평하게 고른다.
- 원두 볶음도에 따라서 물을 준비하고 온도를 체크한다.
- 150ml의 물을 붓고 클레버에 뚜껑을 올린다.
- 1분 정도 지나면 뚜껑을 열고 스틱(스푼)으로 다섯 번 정도 젓는다.
- 2분 후에 커피잔이나 서버에 클레버를 올려 놓는다.

(c) 마무리하기

커피가 추출될 때까지 기다린 뒤 클레버를 분리한다.(원하는 양 만큼 추출되면 클레
버를 들어 올리면 차단장치로 인하여 내려오는 커피를 즉시 멈출 수 있음)

※ 클레버 추출 설계 표

클레버	원두명	볶음도	커피양 (g)	분쇄도	물의 양 (ml)	물의 온도	추출 시간	희석수의 양 (ml)
기본								
1								
2								

※ 클레버 도구 관리 요령 및 사용 시 주의사항

- 추출 중에는 클레버 드리퍼의 하단부를 만지지 않는다.
- 추출 후에는 바로 물로 잘 헹구고, 세제는 중성 세제를 사용한다.

3) 프렌치프레스(French press)

프렌치프레스는 1933년경에 이탈리아 칼리마니(Attilio Calimani)가 만들었으며, 1950년경에 프랑스 메리오르(Merior) 사와 덴마크의 보덤(Bodum) 사가 합병해서 상품화에 성공하면서 널리 보급되었다.

프렌치프레스는 메리오르(Melior), 플런저 포트(Plunger Pot), 티 메이커(Tea Maker)로도 불린다.

프렌치프레스는 침지식으로 추출하여 원두가 가진 성분을 아낌없이 즐길 수 있는 추출기구이다. 유리와 금속 재질로 되어있기 때문에 원두에 함유된 지방 성분이 커피에 녹아들어 거칠고, 미분이 섞여 텁텁하며 바디가 강한 커피가 추출된다. 추출과정이 아주 쉽고 단순하여 특별한 기술 없이도 누구나 커피를 즐길 수 있다.

추출방법

⒜ 준비하기

- 프렌치프레스, 스틱, 온도계, 저울, 계량스푼
- 한 잔 기준 – 원두 10g, 물 150ml

(b) 추출과정

- 1인분 기준 원두 10g을 핸드드립용보다 굵게 분쇄하여 프렌치프레스에 넣는다. (원두 볶음도에 따라서 물을 준비하고 온도를 체크한다.)
- 150ml의 물을 붓고 스틱(스푼)으로 다섯 번 정도 젓는다.
- 뚜껑을 닫고 금속필터를 프렌치프레스 중간까지 천천히 누른다.
- 4분 정도 침지한 후에 금속필터를 바닥까지 누른다.

(c) 마무리하기

커피를 천천히 잔에 따른다.

※ 프렌치프레스 추출 설계 표

프렌치 프레스	원두명	볶음도	커피양 (g)	분쇄도	물의 양 (ml)	물의 온도	추출 시간	희석수의 양 (ml)
기본								
1								
2								

4) 모카포트(Moka Pot)

모카포트는 가열한 물에서 발생하는 수증기의 압력을 이용하여 추출하는 도구로 사용법이 간단하고 가격이 저렴해서 가정에서 쉽게 에스프레소 커피 맛을 낼 수 있다.

모카포트는 1933년 알폰소 비알레띠가 처음 개발하였으며, 제2차 세계대전 때문에 잊혔다가 창업자의 아들인 로베르토 비알레띠가 1956년 밀라노 세계박람회장에서 마케팅이 성공하면서 전 세계적으로 널리 보급되었다.

모카포트의 재질은 열전도율이 높은 알루미늄이 주로 사용되고 있으며 최근에는 스테인리스, 도기, 세라믹 등이 있다. 모카포트는 추출압력이 낮아 크레마가 잘 형성되지 않는데, 이를 보완하여 추출구에 밸브를 달아 크레마 형성이 가능한 브리카 제품이 탄생하였다.

추출구
뚜껑
손잡이
커피바스켓
주전자
안전밸브
보일러(물탱크)

추출방법

(a) 준비하기

- 모카포트, 버너, 계량스푼
- 한 잔 기준 – 원두 6g, 물 60ml

(b) 추출과정

- 보일러(하부 포트)에 안전밸브 아래 표시된 곳까지 물을 붓는다.
- 바스켓 필터에 원두가루를 고르게 담는다. (스틱으로 표면을 평평하게 만들어 준다)
- 원두가루를 채운 바스켓 필터를 보일러에 넣는다.

- 컨테이너와 보일러를 결합한다.

- 중간 세기의 불 위에 모카포트를 올린다.

- 커피가 추출되면서 거품이 쿨렁거리면 불을 끈다.

(c) 마무리하기

　커피를 천천히 잔에 따른다.

※ 모카포트 추출 설계 표

모카포트	원두명	볶음도	커피양 (g)	분쇄도	물의 양 (ml)	물의 온도	추출 시간	희석수의 양 (ml)
기본								
1								
2								

5) 케멕스(Chemex)

케멕스 기구는 1941년 독일의 화학자 피터 슐럼봄(Peter Schlumbohm)이 발명한 추출도구로 미국 일리노이 공과대학에서 선정한 '현대 100대 디자인'에 꼽힐 정도로 과학적으로 디자인되었다. 드리퍼와 서버 일체형 구조로 리브가 따로 없으며, 에어 채널이 공기 통로의 역할을 한다. 유리 재질은 실험실 비커나 의료기구를 만드는 데 쓰이는 것으로 환경 호르몬 걱정이 없다. 전용 필터는 종이필터와 콘필터 2가지로 나뉘는데, 종이필터는 소나무와 같은 나무 소재로 만들어져 효율이 타 필터보다 20~30% 정도 더 높다. 커피의 쓴맛은 적고, 깔끔하며 풍부한 향과 균일한 추출로 일괄된 맛을 즐길 수 있다.

에어로드

핸들

보울

버튼

추출방법

(a) 준비하기

- 케멕스, 종이필터, 드립포트(디캔터), 온도계, 저울, 계량스푼
- 여섯 잔 기준 – 원두 60g, 물 600ml(원두와 물의 비율을 설정하고 사용할 원두의 양과 투입할 물의 양을 정한다)

(b) 추출과정

- 전용 종이필터를 접어 케멕스에 장착한다. (3면이 겹쳐지는 면을 케멕스 에어로드 방향쪽으로)
- 뜨거운 물을 부어 필터를 린싱(Rinsing)하고 예열 후, 물은 버린다.
- 젖은 종이필터에 원두가루를 담고 표면을 평평하게 고른다.
- 중심에서 시작하여 바깥쪽으로 나선형을 그리며 물을 주입 후 뜸을 준다. (일반적으로 30~40초 기다린다)

- 투입하는 물의 양을 확인하면서 버튼까지 추출한다.

(c) 마무리하기

커피가 추출될 때까지 기다린 뒤 필터를 분리한다.

** 케멕스 추출을 푸어오버(pour over) 방식으로 물을 주입하면 미분이 뜨면서 좀 더 부드럽게 추출할 수 있다.

※ 케맥스 추출 설계 표

케맥스	원두명	볶음도	커피양 (g)	분쇄도	물의 양 (ml)	물의 온도	추출 시간	희석수의 양 (ml)
기본								
1								
2								

곡물 성분으로 만든 케멕스 전용 필터는 다른 필터에 비해 두껍다. 그래서 불필요한 미분, 지방 성분을 걸러서 쓴맛이 적고 깔끔한 커피 맛을 느낄 수 있다. 또한 적절한 추출 속도를 유지하는 장점이 있다. 세 겹이 있는 부분을 에어 채널 쪽으로 장착해야 추출 시 공기 흐름이 원활하며 안정적으로 밀착된다.

6) 콜드워터드립(Cold Water drip)

콜드워터드립은 17세기 네덜란드 커피 무역 상인들에 의해 알려졌으며 일명 더치커피라고 한다. 더치커피의 고향은 인도네시아 자바섬으로 당시 네덜란드 상인들은 커피를 인도네시아에서 본국으로 오랜 시간 항해하면서 흔들리는 범선에서 뜨거운 물로 커피를 추출하기는 쉽지 않았고, 추출했다 해도 커피는 쉽게 변질되었다. 이러한 문제점을 보완하기 위해 자바섬 원주민들의 커피 추출법을 응용하여 차가운 물로 커피를 추출하고 장기간 쉽게 보관할 수 있는 커피를 만들었는데, 이것이 지금까지 전해져 오는 더치커피이다. 더치커피라는 명칭은 네덜란드풍(Dutch)의 커피라 하여 붙여진 일본식 명칭이다. 영어로는 '차가운 물에 우려낸다'는 뜻으로 콜드 브루(Cold brew)라고 한다. 1970년경에 일본에 커피 열풍이 불면서 쉽고 편하게 추출할 수 있는 기구를 상품화에 성공하여 지금의 더치커피 추출기구가 완성되었다.

더치커피의 특징은 찬물로 장시간 추출하기 때문에 커피의 오일성분이 적게 추출되어 텁텁하거나 떫은맛이 없으며, 와인이나 위스키 같은 향미를 느낄 수 있다.

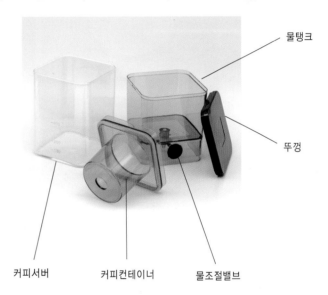

물탱크

뚜껑

커피서버   커피컨테이너   물조절밸브

추출방법

(a) 준비하기

- 워터드립, 종이필터, 저울, 계량스푼
- 한 잔 기준 - 원두 50g, 물 500ml

(b) 추출과정

- 필터에 원두가루를 고르게 담는다.

- 원두가루를 채운 필터를 하부포트에 넣는다.
- 물탱크를 하부 포터에 결합한다.
- 물탱크에 물을 붓는다.
- 밸브를 조절하여 추출수의 속도를 맞춘다.

(c) 마무리하기

추출된 커피를 소독이 잘된 깨끗한 병에 옮겨 담는다.

※ 콜드워터드립 추출 설계 표

콜드워터 드립	원두명	볶음도	커피양 (g)	분쇄도	물의 양 (ml)	물의 온도	추출 시간	희석수의 양 (ml)
기본								
1								
2								

7) 에어로프레스(Aero press)

에어로프레스는 2005년에 미국 에어로비 사의 앨런 애들러 회장이 발명한 것으로 토탈 이머전 방식의 휴대용 공기압 추출 도구이다. 기존 커피의 쓴맛 때문에 속이 거북하거나 불편하다는 점에서 착안하여 개발된 커피 기구로 국내에는 2007년에 소개되었다.

에어로프레스는 프렌치프레스와 멜리타 드리퍼를 결합한 형태의 추출 도구로 각각의 장점을 살리고, 단점을 보완하여 드립커피보다는 묵직한 맛과 프렌치프레스보다는 깔끔하면서도 사이폰 커피보다는 풍부한 아로마를 추출할 수 있는 간편한 추출 도구이다.

추출방법(순방향)

(a) 준비하기

- 에어로프레스, 종이필터, 스틱(패들), 저울, 계량스푼(스쿱)
- 한 잔 기준 – 원두 10g, 물 90ml

(b) 추출과정

- 필터캡에 필터를 넣고 체임버에 필터캡을 장착한다.

- 체임버에 분쇄한 원두를 넣는다.

- 서버에 체임버를 올린다.

- 80도 정도로 물을 부은 후 바로 10초간 젓는다.

- 플런저를 끼우고 20~30초 정도 뜸을 들인 후 20~40초간 눌러서 추출한다.

(c) 마무리하기

추출된 커피가 너무 진하면 원하는 농도로 희석한다.

※ 에어로 프레스 추출 설계표

에어로 프레스	원두명	볶음도	커피양 (g)	분쇄도	물의 양 (ml)	물의 온도	추출 시간	희석수의 양 (ml)
기본								
1								
2								

8) 이브릭과 체즈베(터키식 커피)

터키식 커피는 곱게 분쇄한 원두를 끓여 가라앉힌 다음 마시는 고전적이고 전통적인 추출법으로 1520년경에 중동의 시리아에서 커피열매를 볶아서 마시기 시작하였다는 주장이 있다. 그리스에서는 터키식 커피포트를 이브릭(Ibrik)이라고 하고 터키와 아랍에서는 체즈베(Cezve)로 불렀다.

세계에서 가장 오래된 커피 추출법으로 알려진 터키식 커피(Turkish Coffee)는 원두를 밀가루처럼 아주 곱게 갈아 체즈베에 물과 함께 끓인후 커피 찌꺼기가 가라앉으면 잔에 부어낸다. 마실 때는 설탕, 향신료를 넣고 마시거나, 버터나 소금을 입에

머금고 마신다. 이렇게 마시는 방법을 나라마다 아라비아식, 그리스식, 불가리아식이라고 부르고 있다. 마시고 난 뒤에는 커피잔을 받침 위에 엎어 놓는데, 받침 위에 생긴 모습으로 점을 치는 풍습이 오늘날까지도 이어지고 있다.

추출방법

(a) 준비하기

- 이브릭(체즈베), 버너, 스틱, 저울, 계량스푼
- 한 잔 기준(NCS 기준) - 원두 6~8g, 물 60ml

(b) 추출과정

- 커피를 아주 가늘게 분쇄한다. (에스프레소)
- 분쇄한 원두 가루를 이브릭 안에 넣는다.
- 찬물을 이브릭 안에 붓는다.
- 중간 세기의 불 위에 이브릭을 올린다.

- 거품과 함께 커피가 끓어오르면 넘치기 전에 이브릭을 불 위에 내렸다가 가라앉으면 다시 불 위에 올리고 스푼으로 저어준다.
- 이렇게 끓어오르면 내리는 동작을 2~3회 더 반복한다.

(c) 마무리하기

커피가루가 가라앉을 때까지 조금 기다렸다가 천천히 잔에 따른다. 기호에 따라 설탕 및 향신료를 첨가하기도 한다.

※ 이브릭 추출 설계표

이브릭	원두명	볶음도	커피양 (g)	분쇄도	물의 양 (ml)	물의 온도	추출 시간	희석수의 양 (ml)
기본								
1								
2								

9) 사이폰

수중기의 압력으로 하부 플라스크의 뜨거운 물을 로트로 끌어 올려 커피를 추출하는 기구로 1840년경 로버트 네이피어가 진공식 추출기구를 개발한 후 1924년 일본 고노 사에서 상품화하며 '사이폰'이라는 이름을 붙인 데서 이 기구의 명칭이 유래되었다. 사람들은 보통 '사이폰(Siphone) 커피'라고 부르는데, 이는 사실 공식 명칭이 아니라 일본 고노 사의 상품명이다.

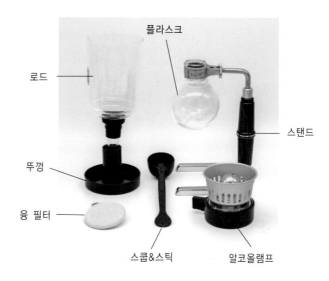

사이폰은 증기압과 진공 상태를 이용한 진공 여과 방식으로 진공 추출기(vacuum brewer)라고 한다. 핸드드립은 물줄기를 조절하는 것이 중요하다면, 사이폰은 맛의 변화를 주는 포인트가 스틱을 사용하는 기술이라는 점에서 특징적이다. 분쇄는 핸드드립보다 가늘게 해 주어야 하고 추출 시간은 되도록 1분 이내에 완료되도록 한다. 사이폰은 유리 재질이기 때문에 추출 과정에서 매우 고온 상태이므로 취급에 주의해야 한다. 또한 로트나 플라스크의 물기를 마른 수건으로 잘 닦은 후 사용해야 한다. 추출 시 플라스크에 물이 조금 남아 있는 것은 정상이다. 마지막으로 거품이 나오면 추출이 완료된 것으로 본다. 사용되는 필터 재질은 종이와 융이 있다. 사이폰은 크게 '알코올램프'와 '하부플라스크' 그리고 상부에 '로트'로 구성된다.

추출방법

(a) 준비하기

- 사이폰, 스틱, 저울, 계량스푼
- 두 잔 기준(하리오 기준) – 원두 20g, 물 240ml

(b) 추출과정

- 플라스크에 물을 넣어 가열한다. (알코올램프의 심지는 3mm 정도로 하여 하단 플라스크의 중심에 놓고 불꽃이 하단 플라스크의 바닥을 벗어나지 않도록 유의한다)
- 로드에 필터를 설치하고 분쇄한 커피를 골고루 담아서 물이 끓기 전까지 비스듬히 꽂아둔다.
- 물이 끓으면, 상단 볼을 가볍게 하단 플라스크에 결합한다.
- 물이 로트로 밀려 올라오면 막대를 이용해 5회 교반한다.
- 그 상태로 약 1분 정도 계속 가열한다.
- 스틱으로 다시 한번 나선형으로 5회 정도 저어주며 열원을 제거한다.
- 로트의 튜브를 통해 커피가 내려온다.

(c) 마무리하기

추출이 끝나면 로드를 플라스크에서 분리하여 잔에 따른다.

※ 사이폰 추출 설계표

사이폰	원두명	볶음도	커피양 (g)	분쇄도	물의 양 (ml)	물의 온도	추출 시간	희석수의 양 (ml)
기본								
1								
2								

01 커피 추출에 대한 설명으로 가장 거리가 먼 것은?

① 추출은 영어로 Extraction 또는 Brewing이라고 한다.

② 물과 분쇄된 원두 가루가 만나 침투, 용해, 분리 과정으로 추출이 이루어진다.

③ 커피 추출은 생두를 로스팅한 후 원두가 가지고 있는 최고의 맛과 향을 얻기 위한 과정이다.

④ 커피 추출 시 커피 성분을 뽑아낼 때는 꼭 뜨거운 물을 사용해야 커피의 성분이 나올 수 있다.

⑤ 적정한 크기로 분쇄한 후 여러 가지 다양한 추출 기구를 이용하여 커피의 성분을 뽑아내는 것을 말한다.

02 커피 추출의 목적 설명으로 옳은 것은?

① 원두의 모든 성분을 최대한 많이 뽑아내는 것

② 잡미가 없는 양질의 성분만 골라서 뽑아내는 것

③ 가는 원두가루로 장시간 많은 양의 커피를 뽑아내는 것

④ 많은 양의 원두가루를 사용하여 소량의 원액만은 뽑아내는 것

⑤ 커피에 따른 향미를 표현하기 위해 모든 추출기구에 분쇄도를 동일하게 뽑아내는 것

03 커피 추출과정의 순서로 맞는 것은?

① 생두 → 로스팅 → 분쇄 → 물 투입 → 커피성분 용해 → 커피입자 용출 → 커피 추출

② 생두 → 로스팅 → 분쇄 → 커피성분 용출 → 물 투입 → 커피성분 용해 → 커피 추출

③ 생두 → 분쇄 → 로스팅 → 물 투입 → 커피성분 용출 → 커피성분 용해 → 커피 추출

④ 로스팅 → 생두 → 분쇄 → 물 투입 → 커피성분 용해 → 커피입자 용출 → 커피 추출

⑤ 로스팅 → 생두 → 분쇄 → 커피성분 용출 → 물 투입 → 커피성분 용해 → 커피 추출

04 원두가루에 뜨거운 물을 투입하면 원두 가루의 수용성 물질이 녹아나와 서로 섞여서 커피로 추출되는 화학적 용어는?

① 용액   ② 용질

③ 용매   ④ 촉매

⑤ 수율

05 커피 추출과정의 3대 원리로 순서가 맞는 것은?

① 침투 - 용해 – 분리

② 침투 - 분리 – 용해

③ 용해 - 침투 – 분리

④ 용해 - 분리 – 침투

⑤ 분리 – 침투 - 용해

06 커피 추출법으로 볼 수 없는 것은?

① 침지법

② 투과법

③ 삼출법

④ 증류법

⑤ 가압여과법

07 커피 추출 시 끓는 물에 분쇄한 원두를 넣고 같이 끓이는 방식은?

① 투과법

② 달임법

③ 여과법

④ 드립여과법

⑤ 가압여과법

08 커피 추출방식에서 침지식 기구로 볼 수 없는 것은?

① 이브릭

② 사이폰

③ 퍼콜레이터

④ 커피메이커

⑤ 프렌치프레스

09 맛있는 커피를 추출할 때 상대적으로 영향이 작은 요소는?

① 물의 온도

② 물의 수질

③ 원두의 질

④ 잔의 형태

⑤ 원두의 볶음도

10 SCA에 따른 커피 추출 때 적정 추출수율은?

① 8~13%   ② 13~18%

③ 18~22%   ④ 22~26%

⑤ 26~30%

11 SCA에 따른 커피 추출 때 적정 커피농도는?

① 0.5~1.0%

② 1.0~1.5%

③ 1.5~2.0%

④ 2.0~2.5%

⑤ 2.5~3.0%

12 맛있는 커피를 위한 조건이 아닌 것은?

① 신선한 원두 사용

② 커피를 추출하는 사람의 기술

③ 신선하고 냄새가 없는 물

④ 광물질이 풍부하게 함유된 경수

⑤ 로스팅 정도에 알맞은 추출기구

13 원두 보관 방법으로 가장 거리가 먼 것은?

① 원두의 신선도를 위해 항상 냉장 보관한다.

② 개봉된 커피봉투는 공기를 최대한 빼낸 다음 밀봉한다.

③ 원두는 1~2주 이내에 소비할 수 있도록 소포장 해서 구입한다.

④ 원두를 밀봉 또는 진공용기를 사용하여 공기 접촉을 최소화한다.

⑤ 냉동 보관된 원두는 즉시 추출하지 말고 상온에서 온도가 같아진 후에 추출한다.

14 원두의 산패 요인으로 가장 거리가 먼 것은?

① 산소　　　② 수분

③ 온도　　　④ 밀도

⑤ 로스팅 정도

15 원두 산패에 대한 설명으로 가장 거리가 먼 것은?

① 포장 내 산소만으로는 산화하지 않는다.

② 다크 로스팅 원두일수록 산패가 빨리 진행된다.

③ 커피 포장백에 충전된 질소는 산패에 영향을 주지 않는다.

④ 분쇄된 커피는 원두일 때보다 5배 빨리 산패가 진행된다.

⑤ 커피가 공기 중에 산소와 결합하여 맛과 향이 변화하는 것을 말한다.

16 분쇄되는 원두의 품질을 결정하는 요소 중 가장 거리가 먼 것은?

① 로스팅 정도

② 원두의 수분 함유량

③ 그라인더의 회전수

④ 그라인더의 칼날의 간격

⑤ 원두 산지 및 등급

17 맛있는 커피를 추출하기 위한 물의 특성으로 옳은 것은?

① 연수 0~75ppm, 거친 쓴맛

② 연수 150~300ppm, 약한 쓴맛

③ 경수 약경수 75~150ppm, 마일드한 맛

④ 약경수 미네랄 함량 75~150ppm, 볼륨감과 쓴맛

⑤ 수돗물(연수) 중경수보다 신맛이 약하고, 쓴맛은 강하다.

18 커피 추출을 위한 좋은 물의 조건으로 틀린 것은?

① 불순물이 없는 물
② 수돗물보다는 정수된 물
③ 신선하고 냄새가 없는 물
④ 염소 성분이 없는 정수 물
⑤ 이산화탄소가 남아 있지 않은 물

19 커피의 수용성 성분에 대한 설명으로 틀린 것은?

① 물의 온도 및 시간이 수용성에 영향을 미친다.
② 디카페인 커피에 더 많은 수용성 성분이 있다.
③ 원두를 가늘게 분쇄할수록 수용성 성분이 많이 추출된다.
④ 생두의 로스팅 정도에 따라 수용성 성분의 양이 다르다.
⑤ 아라비카보다는 로부스타 커피가 더 많은 수용성 성분을 지닌다.

20 커피 맛의 결정적인 요인으로 가장 거리가 먼 것은?

① 볶음도
② 추출기구
③ 로스팅 기간
④ 생두의 품질
⑤ 바리스타의 경력

21 한 잔의 맛있는 커피를 위하여 지켜야 할 사항으로 가장 거리가 먼 것은?

① 잔은 예열해서 사용한다.
② 항상 신선한 원두를 사용한다.
③ 추출기구는 항상 청결하게 유지한다.
④ 깨끗하고 알맞은 온도의 물을 사용한다.
⑤ 신속한 추출을 위해 원두는 미리 분쇄해두고 사용한다.

22 다음 중 여과추출법에 해당하지 않는 것은?

① 이브릭
② 융 드립
③ 모카포트
④ 더치커피
⑤ 커피메이커

23 커피 페이퍼 필터를 최초로 고안하여 사용한 사람은?

① 가토
② 린네
③ 베젤라
④ 가찌아
⑤ 멜리타 벤츠

24 커피 추출방식 중 핸드드립에 대한 설명으로 옳은 것은?

① 끓는 물에 분쇄한 커피를 넣고 같이 끓인 후 커피를 마시는 방법
② 커피가루에 뜨거운 물을 부은 후 압력을 가해 커피액을 추출하는 방법
③ 커피가루를 뜨거운 물 속에 일정 시간 담가두어서 추출 여과하는 방법
④ 여과용 필터에 커피가루를 넣은 후 물을 부어 커피성분만을 추출하는 방법
⑤ 커피가루에 뜨거운 물을 압력을 가하여 통과시켜 커피액을 용해하여 추출하는 방법

25 커피 추출방식 중 6~7g의 커피를 20~30초 동안 7~9bar의 압력으로 추출하는 커피는?

① 더치 커피
② 이브릭 커피
③ 사이폰 커피
④ 베트남 커피
⑤ 에스프레소 커피

26 다음 중 핸드드립에 관한 설명으로 틀린 것은?

① 다양한 메뉴를 제공할 수 있다.
② 부드럽고 깔끔한 맛의 특징이 있다.
③ 추출하는 시간이 비교적 오래 걸린다.

④ 핸드드립은 주로 단종 커피에 많이 사용한다.
⑤ 핸드드립 주전자는 용량을 고려해서 선택하는 것이 좋다.

27 다음 중 핸드드립의 도구가 아닌 것은?

① 서버
② 여과지
③ 드리퍼
④ 드립포트
⑤ 포타필터

28 핸드드립 추출을 할 때 뜸 들이기 설명으로 옳은 것은?

① 가루 전체에 퍼지게 되는 반작용을 막기 위함이다.
② 커피의 수용성 성분이 용해될 시간을 주지 않기 위함이다.
③ 표면장력과 가루팽창을 주어 탄산가스가 나오는 것을 막기 위함이다.
④ 뜸 물을 부었을 때 로스팅한 지 오래된 커피일수록 많이 부풀어 오른다.
⑤ 커피입자가 물을 흡수하여 커피의 수용성 성분이 물에 녹게 되어 원활한 추출이 이루어지게 하기 위함이다.

29 핸드드립 추출을 할 때 뜸의 물 주입량이 너무 적었을 때 나타나는 반응과 거리가 먼 것은?

① 신맛이 지나치게 추출된다.
② 쓴맛이 지나치게 추출된다.
③ 떫은맛이 지나치게 추출된다.
④ 바디감이 떨어지며 개성이 없는 커피가 된다.
⑤ 활성화가 잘 안 되어 원활한 추출이 이루어지지 않는다.

30 핸드드립의 추출 방법 중 널리 쓰이는 방법으로 중앙에서 시작하여 외곽으로 나갔다가 다시 중앙으로 원을 그리며 물을 주입하는 추출법은?

① 원형 추출방법
② 점식 추출방법
③ 나선형 추출방법
④ 동전식 추출방법
⑤ 스프링식 추출방법

31 드리퍼 중에서 추출구가 3개로 깔끔하고 안정적인 맛을 낼 수 있는 기구는?

① 고노 드리퍼
② 하리오 드리퍼
③ 칼리타 드리퍼
④ 웨이브 드리퍼
⑤ 오리가미 드리퍼

32 칼리타 드립에 대한 설명으로 가장 거리가 먼 것은?

① 멜리타보다 분쇄입자를 굵게 한다.
② 추출속도가 멜리타보다 빠른 편이다.
③ 커피 맛의 변화 폭이 적고 비교적 깔끔하다.
④ 멜리타 드리퍼를 보완해서 일본에서 만들어졌다.
⑤ 일반적으로 강배전 커피 추출에는 어울리지 않는다.

33 고노 드립에 대한 설명으로 가장 거리가 먼 것은?

① 융 드립에 가까운 추출법이다.
② 추출 속도가 빠르지 않게 물을 천천히 붓는다.
③ 리브가 드리퍼 상단에서 추출구까지 이어져 있다.
④ 커피 추출구가 커서 속도를 고려해 가늘게 분쇄한다.
⑤ 칼리타 드리퍼에 비해 강한 맛의 커피를 추출할 수 있다.

34 플라스틱 드리퍼의 특성으로 가장 거리가 먼 것은?

① 보온성이 좋지 않다.

② 드립 할 때 물의 흐름을 볼 수 있다.

③ 금속이나 자기 드리퍼에 비해 저렴하다.

④ 다루기 불편하고 파손의 위험이 크다.

⑤ 오래 사용하면 형태의 변형과 흠이 생긴다.

35 네델란드 상인들에 의해 알려져 찬물로 장시간 추출하는 커피는?

① 더치 커피

② 모카 커피

③ 사이폰 커피

④ 베트남 커피

⑤ 스페셜 커피

36 터키식 커피로 체즈베(cezve)라고도 불리는 기구는?

① 사이폰

② 이브릭

③ 케맥스

④ 모카포트

⑤ 퍼콜레이터

37 터키식 커피를 조리하는 기구로 가장 오래된 추출기구는?

① Ibrik

② Dutch

③ Siphon

④ Moka pot

⑤ French Press

38 달임 방식의 커피로 커피를 거르지 않고 물과 함께 끓인 후 마시므로 강한 바디를 느낄 수 있는 커피는?

① 모카 커피

② 루왁 커피

③ 이브릭 커피

④ 사이폰 커피

⑤ 핸드드립 커피

39 커피와 커피 추출 방식이 틀린 것은?

① 달임방식 – 이브릭 커피

② 압력방식 – 모카포트 커피

③ 여과방식 – 핸드드립 커피

④ 달임방식 – 워터드립 커피

⑤ 진공방식 – 사이폰 커피

40 커피 추출 방식 중 침지식 추출 방식에 해당하는 기구가 아닌 것은?

① 사이폰

② 워터 드립

③ 터키식 커피

④ 퍼컬레이터

⑤ 프렌치프레스

41 다음은 추출의 방법 중 어떤 기구의 설명인가?

> 침출식 커피 추출의 한 변형으로, 하부 플라스크에서 만들어진 수증기압은 뜨거운 물을 커피가 담겨 있는 상부 플라스크로 밀어 옮기고 일정하게 저으면서 가용 성분을 침출한다.

① 진공 방식　　② 달이기 방식
③ 우려내기 방식　④ 드립여과 방식
⑤ 가압여과 방식

42 다음은 추출의 방법 중 어떤 기구의 설명인가?

> 뜨거운 물과 커피 추출액이 반복하여 커피 층을 통과하면서 가용 성분을 추출한다.

① 진공 방식　　② 달이기 방식
③ 우려내기 방식　④ 드립여과 방식
⑤ 가압여과 방식

43 다음은 추출의 방법 중 어떤 기구의 설명인가?

> 2~10기압의 뜨거운 물이 커피 케이크을 빠르게 통과하면서 가용성 향미 성분과 불용성인 커피 기름과 미세한 섬유질 그리고 가스를 함께 유화시켜 짙은 농도의 커피를 만든다.

① 진공 방식　　② 달이기 방식
③ 우려내기 방식　④ 드립여과 방식
⑤ 가압여과 방식

44 다음은 추출의 방법 중 어떤 기구의 설명인가?

> 가정식 에스프레소 커피 추출기구로 끓는 물의 증기압력에 의해 상단으로 물이 올라가는 과정에서 커피 층을 통과하여 커피가 추출되는 원리로 '스토브 탑(Stove Top)'이라고 부른다.

① 클레버　　　② 케맥스
③ 모카포트　　④ 에스프레소
⑤ 프렌치프레스

45 다음은 추출의 방법 중 어떤 기구의 설명인가?

> 넬(nel) 드립이라고도 하는데 이는 플란넬(flannel)의 일본식 표현이며 핸드드립 중 가장 뛰어난 맛을 추출하는 기구로 '여과법의 제왕'으로 불린다.

① 융 추출
② 고노 추출
③ 하리오 추출
④ 칼리타 추출
⑤ 멜리타 추출

46 사이폰 커피를 추출할 때 커피의 농도를 조절할 수 있는 방법으로 가장 거리가 먼 것은?

① 물의 양

② 로스팅 정도

③ 커피가루의 양

④ 물과 커피가루가 접촉하는 시간

⑤ 플라스크의 물을 끓이는 열원의 종류

47 드리퍼와 서버 일체형 구조로 리브가 따로 없으며, 에어 채널이 공기 통로의 역할을 하는 커피 추출 기구는?

① 사이폰

② 케맥스

③ 워터 드립

④ 퍼컬레이터

⑤ 프렌치프레스

48 프렌치프레스와 멜리타 드리퍼를 장점을 살리고 단점을 보완 후 결합한 형태의 추출 기구는?

① 이브릭

② 모카포트

③ 퍼컬레이터

④ 프렌체프레스

⑤ 에어로프레스

49 다음은 어떤 추출 기구를 설명한 것인가?

> 필터가 장착된 피스톤을 이용해 압력을 가하여 가루는 가라앉히고 커피는 올려보내는 방식이다.

① Ibrik

② Dutch

③ Siphon

④ Moka pot

⑤ French Press

50 커피 추출방식 중 내열유리 하부 플라스크와 상부 로트로 구성되며, 수증기의 압력으로 하부 플라스크의 뜨거운 물을 로트로 끌어올려 추출하는 방식은?

① 이브릭

② 사이폰

③ 모카포트

④ 핸드드립

⑤ 프렌치프레스

정답

01 ④	02 ②	03 ①	04 ①	05 ①	06 ④	07 ②	08 ④	09 ④	10 ③
11 ②	12 ④	13 ①	14 ④	15 ①	16 ③	17 ④	18 ⑤	19 ②	20 ⑤
21 ⑤	22 ①	23 ⑤	24 ④	25 ⑤	26 ①	27 ⑤	28 ⑤	29 ④	30 ③
31 ③	32 ①	33 ③	34 ④	35 ①	36 ②	37 ①	38 ③	39 ④	40 ②
41 ①	42 ④	43 ⑤	44 ③	45 ①	46 ⑤	47 ②	48 ⑤	49 ⑤	50 ②

커피음료 제조

1. 에스프레소 / 2. 우유
3. 카페메뉴 레시피 / 4. 라떼아트

PART

V

❧ 능력단위

커피음료 제조

❧ 능력단위 정의

에스프레소 메뉴를 이해하고, 우유스티밍의 원리를 파악하여, 커피 음료 제조 및 라떼 아트 기술을 습득한다.

❧ 수행 준거

- 에스프레소의 정의와 원리를 이해할 수 있다.
- 에스프레소의 적합한 추출기준을 파악할 수 있다.
- 에스프레소의 물리적 특성과 과소/과다 추출에 대한 개념을 파악할 수 있다.
- 에스프레소의 메뉴에 따른 특성을 숙지할 수 있다.
- 우유의 특성을 파악하고, 중요한 우유의 성분을 이해할 수 있다.
- 우유스티밍의 원리와 올바른 폼밀크를 만드는 방법을 파악할 수 있다.
- 푸어링 라떼아트를 습득할 수 있다.
- 스케칭(에칭) 라떼아트를 습득할 수 있다.
- 스텐실 라떼아트를 습득할 수 있다.

PART V 커피음료 제조

1 에스프레소

1) 에스프레소의 정의와 원리

에스프레소는 영어의 Express, 즉 '빠르다'는 의미에서 유래되었으며, 에스프레소 커피머신에서 중력의 9배인 약 9bar의 높은 압력을 이용하여 20~30초 동안 20~30ml를 추출한 커피를 말한다.

유럽 최초로 커피가 전파되었던 이탈리아 베니스를 통하여 커피문화가 빠르게 확산되면서 커피는 엄청난 인기를 누리게 되었다. 따라서 이탈리아에서는 소비자들에게 더욱 신속하게 커피를 공급하기 위해 커피를 추출하고 제조하는 시간을 단축하는 기술이 필요해졌다.

그러던 20세기 초, 이탈리아에서 에스프레소 커피머신을 개발함으로써 Espresso가 탄생하였다. 에스프레소는 수용성 물질로 구성된 페이퍼 드립커피와는 다르게 지용성 물질과 수용성 물질까지 포함되어 만들어진다.

에스프레소의 추출원리는 90~95℃의 고온수에 9기압의 압력이 가해지고 이 과정에서 분쇄된 커피에 있는 미세 섬유질과 함께 이산화탄소(CO_2), 지질(Lipid), 아교질(단백질), 에멀전(Emulsion)에 의해 콜로이드(Colloid)가 형성된다. 이로 인해 에스프레소에 크레마(Crema)가 형성되며, 이러한 콜로이드(Colloid)는 계면활성제의 역할과 함께 깊은 바디감과 부드러운 질감을 느낄 수 있는 것이다.

그러므로 에스프레소는 커피의 심장이라고도 불리는 만큼 구체적으로 이해하고 다룰 필요가 있으며, 에스프레소에 대한 끊임없는 연구와 노력이 필요하다.

(1) 크레마(Crema)

크레마(Crema)는 영어로 Natural Coffee Cream이라고도 불리며, 에스프레소에서 가장 중요한 역할을 한다. 에스프레소 음료와 라떼아트에도 영향을 미치게 된다.

크레마는 단순히 추출의 영역에 그치는 것이 아니라, 생두가 자라는 환경요건부터, 품종과 가공, 로스팅에 따라 성질이 다르다. 이뿐만 아니라 추출되는 물의 성질과 추출수, 기타 다양한 추출 조건에 의해서도 매우 변화가 크므로 이러한 변수와 수많은 에스프레소 추출을 통해 형성된 크레마를 통한 올바른 에스프레소를 이해할 수 있다.

이러한 변수는 크레마가 가지고 있는 컬러, 밀도, 탄력, 응집력, 복원력에 결정이 되며, 아라비카와 로부스타를 비교해보면 크레마의 긍정적인 요소들은 아라비카가 뛰어난 편이며, 로부스타의 경우 크레마의 응고력이 강하여, 질감이 떨어지는 경우가 대부분이다.

2) 에스프레소의 물리적 특성

다음은 에스프레소가 물과 비교했을 때의 물리적 변화에 대한 내용이다.

	PH	표면장력	굴절률	전기전도도	점도	밀도
변화	감소	감소	증가	증가	증가	증가
원인	유기산성분	계면활성제 역할	고형성분	이온물질	지질(Lipid)로 인한 커피오일	고형성분

3) 에스프레소 추출

뛰어난 에스프레소를 추출하기 위해서는 먼저 올바른 추출의 동작기술을 익혀야 하며, 이러한 추출의 동작기술은 패킹(Packing)의 기술부터 추출까지 일관되고 정확한 동작기술이 이루어져야만 한다.

패킹은 분쇄된 커피를 치우치지 않도록 정량을 담는 도징(Dosing), 탬핑 전 균일한 입자 분포를 위한 레벨링(Leveling), 편차추출이 되지 않도록 평평하게 다지는 탬핑

(Temping)을 총칭한다. 다음은 에스프레소 커피머신에서 사용자가 올바른 커피 추출을 하는 동작 순서이다.

(1) 에스프레소 추출 동작 순서

① 포터필터 분리 → ② 도징 전 포터필터 바스켓 닦기 → ③ 도징(Dosing) → ④ 레벨링(Leveling) → ⑤ 탬핑(Teming) → ⑥ 포터필터 주변 청결 → ⑦ 그룹헤드에 포터필터 결합 후 에스프레소 추출

(2) 에스프레소의 추출 기준

다음 에스프레소의 추출기준은 일반적이고 객관적인 추출기준이며, 로스팅 정도와 원두의 특성에 따라 다소 변화할 수 있다.

	커피양 (g)	추출시간 (Sec)	추출 양 (ml)	추출압력 (bar)	추출수 (℃)	수소이온 농도 (PH)
기준	8±1g (싱글)	25±5Sec	25±5ml	8±1bar	90~95℃	5.4±0.2

(3) 과소추출(Under Extraction)과 과다추출(Over Extraction)

과소추출과 과다추출은 추출된 커피의 양(ml)이 적거나 많은 것이 아닌 추출된 커피의 성분(수율이나 농도 등)이 에스프레소의 적정 기준보다 적거나 지나치게 많이 추출되었을 때의 현상을 말하며, 이러한 요인은 다음 표를 통해 파악할 수 있다.

[정상추출 현상]　　　　[과소추출 현상]　　　　[과다추출 현상]

[정상추출 에스프레소]　　　　[과소추출 에스프레소]　　　　[과다추출 에스프레소]

	과소추출(Under Extraction)	과다추출(Over Extraction)
분쇄입자	분쇄 양에 따른 적정 입자보다 굵음	분쇄 양에 따른 적정 입자보다 고움
커피 양	기준 분쇄도에 맞는 커피의 양보다 분쇄커피 양이 적음	기준 분쇄도에 맞는 커피의 양보다 분쇄커피 양이 많음
물 온도	90~95℃보다 많이 낮을 때	90~95℃보다 많이 높을 때
추출 시간	추출 양 대비 짧은 추출시간	추출 양 대비 긴 추출시간
컬러/표면	크레마 컬러가 밝고 빨리 사라짐	크레마 표면에 오일이 많이 떠 있으며, 매끄럽지 않음
향미	향미가 부족하고, Flat한 맛을 지님	자극적인 쓴맛과 떫은맛이 강함
바디/질감	Watery한 바디감과 Light한 질감	질감이 부드럽거나 매끄럽지 못하고, Astringent 한(텁텁한) 느낌

4) 에스프레소 메뉴

메뉴	내용
솔로 (Solo)	일반적인 에스프레소 1샷을 뜻하며, 이탈리아에서는 보통 카페라 불린다. 20~30ml 정도의 커피를 데미타세 잔에 제공한다.
도피오 (Doppio)	영어로 Double, 두 배라는 뜻에서 유래되었으며, 더블 에스프레소를 뜻한다. 18±2g 정도의 분쇄커피로 기호에 따라 40~60ml 정도를 추출한다. 도피오는 통상적으로 투샷 or 더블샷이라고 불린다.
리스트레토 (Ristretto)	영어의 Restrict, 즉 제한한다는 뜻에서 유래되었으며, 추출시간을 짧게 하여 양이 적은 진한 에스프레소다. 기존 에스프레소 솔로(Solo)의 양보다도 적은 15ml 정도의 양으로 농도가 가장 짙고, 향미와 단맛, 신맛, 바디감이 높다.
룽고 (Lungo)	영어의 Long, 길다는 뜻에서 유래되었으며, 추출시간을 길게 하여 양이 많은 에스프레소다. 약 50ml 전후로 추출한다.

2 우유

1) 우유의 특성

우유에는 114가지의 풍부한 영양소가
많이 함유되어 있으며, 칼슘, 지방, 단백
질, 탄수화물 등 인간에게 중요한 영양소
들이 포함되어 완전식품이라고도 부른다.
공급 또한 인간의 성장에 아주 중요한 주
요 공급원인 칼슘과 단백질이 풍부하기
때문에 성장기에는 더욱 중요한 식품이기
도 하다.

2) 카세인(Casein)과 유청단백질

카세인(Casein)은 라틴어의 Caseus(치즈)에서 유래되었으며 인단백질의 한 종류로 우
유의 주요 단백질이다. 또한 카세인은 우유에 함유된 전단백질 중 약 80%를 차지하며,
산과 만나면 응고하는 무극성 물질로 커피나 치즈, 과자 등 식품첨가물에도 많이 쓰인다.
탈지유에 산 또는 응유효소를 가하여 생긴 응고물을 커드라고 부르는데, 이 커드가 우유의
주요 단백질인 카세인이 응고된 것이다. 우유의 단백질 중 80%가 카세인이 차지하고 있다
면 그 외 나머지 단백질은 락토글로불린이나 락토알부민 등의 유청단백질 등이 차지한다.

우유를 가열하면 40℃ 정도에 도달하였을 때 우유의 표면에 얇은 피막이 형성되는
것을 볼 수 있는데 이러한 원리는 우유 지방구를 둘러싸고 있는 단백질의 일종인 락토글
로불린, 락토알부민의 성분이 공기 중에 있는 산소와 결합하면서 반응하여 응고되는 현
상이다.

우유를 가열하면 휘발성 황화수소가 발생하는데 이러한 황화수소는 가열취와 이상취
를 형성한다.

3) 유당(Lactose)

[유당(Lactose)의 구조]

젖당이라고도 하며 영어로는 락토스(Lactose)이다. 유당은 포도당(Glucose)과 갈락토스 글리코사이드 결합으로 인해 형성되는 이당류이며 우유 중량의 약 2~8%를 차지한다.

(1) 유당의 작용

칼슘이 가용화되고 소장 세포의 산화적 대사계를 저해하여 칼슘의 투과성을 증대시킨다. 장관 상피세포에서 칼슘이 흡수되기 쉽게 직접 작용하며, 소장 하부의 장내세균에 의해 유당에서 생성되는 젖산, 기타 유기산이 장관의 Ph를 저하시켜 칼슘을 이온화한다.

(2) 유당불내증(Lactose Intolerance)

국내 인구의 약 70%가 가지고 있는 증상으로 유당분해 효소인 락티아제(Lactase)가 부족하여 일어나는 현상으로, 유당의 분해와 흡수를 못 하는 증상을 말한다.

즉, 소화되지 않은 유당이 소장에서 삼투현상으로 인하여 수분을 끌어들이게 되는데, 이로 인하여 복부에서는 팽만감과 경련을 일으키게 되며 대장을 통과하면서 설사를 유발하게 되는 것이다.

유당불내증은 유전적인 요인이 많으며, 동양인에게 특히 잘 나타나는 질병이다. 나이가 들면서 락티아제의 생성이 감소하여 발생하는 경우를 후천성 유당불내증이라 불린다. 후천성 유당불내증은 전 세계적으로 75% 정도가 겪고 있다.

4) 우유 스티밍과 폼밀크

(1) 우유 스티밍의 정의

우유 스티밍은 커피머신의 보일러에서 가열되어 생성된 수증기를 스팀노즐을 통하여 분사하여 주변의 공기를 끌어당김으로써 공기를 우유 속으로 주입하여 폼밀크(Foam Milk)를 형성하는 작업을 말한다.

스팀노즐에서 분사되는 스팀의 세기와 각도는 커피머신의 제조회사마다 각기 다른데, 스팀의 압력과 스팀팁의 형태, 분사구의 개수에 따라 다르므로 사용자는 커피머신에 따른 우유스티밍을 잘 숙지해야 고운 벨벳밀크를 만들 수 있다.

(2) 폼밀크(Foam Milk)의 원리와 방법

폼밀크(Foam Milk)는 스팀노즐에서 분사되는 스팀을 이용한 공기와 우유의 결합에 의해 생성된다. 폼밀크를 만들기 위한 우유의 성분은 대표적으로 2가지로 나눌 수 있는데 바로 단백질과 지방이다. 그중 우유 속 단백질은 폼밀크를 형성하는 가장 중요한 성분으로 표면에서 끌어당긴 공기를 단백질이 감싸면서 폼밀크가 만들어지는데 단백질이 변질(부패현상)되면 공기를 감싸 잡아주는 성질을 잃어버리게 됨으로써 폼밀크가 형성되지 않는다.

폼밀크 형성을 위해서는 우유가 변질되지 않은 신선한 우유를 사용해야 하고, 스팀팁 분사구가 잠겨있으면 수증기 분사를 통하여 공기를 끌어당길 수 없으므로 표면을 쳐서 공기를 끌어당겨 우유 속으로 집어넣어야 한다. 스팀팁과 우유의 표면이 너무 떨어진 상태에서 스티밍 작업을 하게 되면, 거친 거품(Dry Foam)이 형성되고 주변에 우유가 많이 튀므로 최대한 얇게 종이 한 장 차이의 간격으로 공기를 주입해야 한다. 공기가 주입되는 만큼 폼밀크가 형성되므로 메뉴와 사용 용도에 따라 조절하면 된다.

다만 폼밀크가 많아질수록 고운 거품을 만들기 위한 롤링(혼합)작업 시간은 짧아지고, 거품 또한 거칠어진다. 또한 우유와 폼의 분리속도 역시 빠르게 되므로, 우유 양 대비 너무 많은 거품의 양은 거품의 질을 떨어뜨리게 된다.

공기 주입은 대체적으로 짧은 시간에 신속하게 작업해야 하며, 롤링(혼합)작업 시간은 길게 하여 한 방향에서 안정적으로 작업을 해주는 것이 벨벳 밀크를 만들 수 있는 요인이다.

단백질 다음으로 중요한 성분은 지방이다. 단백질은 우유의 거품형성에 영향을 미친다면 우유의 지방질은 거품의 유지력에 달려있다. 특히 라떼아트의 경우 폼밀크의 두께와 질감, 폼밀크의 유지력에 따라 품질이 다르므로 식물성 크림이 첨가된 바리스타 우유나 일반 살균우유를 사용하는 것이 바람직하다.

다음은 우유 스티밍 시 스팀노즐의 위치와 혼합에 대한 올바른 예시와 올바르지 못한 예시이다.

[올바른 우유 스티밍 위치와 각도]

[올바르지 못한 스팀노즐의 위치]

[우유 스티밍의 기술 부족으로 인한 거친 거품]

3   카페메뉴 레시피

에스프레소 마끼아또
Espresso Macchiato

재료

에스프레소 25g

스팀우유와 우유거품 약간

기 법   Build+Float

잔/컵   Demitasse(80ml)

장 식   없음

만드는 법

1. 에스프레소 25g을 데미타세 잔에 추출한다.
2. 우유를 스티밍한다.
3. 스티밍한 우유, 우유거품을 에스프레소 위에 올린다.

플랫 화이트
Flat White

재료

에스프레소 45g

스팀우유 150g

기 법 Build

잔/컵 Collins(195ml)

장 식 없음

만드는 법

1. 에스프레소 45g을 추출한다.
2. 우유를 스티밍한다.
3. 준비된 잔에 에스프레소를 넣고 스티밍한 우유를 푸어링하여 골드링을 살려 모양을 낸다.

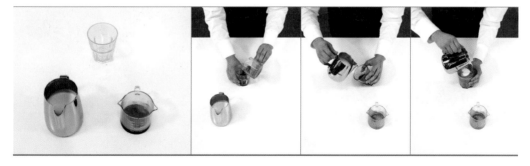

카페 라떼
Cafe Latte

재료

에스프레소 45g

스팀우유 250g

기 법 Build

잔/컵 Mug Cup(300ml)

장 식 없음

만드는 법

1. 에스프레소 45g을 추출한다.

2. 우유를 스티밍한다.

3. 준비된 잔에 에스프레소를 넣고 스티밍한 우유를 푸어링하여 골드링을 살려 모양을 낸다.

에스프레소 콘 파냐
Espresso Con Panna

재료

에스프레소 25g

휘핑크림 30g

기 법　Build+Float

잔/컵　Demitasse(80ml)

장 식　없음

만드는 법

1. 에스프레소 25g을 데미타세 잔에 추출한다.
2. 휘핑크림 30g을 거품기로 볼륨을 살린다.
3. 추출된 에스프레소 위에 휘핑크림을 올린다.

카푸치노
Cappuccino

재료

에스프레소 25g

스팀우유 150g

기 법   Build

잔/컵   Cappuccino Cup(180ml)

장 식   없음

만드는 법

1. 에스프레소 25g을 추출한다.
2. 우유를 스티밍한다.
3. 준비된 잔에 에스프레소를 넣고 스티밍한 우유를 푸어링하여 골드링을 살려 모양을 낸다.

카페 모카
Cafe Mocha

재료

에스프레소 45g

초코소스 15g

초코파우더 4g

스팀우유 200g

기 법 Stir+Build

잔/컵 Mug Cup(300ml)

장 식 없음

만드는 법

1. 에스프레소 45g을 추출한다.
2. 우유를 스티밍한다.
3. 계량컵에 초코소스 15g, 초코파우더 4g을 넣고 에스프레소를 부어 섞어준다.
4. 준비된 잔에 3의 원액을 넣고 스티밍한 우유를 푸어링한다.

라즈베리 카페 모카
Raspberry Cafe Mocha

재료

에스프레소 45g

초코소스 15g

초코파우더 4g

라즈베리시럽 20g

스팀우유 180g

기 법 Stir+Build

잔/컵 Mug Cup(300ml)

장 식 없음

만드는 법

1. 에스프레소 45g을 추출한다.
2. 우유를 스티밍한다.
3. 계량컵에 초코소스 15g, 초코파우더 4g, 라즈베리 시럽 20g을 넣고 에스프레소를 부어 섞어준다.
4. 준비된 잔에 3의 원액을 넣고 스티밍한 우유를 푸어링한다.

바닐라 라떼
Vanilla Latte

재료

에스프레소 45g

바닐라 시럽 20g

스팀우유 200g

기 법 Stir+Build

잔/컵 Mug Cup(300ml)

장 식 없음

만드는 법

1. 에스프레소 45g을 추출한다.
2. 우유를 스티밍한다.
3. 잔에 바닐라 시럽 20g을 넣고 에스프레소를 부어 섞어준다.
4. 스티밍한 우유를 푸어링한다.

연유 라떼
Dolce Latte

재료

에스프레소 45g

연유 20g

스팀우유 200g

기 법   Stir+Build

잔/컵   Mug Cup(300ml)

장 식   없음

만드는 법

1. 에스프레소 45g을 추출한다.
2. 우유를 스티밍한다.
3. 계량컵에 연유 20g 넣고 에스프레소를 부어 섞어준다.
4. 준비된 잔에 3의 원액을 넣고 스티밍한 우유를 푸어링하여 모양을 낸다.

샤케라또
Shakerato

재료

에스프레소 45g

설탕 10g

얼음 150g

기 법 Shake

잔/컵 Cocktail(150ml)

장 식 없음

만드는 법

1. 셰이커에 얼음을 담는다.
2. 추출한 에스프레소 45g를 부어준다.
3. 설탕 10g을 넣어서 20회 정도 셰이킹한다.
4. 준비된 잔에 커피와 거품을 부어준다.

오렌지 비앙코
Orange Bianco

재료

오렌지 퓨레(청) 60g

에스프레소 45g

우유 50g

얼음 80g

기 법　Build+Float

잔/컵　Underlock(470ml)

장 식　Crispy Orange

만드는 법

1. 준비된 잔에 오렌지 퓨레(청) 60g을 넣는다.
2. 잔에 얼음 80g을 담고, 우유 50g을 부어준다.
3. 거품기로 우유거품을 만들고, 스푼을 이용하여 거품을 올려준다.
4. 추출한 에스프레소 45g을 부어준다.
5. 탑에 건조 오렌지칩 한 조각을 올려 마무리한다.

아인슈페너
Einspänner

재료

에스프레소 45g

휘핑크림 100g

물 80g

얼음 80g

기 법 Build+Float

잔/컵 Underlock(300ml)

장 식 없음

만드는 법

1. 휘핑크림 100g을 계량컵에 넣고 거품기로 쳐서 볼륨을 살린다.

2. 에스프레소 45g을 추출한다.

3. 준비된 잔에 얼음 80g을 담고, 물 80g, 에스프레소 45g을 부어준다.

4. 휘핑크림을 올려 마무리한다.

크림 라떼
Cream Latte

재료

에스프레소 45g

우유 100g

휘핑크림 100g

얼음 150g

기 법　Build+Float

잔/컵　Underlock(470ml)

장 식　없음

만드는 법

1. 휘핑크림 100g을 계량컵에 넣고 거품기로 쳐서 볼륨을 살린다.
2. 에스프레소 45g을 추출한다.
3. 준비된 잔에 얼음 150g을 담고, 우유 100g, 에스프레소 45g을 부어준다.
4. 휘핑크림을 올려 마무리한다.

썸머 라떼
Summer Latte

재료

에스프레소 45g

우유 130g

바닐라 아이스크림 1스쿱

얼음 80g

기 법 Build+Float

잔/컵 Underlock(470ml)

장 식 Choco Powder

만드는 법

1. 준비된 잔에 얼음 80g을 담고, 우유 130g을 부어준다.
2. 바닐라 아이스크림을 1스쿱 넣는다.
3. 추출한 에스프레소 45g을 천천히 부어준다.
4. 초코파우더를 뿌려 마무리한다.

아이스 카푸치노
Iced Cappuccino

재료

에스프레소 45g

우유 120g

얼음 150g

기 법　Build+Float

잔/컵　Mug Cup(350ml)

장 식　없음

만드는 법

1. 거품기로 우유 거품을 만든다.
2. 준비된 잔에 얼음 150g을 담고, 우유 120g을 부어준다.
3. 추출한 에스프레소 45g을 부어준다.
4. 스푼을 이용하여 거품을 올려준다.

아이스 카페 모카
Iced Caffe Mocha

재료

에스프레소 45g

초코소스 15g

초코파우더 4g

우유 160g

얼음 200g

기 법　Stir+Build

잔/컵　Underlock(470ml)

장 식　없음

만드는 법

1. 계량컵에 초코소스 15g, 초코파우더 4g을 넣고 추출한 에스프레소 45g을 부어 섞어준다.

2. 준비된 잔에 얼음 200g을 담고, 우유 160g을 부어준다.

3. 얼음과 우유가 담긴 잔에 1의 원액을 부어준다.

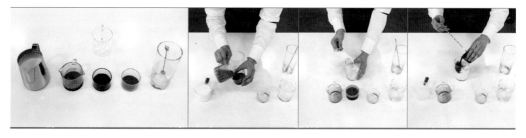

아이스 라즈베리 카페 모카
Iced Raspberry Caffe Mocha

재료

에스프레소 45g

초코소스 15g

초코파우더 4g

라즈베리 시럽 20g

우유 150g

얼음 200g

기 법 Stir+Build

잔/컵 Underlock(470ml)

장 식 없음

만드는 법

1. 계량컵에 초코소스 15g, 초코파우더 4g, 라즈베리 시럽 20g을 넣고 추출한 에스프레소 45g을 부어
   섞어준다.
2. 준비된 잔에 얼음 200g을 담고, 우유 150g을 부어준다.
3. 얼음과 우유가 담긴 잔에 1의 원액을 부어준다.

스파클링 에스프레소
Sparkling Espresso

재료

에스프레소 45g

설탕 5g

얼음 80g

진저에일 150g

얼음 150g

기 법 Shake+Build

잔/컵 Underlock(470ml)

장 식 Sliced Lemon

만드는 법

1. 셰이커에 얼음 80g을 넣고, 설탕 5g, 추출한 에스프레소 45g을 넣고 20회 정도 셰이킹한다.

2. 준비된 잔에 얼음 150g을 담고, 진저에일 150g을 부어준다.

3. 셰이킹한 에스프레소를 진저에일이 담긴 잔에 부어준다.

4. 탑에 레몬슬라이스 한 조각을 올려 마무리한다.

아이스 바닐라 라떼
Iced Vanilla Latte

재료

에스프레소 45g

바닐라시럽 20g

우유 150g

얼음 150g

기 법 Build+Float

잔/컵 Underlock(470ml)

장 식 없음

만드는 법

1. 준비된 잔에 바닐라시럽 20g을 잔에 넣는다.

2. 얼음 150g을 담고, 우유 150g을 부어준다.

3. 추출한 에스프레소 45g을 부어준다.

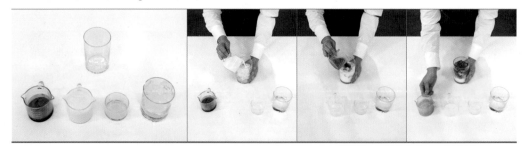

아이스 연유 라떼
Iced Dolce Latte

재료

에스프레소 45g

우유 120g

연유 20g

얼음 150g

기 법 Stir

잔/컵 Underlock(470ml)

장 식 없음

만드는 법

1. 계량컵에 연유 20g, 추출한 에스프레소 45g 넣고 섞어준다.

2. 준비된 잔에 얼음 150g을 담고, 우유 120g을 부어준다.

3. 얼음과 우유가 담긴 잔에 1의 원액을 부어준다.

아포가토
Affogato

재료

바닐라 아이스크림 1스쿱

에스프레소 25g

기 법	Build
잔/컵	Underlock(244ml)
장 식	Nuts topping & Choco Sauce Drizzle

만드는 법

1. 준비된 잔에 아이스크림 1스쿱을 원형 형태로 퍼서 올린다.
2. 추출한 에스프레소 25g을 천천히 부어준다.
3. 토핑 및 초코소스를 뿌려 마무리한다.

애플 모히또
Apple Mojito

재료

라임 1개

애플민트잎 2줄기

모히또 시럽 20g

애플주스 40g

탄산수 150g

얼음 100g

기 법   Muddling+Build

잔/컵   Collins(470ml)

장 식   Apple Mint Leaves

만드는 법

1. 라임을 반으로 잘라 반은 스퀴징하고, 나머지 반개는 4등분을 만든다.
2. 준비된 잔에 라임스퀴즈, 애플민트잎, 라임 4등분, 모히또 시럽 20g, 애플주스 40g을 넣고 머들러로 10회 정도 으깬다.
3. 얼음 100g을 담고, 탄산수 150g을 부어준다.
4. 탑에 애플민트잎을 올려 마무리한다.

블루 레몬 에이드
Blue Lemon Ade

재료

레몬 1개

레몬퓨레 20g

탄산수 180g

설탕시럽 20g

블루큐라소 10g

얼음 150g

기 법   Build

잔/컵   Collins(470ml)

장 식   Sliced Lemon & Rosemary

만드는 법

1. 레몬 1개를 스퀴징하여 레몬과즙을 준비한다.
2. 준비된 잔에 블루큐라소 시럽 10g을 넣는다.
3. 얼음 150g을 담고, 레몬과즙, 레몬퓨레 20g, 설탕시럽 20g을 넣어준다.
4. 탄산수 180g을 부어준다.
5. 탑에 레몬슬라이스, 로즈마리 잎을 올려 마무리한다.

피치 아이스 티
Peach Ice Tea

재료

잉글리쉬 블랙퍼스트티 5g

뜨거운 물 150g

피치시럽 40g

얼음 250g

기 법   Brew+Build

잔/컵   Collins(470ml)

장 식   없음

만드는 법

1. 잉글리쉬 블랙퍼스트티 5g에 뜨거운 물 150g을 넣고 2분 동안 우린다.

2. 2분 후 티를 걸러준다.

3. 준비된 잔에 얼음 250g, 피치시럽 40g을 넣고 우려낸 티 원액을 부어준다.

밀크 티
Milk tea

재료

얼그레이 7g

설탕 10g

뜨거운 물 50g

스팀우유 200g

기 법   Brew+Build

잔/컵   Mug Cup(300ml)

장 식   없음

만드는 법

1. 얼그레이 7g, 설탕 10g, 뜨거운 물 50g을 넣고 3분 동안 우린다.
2. 우유는 스티밍한다.
3. 준비된 잔에 우린 티를 넣고 스티밍한 우유를 푸어링한다.

자바 칩 프라페
Java Chip Frappe

재료

에스프레소 25g

우유 100g

자바칩 파우더 70g

<u>초코소스</u> 15g

초코칩 20g

얼음 200g

기 법 Blending

잔/컵 Underlock(470ml)

장 식 Choco Chip & Choco Sauce
Drizzle

만드는 법

1. 계량컵에 <u>초코소스</u> 15g, 추출한 에스프레소 25g을 넣고 섞어준다.

2. 블렌더에 얼음 200g을 담고, 우유 100g, 자바칩 파우더 70g, 초코칩 20g, 1을 넣고 곱게 갈아준다.

3. 곱게 갈린 음료를 준비된 잔에 담는다.

4. 탑에 <u>초코소스</u>, 초코칩을 올려 마무리한다.

딸기 스무디
Strawberry Smoothie

재료

딸기퓨레 70g

딸기 60g

바닐라 파우더 10g

우유 100g

얼음 150g

기 법　Blending

잔/컵　Underlock(470ml)

장 식　Strawberry & Apple Mint
　　　　　Leaves

만드는 법

1. 블렌더에 얼음 150g을 담고, 바닐라 파우더 10g, 우유 100g, 딸기퓨레 70g, 딸기 60g을 넣고 곱게 갈아준다.
2. 곱게 갈린 음료를 준비된 잔에 담는다.
3. 탑에 딸기, 애플민트 잎을 올려 마무리한다.

쑥 라떼
Mugwort Latte

재료

쑥파우더 40g

뜨거운 물 30g

스팀우유 200g

기 법 Stir+Build

잔/컵 Mug Cup(300ml)

장 식 Mugwort Powder

만드는 법

1. 계량컵에 뜨거운 물 30g, 쑥파우더 40g을 넣고 섞어준다.
2. 준비된 잔에 1의 원액을 넣고 스티밍한 우유를 부어준다.
3. 쑥파우더 뿌려 완성한다.

요거트 라씨
Yugurt Lassi

재료

요거트파우더 40g

우유 160g

얼음 180g

기 법 Shake

잔/컵 Underlock(470ml)

장 식 없음

만드는 법

1. 셰이커에 우유 160g, 요거트파우더 40g을 넣고 섞어준다.

2. 셰이커에 얼음 180g을 넣고 20회 정도 셰이킹한다.

3. 준비된 잔에 음료를 따른 후 마무리한다.

그린티 라떼
Greentea Latte

재료

그린티파우더 30g

뜨거운 물 30g

스팀우유 200g

기 법   Stir+Build

잔/컵   Mug Cup(300ml)

장 식   Greentea Powder

만드는 법

1. 계량컵에 뜨거운 물 30g, 그린티파우더 30g을 넣고 섞어준다.

2. 준비된 잔에 1의 원액을 넣고 스티밍한 우유를 부어준다.

3. 그린티파우더를 뿌려 장식하여 마무리한다.

초코 라떼
Chocolate Latte

재료

초코소스 25g

초코파우더 10g

뜨거운 물 30g

스팀우유 200g

기 법 Stir+Build

잔/컵 Mug Cup(300ml)

장 식 Choco Powder

만드는 법

1. 계량컵에 초코소스 25g, 초코파우더 10g, 뜨거운 물 30g 넣고 섞어준다.
2. 준비된 잔에 1의 원액을 넣고 스티밍한 우유를 부어준다.
3. 초코소스 또는 초코파우더를 뿌려 장식하여 마무리한다.

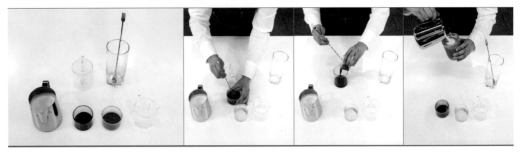

아이스 쑥 라떼
Iced Mugwort Latte

재료

쑥파우더 40g

뜨거운 물 30g

우유 170g

얼음 150g

기 법 Stir+Shake

잔/컵 Underlock(470ml)

장 식 없음

만드는 법

1. 셰이커에 뜨거운 물 30g, 쑥파우더 40g을 넣고 섞어준다.
2. 셰이커에 얼음 150g, 차가운 우유 170g을 넣고 20회 정도 셰이킹한다.
3. 준비된 잔에 음료를 따른 후 마무리한다.

단호박 라떼
Pumpkin Latte

재료

단호박파우더 45g

뜨거운 물 30g

스팀우유 200g

기 법   Stir+Build

잔/컵   Mug Cup(300ml)

장 식   Pumpkin Powder

만드는 법

1. 계량컵에 뜨거운 물 30g, 단호박파우더 45g 넣고 섞어준다.

2. 준비된 잔에 1의 원액을 넣고 스티밍한 우유를 부어준다.

3. 단호박파우더를 뿌려 장식하여 마무리한다.

아이스 그린티 라떼
Iced Greentea Latte

재료

그린티파우더 35g

뜨거운 물 30g

우유 170g

얼음 200g

기 법 Stir+Build

잔/컵 Underlock(470ml)

장 식 없음

만드는 법

1. 계량컵에 뜨거운 물 30g, 그린티파우더 35g을 넣고 섞어준다.

2. 준비된 잔에 얼음 200g을 담고, 우유 170g을 부어준다.

3. 얼음과 우유가 담긴 잔에 1의 원액을 부어준다.

아이스 초코 라떼
Iced Chocolate Latte

재료

초코소스 25g

초코파우더 15g

뜨거운 물 30g

우유 170g

얼음 200g

기 법   Stir+Build

잔/컵   Underlock(470ml)

장 식   없음

만드는 법

1. 계량컵에 초코소스 25g, 초코파우더 15g, 뜨거운 물 30g을 넣고 섞어준다.

2. 준비된 잔에 얼음 200g을 담고, 우유 170g을 부어준다.

3. 얼음과 우유가 담긴 잔에 1의 원액을 부어준다.

아이스 단호박 라떼
Iced Pumpkin Latte

재료

단호박파우더 45g

뜨거운 물 30g

우유 170g

얼음 150g

기 법 Stir+Build

잔/컵 Underlock(470ml)

장 식 없음

만드는 법

1. 계량컵에 뜨거운 물 30g, 단호박 파우더 45g을 넣고 섞어준다.

2. 준비된 잔에 얼음 150g을 담고, 우유 170g을 부어준다.

3. 얼음과 우유가 담긴 잔에 1의 원액을 부어준다.

4 라떼아트

　라떼아트(Latte Art)의 어원은 우유라는 단어를 이탈리아어로 "라떼(Latte)"와 예술=미술이라는 단어를 영어로 "아트(Art)의 합성어로 바리스타가 우유를 활용하여 다양한 예술적 작품을 만들어 내는 기술을 말한다.

　라떼아트의 기술은 그림을 표현하는 방식에 따라 다양한데 크게는 3가지 방식으로 나뉜다.

　첫 번째로는 스팀피처로 만들어낸 부드럽고 매끈한 스팀 밀크를 잘 추출된 에스프레소의 크레마에 따라 흘러가는 형태에 맞춰 부어주는 푸어링 라떼아트(Pouring Latte Art) 방식, 두 번째로는 에칭 펜을 이용하여 소스나 폼밀크을 활용하여 그리는 스케칭 라떼아트(Sketching Latte Art) 방식, 마지막으로는 투명 필름지나 종이, 판 등에 도안을 만들어 그 모양대로 오려내어 만든 틀에 색소나 파우더를 뿌려 틀을 찍어내는 스텐실 라떼아트(Stencil Latte Art) 방식이 있다.

1) 푸어링아트

(1) 결하트 만들기

① 준비된 잔에 에스프레소를 추출하고, 에스프레소가 담긴 잔의 각도를 15~30℃ 정도로 잔을 기울여 정 가운데 부분에 폼밀크를 붓는다. 이때 폼밀크는 우유와 거품이 분리되지 않은 혼합 상태가 되어야 한다. 붓는 위치는 폼밀크의 두께에 따라 높이가 다른데 평균적으로 크레마 표면에서 스팀피처 스파웃까지 5~10cm 정도의 높이에서 낙차를 주어 부어야 한다.

② 일정한 높이와 줄기로 원을 그려주면서 잔의 약 40%까지 채우면서 크레마를 안정화한다.

③ 40%까지 채운 후 줄기를 끊고 3초 이내 스팀피처 스파웃을 크레마 표면에 가까이 붙여 중앙 부분보다 약간 뒷부분에서 폼밀크를 약 1cm 두께로 일정하게 부어준다.

④ 유속이 형성되고, 폼밀크의 띠가 크레마 표면에 형성되면 1cm 두께와 1cm의 일정한 핸들링의 간격으로 좌우로 흔들어 결을 만든다.

⑤ ④의 동작을 90% 정도 채워질 때까지 진행한 후, 크레마 표면에서 스팀피처의 높이를 약 4~6cm 들어주면서 붓는 양을 절반 정도로 줄여주어 앞으로 밀어주면서 하트의 꼬리를 만들어준다.

⑥ 폼밀크의 붓는 동작을 멈추고 마무리한다.

(2) 로제타(나뭇잎) 만들기

① 준비된 잔에 에스프레소를 추출하고, 에스프레소가 담긴 잔의 각도를 15~30도 정도로 기울여 정 가운데 부분에 폼밀크를 붓는다.

② 일정한 높이와 줄기로 원을 그려주면서 잔의 약 50%까지 채우면서 크레마를 안정화한다.

③ 50%까지 채운 후 줄기를 끊고 3초 이내 스팀피처 스파웃을 크레마 표면에 가까이 붙여 중앙 부분에서 폼밀크를 1cm 정도의 두께로 일정하게 부어준다. 이때 유속이 형성되면 일정한 핸들링의 간격으로 좌우로 흔들어 결을 형성시켜준다.

④ ③의 동작을 약 75% 정도 채워질 때까지 처음 부었던 위치에서 핸들링을 진행하면서 줄기와 핸들링의 간격을 유지하면서 잔 끝부분까지 뒤로 빠지면서 잎을 그려준다.

⑤ 크레마 표면에서 스팀피처의 높이를 약 4~6cm 정도 들어주면서 붓는 양을 최대한 가늘게 줄여주고 표현된 나뭇잎의 정중앙 부분을 앞으로 그어주면서 가른다.

⑥ 폼밀크의 붓는 동작을 멈추고 마무리한다.

(3) 밀어넣기(5단 하트) 만들기

① 준비된 잔에 에스프레소를 추출하고, 일정한 높이와 줄기로 원을 그려주면서 잔의 50% 정도까지 채우면서 크레마를 안정화한다.

② 스팀피처 스파웃을 크레마 표면에 가까이 붙여 중앙 부분 또는 중앙 부분에서 폼밀크를 0.5~0.7cm 정도의 두께로 부어주면서 일정한 핸들링으로 약 5회 정도를 흔들어 결을 형성시켜 첫 번째 모양을 만든다.

③ 첫 번째 모양보다 조금 더 위쪽 크레마 표면에 첫 번째 모양을 만든 동작처럼 동일하게 부어주면서 두 번째 모양을 형성함과 동시에 우유 줄기를 첫 번째 모양 안쪽까지 밀어 넣는다.

④ 세 번째 모양과 네 번째 모양을 만들 때도 두 번째 모양을 만드는 동작처럼 동일하게 연출해 준다.

⑤ 마지막 모양은 끌고 집어넣기보다 올려준다는 느낌으로 붓는데 순간적으로 신속한 동작으로 부어준다. 그리고 모양이 형성되면 수직으로 5~10cm 정도 들면서 우유의 유량을 줄여 라떼아트 패턴의 정 중앙을 얇게 그어준다.

⑥ 폼밀크의 붓는 동작을 멈추고 마무리한다.

2) 스케칭(에칭) 라떼아트

(1) 초코소스 에칭(꽃 만들기)

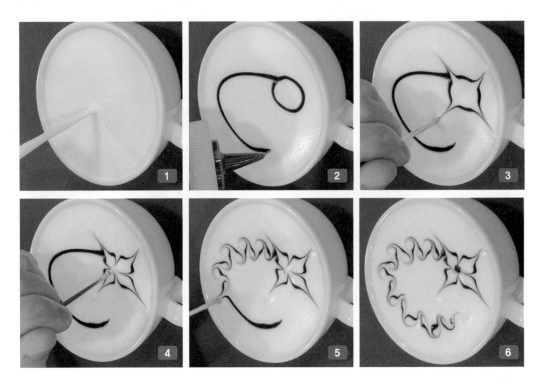

① 준비된 잔에 부드럽고 실키한 폼밀크를 잔의 상부 끝까지 일정하게 붓는다.

② 준비된 초코소스로 폼밀크 표면의 한쪽에 50원 또는 100원 정도 크기의 원을 그려주고 원 한쪽에 이어서 곡선을 그려준다.

③ 라떼아트 전용 에칭펜이나 송곳을 이용하여 원 중앙에서 바깥쪽으로 동서남북으로 그어준다.

④ 바깥쪽을 향해 동서남북 네 방향으로 그었으면 그어진 부분 사이에 바깥쪽에서 중앙 안쪽으로 네 곳을 그어 꽃 모양을 만든다.

⑤ 길게 그려진 선에 S자를 그려주면서 선 끝까지 그어준다.

⑥ 초코소스를 에칭펜에 묻힌 후 꽃 중심부에 점을 찍어 마무리한다.

(2) 폼 에칭(꽃 만들기)

① 추출된 에스프레소에 낙차를 이용하여 폼밀크를 크레마에 부어준다. 이때 크레마가 깨지지 않도록 크레마 안정화를 끝까지 잘 살려서 띄워준다.

② 티스푼과 에칭펜 뒷부분의 스푼으로 폼밀크의 윗부분을 떠서 크기에 맞게 폼밀크를 올린다.

③ 폼밀크를 다 올린 후 우측에 O모양 두 곳을 동서남북 방향으로 바깥쪽에서 안쪽으로 에칭핀을 그어 네잎클로버를 만들어 준다.

④ 왼쪽의 다섯 곳을 O모양 가운데를 가로질러 안쪽에서 바깥쪽 방향으로 그어 꽃잎을 만들어준다.

⑤ 꽃봉오리 중앙에 에칭핀 스푼으로 폼밀크를 찍어 올려준다.

⑥ 네잎클로버의 잎과 꽃에 줄기를 그어준 후 마무리한다.

3) 스텐실 라떼아트

(1) 스텐실 라떼아트1(아인슈페너/초코라떼를 이용한 태양 스텐실)

① 준비된 잔에 부드러운 폼밀크를 잔의 상부 끝까지 일정하게 붓는다.

② 다양한 디자인이 있는 스텐실 틀 중 하나(태양)를 선택하여 잔의 림 부분에 틀어지지
  않도록 스텐실 틀을 잘 맞춰 올려 놓는다.

③ 잘 올려진 스텐실 틀에 시나몬이나 초코파우더를 골고루 뿌려준다.

④ 스텐실 틀을 분리한 후 마무리하여 작품을 완성한다.

(2) 스텐실 라떼아트2(녹차라떼를 이용한 크리스마스트리 스텐실)

① 폼밀크를 잔의 상부 끝까지 일정하게 부은 후 다양한 디자인이 있는 스텐실 틀 중 하나(크리스마스 트리)를 선택하여 잔의 림 부분에 틀어지지 않도록 스텐실 틀을 잘 맞춰 올려놓는다.

② 잘 올려진 스텐실 틀에 녹차파우더를 골고루 뿌려준다.

③ 에칭핀이나 에칭핀 윗부분에 우유거품을 묻혀서 찍어주듯이 트리부분에 눈장식을 한다.

④ 스텐실 틀을 분리한 후 마무리하여 작품을 완성한다.

PART

V 기 / 출 / 문 / 제

KOREA COFFEE BEVERAGE MASTER

01 에스프레소를 추출할 때 가장 적절한 추출시간은?

① 10±5 　② 25±5

③ 40±5 　④ 55±5

⑤ 70±5

02 에스프레소를 추출하기 위한 기준으로 가장 알맞은 것은?

① 분쇄된 커피의 양: 4±1g

② 추출압력: 9±1bar

③ 물의 온도: 55-60℃

④ 추출 시간: 10±5초

⑤ 추출 양: 15±5ml

03 에스프레소 추출 시 적절한 물의 온도는?

① 55~60℃ 　② 65~70℃

③ 75~80℃ 　④ 85~90℃

⑤ 90~95℃

04 다음 중 에스프레소에 대한 설명으로 옳은 것은?

① 에스프레소는 영어의 Express, 즉 빠르다는 의미에서 유래되었다.

② 에스프레소는 중력의 3배인 약 3bar 의 압력으로 추출하는 것이다.

③ 1샷의 에스프레소 적정 추출양은 60ml이다.

④ 에스프레소는 필터에 의해 지용성 성분이 걸러져 수용성 성분만이 추출되는 커피이다.

⑤ 추출시간은 10~15초가 가장 적당하다.

05 다음은 에스프레소 크레마에 대한 설명으로 틀린 것은?

① 크레마(Crema)는 영어로 Natural Coffee Cream이라고도 불린다.

② 생두가 자라는 환경요건부터, 품종과 가공, 로스팅에 따라 크레마의 성질이 각기 다르다.

③ 아라비카와 로부스타를 비교해보면 크레마의 긍정적인 요소들은 아라비카가 뛰어난 편이다.

④ 크레마는 페이퍼 필터를 이용한 핸드드립 커피에서도 추출된다.

⑤ 로부스타의 경우 크레마의 응고력이 강하여 질감이 떨어지는 경우가 대부분이다.

06 다음 중 에스프레소를 물과 비교했을 때 에스프레소의 물리적 특성 변화에서 바르지 못한 것은?

① Ph − 감소

② 표면장력 − 감소

③ 굴절률 − 증가

④ 점도 − 증가

⑤ 밀도 − 감소

07 다음 에스프레소의 물리적 특성의 원인으로 틀린 것은?

① Ph − 유기산

② 표면장력 − 계면활성제

③ 굴절률 − 고형성분

④ 점도 − 지질

⑤ 밀도 − 카페인

08 다음 중 에스프레소 추출에 따른 커피의 향미에 영향을 주는 요소 중 거리가 먼 것은?

① 추출 온도

② 추출 시간

③ 잔의 재질

④ 추출 양

⑤ 분쇄입자

09 다음은 과소추출(Under Extraction)에 대한 설명으로 틀린 것은?

① 자극적인 쓴맛과 떫은맛이 강하다.

② 기준 분쇄도에 맞는 커피의 양보다 분쇄커피 양이 적다.

③ 추출에 맞는 적정 물의 온도(90~95℃)가 많이 낮다.

④ 기준보다 추출시간이 빠르고 짧은 현상이다.

⑤ 분쇄 양에 따른 적정 분쇄입자가 기준보다 굵다.

10 에스프레소의 분쇄 입자가 기준보다 가늘수록 커피 추출에 미치는 영향으로 옳은 것은?

① 향미가 부족하고 가볍다.

② 추출된 크레마가 밝고 금방 사라진다.

③ 바디가 Watery하다.

④ 추출의 속도가 기준보다 느리다.

⑤ 분쇄도에 맞는 커피의 양이 기준보다 적다.

11 에스프레소 추출 양이 30ml 되는 동안 추출 시간은 60초가 나와 기준치보다 추출시간이 길게 나왔다. 추출시간이 기준보다 길었을 때 나타나는 현상으로 틀린 것은?

① 추출된 크레마가 밝고 금방 사라졌다.

② 자극적인 쓴맛이 강했다.

③ 분쇄도에 맞는 커피의 양이 기준보다 많았다.

④ 추출의 속도가 기준보다 느렸다.

⑤ 커피의 분쇄입자가 기준보다 가늘었다.

12 에스프레소 추출동작을 위한 패킹(Packing)의 구성요소로만 묶인 것은?

① 도징 / 푸어링 / 탬핑

② 도징 / 레벨링 / 탬핑

③ 도징 / 푸어링 / 점핑

④ 푸어링 / 레벨링 / 점핑

⑤ 푸어링 / 점핑 / 탬핑

13 도징(Dosing)에 대한 설명으로 맞는 것은?

① 포터필터에 담긴 커피를 균일한 입자분포로 만들어주는 작업이다.

② 편차추출이 되지 않도록 탬퍼로 눌러 평평하게 수평을 다지는 작업이다.

③ 커피를 분쇄하는 작업이다.

④ 분쇄되는 커피를 치우치지 않도록 정량을 담는 작업이다.

⑤ 추출된 커피찌꺼기를 비워주는 작업이다.

14 다음은 에스프레소를 추출하는 동작의 순서로 알맞은 것은?

① 포터필터 분리 → 포터필터 바스켓 닦기 → 레벨링 → 탬핑 → 도징 → 포터필터 주변 청결 → 그룹헤드에 포터필터 결합 → 에스프레소 추출

② 포터필터 분리 → 포터필터 주변 청결 → 탬핑 → 도징 → 레벨링 → 포터필터 바스켓 닦기 → 그룹헤드에 포터필터 결합 → 에스프레소 추출

③ 포터필터 분리 → 포터필터 주변 청결 → 포터필터 바스켓 닦기 → 탬핑 → 레벨링 → 도징 → 그룹헤드에 포터필터 결합 → 에스프레소 추출

④ 포터필터 분리 → 포터필터 바스켓 닦기 → 포터필터 주변 청결 → 도징 → 탬핑 → 레벨링 → 그룹헤드에 포터필터 결합 → 에스프레소 추출

⑤ 포터필터 분리 → 포터필터 바스켓 닦기 → 도징→ 레벨링→ 탬핑→ 포터필터 주변 청결 → 그룹헤드에 포터필터 결합 → 에스프레소 추출

15 다음은 리스트레토에 대한 설명으로 맞는 것은?

① 일반적인 에스프레소 1샷을 뜻하며, 20~30ml 정도의 양을 말한다.

② 두 배라는 뜻의 유래가 되었으며, 더블 에스프레소를 뜻하며 18±2g 정도의 분쇄커피의 양으로 기호에 따라 40~60ml 정도의 양을 말한다.

③ 양이 적은 진한 에스프레소이며, 15ml 정도의 양으로 농도가 가장 높고, 향미와 단맛, 신맛, 바디감이 높다.

④ 추출시간을 길게 하여 양이 많은 에스프레소이며, 약 50ml 전후로 추출한다.

⑤ 1샷(20~30ml)에 물을 약간 희석한 메뉴이다.

16 다음 설명에 맞는 에스프레소 메뉴는?

> 두 배라는 뜻에서 유래되었으며, 더블 에스프레소를 뜻하며 18±2g 정도의 분쇄커피의 양으로 약 40~60ml를 추출한다.

① 솔로(Solo)

② 도피오(Doppio)

③ 리스트레토(Ristretto)

④ 룽고(Longo)

⑤ 로마노(Romano)

17 다음 에스프레소 메뉴 명칭과 용량이 바르게 연결된 것은?

① 솔로(Solo) – 40~60ml

② 도피오(Doppio) – 20~30ml

③ 리스트레토(Ristretto) – 15ml

④ 룽고 (Longo) – 25ml

⑤ 로마노(Romano) – 60ml

18 풍부한 영양소가 많이 함유되어 있는 식품으로, 칼슘, 지방, 단백질, 탄수화물 등 인간에게 중요한 영양소들이 있어 완전식품이라고도 부른다. 공급 또한 인간의 성장에 있어 아주 중요하고 필요한 주요 공급원인 칼슘과 단백질이 풍부하기 때문에 성장기에는 더욱 중요한 식품은?

① 커피   ② 맥주

③ 와인   ④ 홍차

⑤ 우유

19 인단백질의 한 종류로 우유의 주요 단백질이다. 우유에 함유된 전 단백질 중 약 80%를 차지하며, 산과 만나면 응고하는 무극성 물질이다. 커피나 치즈 과자 등 식품첨가물에도 많이 쓰이는 이 성분은?

① 락토글로불린

② 락토페린

③ 락토알부민

④ 오브알부민

⑤ 카세인

20 다음 중 유청단백질로만 묶인 것은?

① 락토글로불린, 오브알부민

② 락토페린, 혈청알부민

③ 락토알부민, 오브알부민

④ 락토글로불린, 락토알부민

⑤ 혈청알부민, 오브알부민

21 우유를 가열하면 가열취와 이상취가 형성되는데 그 원인물질은?

① 산소

② 황화수소

③ 과산화수소

④ 이산화탄소

⑤ 일산화탄소

22 젖당이라고도 하며 영어로는 락토스 (Lactose)이다. 포도당(Glucose)과 갈락토스 글리코사이드 결합으로 인해 형성되는 이당류이며, 우유 중량의 약 2~8%를 차지하는 것은?

① 과당   ② 자당

③ 유당   ④ 올리고당

⑤ 맥아당

23 다음은 유당불내증에 대한 설명으로 틀린 것은?

① 국내 인구의 10% 정도가 겪는 증상이다.

② 소화되지 않은 유당이 소장에서 삼투현상으로 인하여 수분을 끌어들이게 되고, 이로 인하여 복부팽창이나 경련을 일으켜 설사를 유발한다.

③ 락타아제(lactase)가 부족하면 결핍현상으로 인하여 유당 분해와 흡수를 못 하는 현상이다.

④ 유전적인 요인이 많으며, 동양인에게 특히 잘 나타나는 질병이다.

⑤ 후천성 유당불내증의 경우 전 세계적으로 75% 정도가 겪고 있다.

24 폼밀크(Foam Milk)를 형성하는 가장 중요한 우유의 성분은?

① 칼슘   ② 지방

③ 단백질   ④ 비타민

⑤ 나트륨

25 우유 속 단백질이 변질되어 상하였을 경우 나타나는 현상 중 틀린 것은?

① 우유 스티밍을 하여도 거품형성이 되지 않는다.

② 덩어리가 있으며 응고현상이 일어난다.

③ 단백질이 변질되어 부패된 경우 음용하게 되면 복통 및 설사를 일으킨다.

④ 우유가 흰색에서 분홍색으로 변화된다.

⑤ 노린내가 나며, 고약한 이취가 난다.

26 라떼아트의 방식 3가지로만 묶인 것은?

① 푸어링, 에칭, 스텐실

② 푸어링, 에칭, 스코칭

③ 푸어링, 스코칭, 스터링

④ 에칭, 스텐실, 스코칭

⑤ 스텐실, 스코칭, 스터링

27 스팀피처를 이용하여 폼밀크(Foam Milk)를 부어 흘러가는 형태에 맞춰 그림을 그리는 방식은?

① 스코칭

② 에칭

③ 푸어링

④ 스터링

⑤ 스텐실

28 펜을 이용하여 소스나 폼밀크(Foam Milk)를 활용하여 그리는 스케칭 라떼아트(Sketching Latte Art) 방식이라고도 불리는 방식은?

① 스코칭　　② 에칭
③ 푸어링　　④ 스터링
⑤ 스텐실

29 투명 필름지나 종이, 판 등에 도안을 만들어 그 모양대로 오려낸 틀에 색소나 파우더를 뿌려 틀을 찍어내는 라떼아트 방식은?

① 스코칭　　② 에칭
③ 푸어링　　④ 스터링
⑤ 스텐실

30 다음 중 라떼아트에 필요한 재료나 도구와 거리가 먼 것은?

① 스팀피처　　② 초코소스
③ 폼밀크　　④ 파우더
⑤ 드리퍼

31 다음은 라떼아트 작품이다. 이에 해당하는 방식은?

① 스코칭　　② 에칭
③ 푸어링　　④ 스터링
⑤ 스텐실

32 다음은 라떼아트 작품이다. 이에 해당하는 방식은?

① 스코칭　　② 에칭
③ 푸어링　　④ 스터링
⑤ 스텐실

33 다음은 라떼아트 작품이다. 이에 해당하는 방식은?

① 스코칭　　② 에칭
③ 푸어링　　④ 스터링
⑤ 스텐실

◢ **정답**

01 ②	02 ②	03 ⑤	04 ①	05 ④	06 ⑤	07 ⑤	08 ③	09 ①	10 ④
11 ①	12 ②	13 ④	14 ⑤	15 ③	16 ②	17 ③	18 ⑤	19 ⑤	20 ④
21 ②	22 ③	23 ①	24 ③	25 ④	26 ①	27 ③	28 ②	29 ⑤	30 ⑤
31 ③	32 ⑤	33 ⑤							

Coffee

커피매장
위생안전관리

1. 커피매장 위생관리 / 2. 커피매장 영업 및 기물관리
3. 커피매장 고객관리

PART

VI

❧ 능력단위

커피매장 위생안전관리

❧ 능력단위 정의

커피매장의 원활한 운영을 위한 매장 위생관리 및 기물관리, 매장 영업준비 및 마감관리, 고객관리 등 전반적인 경영관리 능력을 갖춘다.

❧ 수행 준거

- 관계 법령 및 규정에 따라 개인위생을 점검할 수 있다.
- 청결한 매장 환경을 위해 위생 상태를 점검할 수 있다.
- 원활한 영업 시작을 위해 커피기계 및 기물을 점검할 수 있다.
- 매장 오픈 및 마감 체크리스트를 점검할 수 있다
- 영업 시작을 위해 포스시스템을 작동할 수 있다.
- 영업을 위해 커피 자재 및 재고량을 파악하고 관리대장을 작성할 수 있다.
- 당일 영업 마감을 위해 매장의 위생 상태를 점검할 수 있다.
- 당일 매출내역 정산 및 인수인계에 관한 영업일지를 작성할 수 있다.
- 매장 내외부 청소 일지를 작성할 수 있다.
- 고객의 서비스에 대한 불만 및 커피음료 맛에 대한 불만에 대응할 수 있다.

PART
VI

커피매장 위생안전관리

1 커피매장 위생관리

1) 식품위생법

식품으로 생기는 위생상의 위해를 방지하고 식품 영양의 질적 향상을 도모하며 식품에 관한 올바른 정보를 제공하여 국민 보건의 증진에 이바지함을 목적으로 1962년 1월 20일에 제정한 법률로 식품과 식품첨가물, 기구와 용기, 포장, 표시 기준, 영업, 벌칙 따위를 규정하고 있다.

2) 식품 위생관리 제도

식품위생법에서 정하는 영업허가, 품목제조 보고, 기준, 규격과 표시 기준, 취급 등의 금지, 영업자의 준수 사항, 식품위생 관리인 선임, 건강진단 및 위생교육, 자가 품질관리 및 보고, 식품 등의 자진회수(recall) 위생등급, 위해요소 중점 관리 기준(HACCP), 식품위생 감시 등이 있으며, 이러한 식품위생 관리는 관 주도형에서 민간 주도형으로 전환되고 있다.

3) 위생관리

(1) 식품 위생관리

① 식품의 위생과 안전

국가의 경제발전과 국민의 소득 증대로 외식산업이 성장하고 식품의 섭취가 기호식품 또는 건강의 수단으로 인식되면서 개인적·사회적·국가적 인식이 변화되었다. 식품의 위생과 안전은 국민건강을 지키는 요소가 되었으며, 식품위생 관련 법률 제도를 강화하고 있다. 따라서 식품을 다루는 업장에서는 식품위생과 개인위생, 시설위생 등에 최선을 다하여 위생적으로 음식을 제공할 수 있는 환경을 만들어야 한다.

② 쾌적한 공간 확보

위생관리의 목적은 주방에서 다양한 식품을 취급하여 식용 가능한 상품을 고객에게 직접 제공하는 과정에서 일어날 수 있는 식품위생상의 위해를 방지하고 고객의 안전과 쾌적한 공간을 확보하는 데 있다. 즉, 식품을 이용하여 음식 상품이 만들어지는 과정에서 조리사와 장비 및 식품 취급상 인체에 대한 위해를 방지할 수 있도록 충분하게 위생적으로 관리하는 것이며, 주방에서 행해지는 다양한 조리 과정에서 고객에 대한 위생상의 위해(危害)를 방지하여 안전성을 보장해야 한다.

(2) 개인 위생관리

① 개인 위생관리 지침

- 규정에 맞는 청결한 복장과 두발을 유지해야 한다.
- 질병에 노출된 직원으로부터 전염을 방지해야 한다.
- 손과 손톱을 청결하게 유지해야 한다.
- 규정에 맞는 액세서리 기준을 유지해야 한다.
- 지나친 향수 사용을 삼가고 고객에게 불편을 끼칠 수 있는 이취가 나지 않게 해야 한다.
- 근무 중 흡연, 음주, 취식, 약물에 관련한 규정에 따라야 한다.
- 건강을 유지하고 정기적인 의료 검진을 받아야 한다.

② 바리스타 복장 지침

- 유니폼: 주 2회 이상 세탁하고 항상 청결을 유지한다.
- 바지: 감색이나 검은색 계통을 입고 단정한 차림새를 유지한다.

- 명찰: 이름이 보이도록 왼쪽 가슴에 착용한다.
- 신발: 남자 직원은 구두를 신고 여직원은 되도록 단화 또는 구두를 신는다.
- 스타킹: 커피색 계통을 착용한다.

(3) 시설 위생관리

① 홀 매장 위생 관리하기

- 구성원은 철저한 위생 의식을 가지고 있어야 한다.
- 위생을 위한 시설 투자가 필요하다.
- 정기적인 세균 검사를 실시해야 한다.
- 기구 및 기구의 소독 관리 리스트를 작성하여 체계적으로 관리해야 한다.
- 작업장은 정기적으로 방제, 소독한다.
- 방충망 설치로 동물, 곤충 등을 구제한다.
- 위생적 관리가 용이한 시설물을 구입한다.

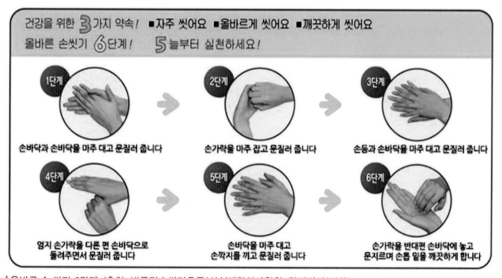

| 올바른 손 씻기 6단계 〈출처: 범국민손씻기운동본부(대한의사협회, 질병관리본부)〉

※ 위생안전 총 점검표

개인위생		예	아니오	점검자
1	모자, 머리핀, 혹은 장갑을 착용하였는가?			
2	개인용 타올을 사용하는가?			
3	보석 또는 장신구를 착용했는가?			
4	조리원이 주방에서 취식하고 있는가?			
5	직원들은 유니폼을 단정하게 착용했는가?			
식품안전 부문		**예**	**아니오**	**점검자**
1	음식물이 바닥에 떨어져 있는가?			
2	상하기 쉬운 음식이 실온에 방치되어 있는가?			
3	가능성이 있는가?			
4	음식을 냉장고에 넣기 전에 충분히 식혔는가?			
5	냉동식품을 올바르게 취급하고 있는가?			
6	온도계를 사용하여 검교정이 되었는가?			
냉장고 및 냉동고 관리 부문		**예**	**아니오**	**점검자**
1	냉장고 및 냉동고 관리온도가 유지되었는가?			
2	음식의 포장, 라벨, 선입선출이 관리되었는가?			
3	상하거나 부패한 음식이 있는가?			
4	조리된 음식과 날 음식이 분리되어 있는가?			
5	남은 음식을 기한 내에 사용하는가?			
식재 보관 창고 부문		**예**	**아니오**	**점검자**
1	음식물은 바닥에서 15cm 이상 떨어져 있는가?			
2	빈 상자는 잘 접어서 처리하는가?			
3	벌레, 쥐들의 잠입 흔적이 있는가?			
4	단위 포장 식품은 적합한 용기에 보관하는가?			
5	무거운 식품은 아래에 보관하고 있는가?			
6	바닥은 청결하고 부스러기가 없는가?			
기타 장비 보관소		**예**	**아니오**	**점검자**
1	기물, 도구들은 깨끗이 닦고 보관했는가?			
2	구급함은 사용이 가능하며 충분한가?			
3	도마를 사용한 후에 위생 처리하였는가?			
4	소화기는 제 위치에 있으며 사용가능한가?			
전체평가 의견				

4) 소독 및 살균방법

(1) 소독 방법

기구·기기 및 음식이 접촉하는 표면에 존재하는 미생물을 안전한 수준으로 감소시키는 과정이다.

① 식품위생법 시행규칙 '별표 11. 식품 등의 위생적인 취급에 관한 기준'에서는 식품 등의 제조·가공·조리에 직접 사용되는 기계·기구 및 음식기기는 사용 후에 세척·살균하는 등 항상 청결하게 유지·관리하도록 규정하고 있다.

② 식품위생법에 명시된 '기구 등의 살균·소독제'로 표시된 제품을 구입하고, 제품별 용량·용법 및 주의사항을 지켜 사용한다.

③ 세척 및 소독의 첫 단계는 물로 기구 및 용기에 붙은 찌꺼기를 제거하고 애벌 세척하는 것이다.

④ 세척제를 수세미에 묻혀 이물질을 완전히 닦아내고 흐르는 물로 세척제를 헹군다.

⑤ 적정 농도의 살균·소독제로 소독한 후 건조한다.

⑥ 기구 등의 살균 소독제는 식중독을 예방하기 위해 기구·용기·포장의 표면에 사용되는 식품첨가물로서 인체에 직접 사용해서는 안 되며, 식품의약품안전처에서 식품첨가물로 인정한 제품만 사용한다.

※ 소독의 종류 및 방법

종류	대상	소독 방법	비고
열탕 소독	식기, 행주	끓는 물에서 30초 이상 가열	그릇이 포개진 경우 끓이는 시간 연장
건열 살균	식기	식기 표면 온도 70℃ 이상	식기 소독고 사용
화학 소독	칼, 도마, 식기	용도에 맞는 기구 등의 살균 소독제를 구입하여 용법, 용량에 맞게 사용	사용 직전 조제, 농도 확인 (test paper), 유통기한 확인

출처: 식품의약품안전처(2020). 집단급식소 생활방역 매뉴얼.; 양일선 외(2021). 「단체급식」, 교문사. p213, 재인용.

(2) 세척과 소독의 일반원칙

① 세척하기 전에 소독이 끝난 용기를 보관할 받침이나 선반 등을 미리 준비한다.

② 소독 방법은 살균 소독제 사용이나 열탕 소독 모두 가능하다. 열탕 소독 시 화상 위험, 실온과 습도 상승, 에너지 낭비 등의 단점이 크므로 살균 소독제 사용을 권장한다.

③ 정해진 사용기준에 적합하게 사용하여야 하고, 살균·소독한 기구 및 용기는 식품과 접촉하기 전에 자연 또는 열풍 등의 방법으로 건조한다.

④ 식기세척기를 사용할 때는 음식물 찌꺼기를 제거하고, 식기세척기에 조리기구 및 용기를 투입하면 세척·헹굼·소독·건조가 자동으로 이루어진다.

⑤ 세척기로 소독이 되지 않을 때는 전기 식기 소독고를 사용하여 소독하여야 한다.

⑥ 소독 후에는 식품 접촉면을 공기로 건조하거나 청결히 보관할 수 있는 선반 또는 보관고에 넣어둔다.

5) 세제의 종류

세제는 용도에 따라 1종, 2종, 3종의 종류가 있으며, 1종은 2종과 3종(또는 2종 → 3종)으로 사용할 수 있지만, 3종은 2종(또는 2종 → 1종)으로 사용하면 안 된다.

(1) 1종 세제: 과일이나 야채를 씻어서 먹을 수 있는 세제

(2) 2종 세제: 식기류에만 사용하는 주방세제

(3) 3종 세제: 자동식기 세척기나 산업용 식기류, 식품의 가공기구 및 조리기구용 세척제

2 커피매장 영업 및 기물관리

1) 커피매장 영업 준비

(1) 매장 환경 점검

① 매일 아침 출근 후 매장 청소를 실시한다.

② 출입구 깔판, 출입문 간판, 유리창 청소를 하여 청결을 유지한다.

③ 배송 물품이나 택배는 제품별로 정리 정돈한다.

④ 사용하지 않는 기물은 고객의 눈에 띄지 않는 장소에 정리 정돈한다.

⑤ 바닥 및 정수기, 커피머신, 휴지 등 정리 정돈 및 작동 여부 확인 후 매일 청소한다.

⑥ 커피머신 주변은 고객이 없을 때 수시로 마른 걸레로 정리 정돈한다.

⑦ 제품 및 진열대는 밝기, 먼지, 점 등의 여부를 점검하고 청소한다.

⑧ 출입구 및 모퉁이에 방향제를 설치하여 이취를 제거한다.

⑨ 화장실 청소를 일 3회 이상 실시하고 점검한다.

⑩ 오픈 시간을 정확하게 지킨다.

⑪ 매장 인원의 수에 따라 접객 및 테이블 안내, 포스 및 카운터 담당, 메뉴 제조 등을 분업할 수 있도록 한다.

(2) 매장 기물 및 장비 점검

① 커피 기계를 점검하여 커피 추출 시 오작동 여부를 확인한다.

② 커피 기물 및 기구를 점검하여 교환, 교체한다.

③ 포스 시스템을 점검하여 오작동을 확인한다.

④ 포스의 시재를 확인하고 잔돈을 파악한다.

⑤ 커피 추출 시연으로 커피 맛을 평가하고 커피 맛을 일관되게 유지하도록 한다.

⑥ 식재료의 유통기한을 점검하고 식재료를 관리한다.

(3) 매장 배경 음악

① 시간대별, 고객 수를 고려하여 음악을 틀어 매장 분위기를 연출한다.

② 매장 내부와 외부에 동일한 음악을 튼다.

③ 음악 소리는 고객의 대화에 방해되지 않는 범위 내에서 조절한다.

④ 음악이 끊기지 않도록 담당자를 정한다.

⑤ 여러 종류의 음악을 비치하여 최신곡이나 유행곡으로 튼다.

⑥ 음악의 음질을 좋게 한다.

(4) 일별 체크사항

① 커피 원두와 식자재 재고 및 현재 재고의 상태를 확인한다.

② 원유 및 유제품의 상태 및 재고를 파악한다.

③ 금일 영업에 사용할 식재료를 확인한다.

④ 매장 내부와 테이블 청결 상태를 점검한다.

⑤ 예약고객의 테이블 세팅을 준비한다.

⑥ 기물의 청결과 비품의 재고를 확인한다.

⑦ 필요한 식자재 및 비품을 발주한다.

⑧ 주말 전일, 공휴일 전일 식자재 및 비품의 재고를 확인하고 여유 있게 발주한다.

2) 커피매장 영업 마감 관리

(1) 위생상태 점검

① 영업 시 사용한 기물 및 작업대를 청소한다.

② 작업장(bar) 동선 바닥을 청소한다.

③ 매장을 청소한다.

④ 개인 복장과 기물을 위생처리 한다.

(2) 커피기계 점검

① 드립트레이(drip tray): 기계에서 분리하여 물로 깨끗이 청소한다.

② 드립트레이 그릴(drip tray gill): 기계에서 분리하여 물로 깨끗이 청소한다.

③ 스팀파이프(steam pipe, 스팀노즐): 기계에서 열어 청소한 후 묻어 있는 우유를 젖은 행주로 깨끗이 닦아준다.

④ 온수 디스펜서(hot water dispenser): 분리하여 청소한다.

⑤ 그룹 개스킷(group gasket): 표면을 매일 청소한다.

⑥ 샤워 홀더(shower holder): 매일 마감 후 청소한다.

⑦ 필터 홀더(filter holder): 매일 마감 후 청소한다.

(3) 커피 기물, 기구 점검

① 그라인더(grinder): 그라인더 속의 모든 분쇄된 커피를 브러시로 제거한 후 깨끗하게 씻는다.

② 스팀 피처(steam pitcher): 매일 마감 후 청소한다.

③ 호퍼(hopper): 호퍼 안에 기름때는 타월로 닦아내고 3일에 한 번 깨끗하게 씻는다.

④ 탬퍼(tamper): 마감 후 청소한다.

⑤ 퍼밍 스푼(firming spoon): 소도구(식기, 스푼, 포크 등)를 매일 청소한다.

⑥ 드립포터(drip porter): 매일 마감 후 청소한다.

⑦ 제빙기: 마감 후 정리 정돈 및 작동 확인 여부를 점검한다.

⑧ 냉장고, 냉동고: 마감 후 정리 정돈하여 청소한다.

⑨ 샷 글라스: 매일 마감 후 청소한다.

⑩ 온도계: 매일 마감 후 청소한다.

⑪ 싱크대: 수시로 청소한다.

(4) 에스프레소 기계 청소

① 그룹 헤드 필터를 풀어 제거한다.

② 물을 내린 후 블라인드 포터 필터에 장착 후 여러 번 백 플러싱한다.

③ 플라스틱 브러시를 사용하여 그룹 헤드 부분의 커피 찌꺼기를 제거한 후 청소한다.

④ 노즐 팁을 떼어내 우유 찌꺼기를 제거한다.

⑤ 그룹 헤드에 블라인드 필터를 장착한다.

(5) 포스 마감

① 당일 매출 마감, 시재금 및 입출금(경비 지출) 내역을 확인하고 예비 시재금을 준비해 놓는다.

② 전반적인 고객 서비스를 점검하고 책임자는 매출을 점검하고 마감한다.

③ 매출을 확인하고 종류별 메뉴를 분석한다.

④ 다음 날 영업 시 숙지할 사항(예약, 컴플레인, 매장 보수, 매장 업무)을 근무일지에 기록하고 다음 날 근무자에게 전달한다.

(6) 보안 유지 및 안전점검

① 주요 주방시설의 시건장치를 확인한다.

② 컴퓨터의 시건장치를 확인한다.

③ 수도, 전기, 가스, 화재 예방을 점검한다.

④ 바(bar)와 홀(hall)의 시설 안전을 확인한다.

⑤ 퇴근 시 문단속을 철저히 한다.

(7) 식재료 재고 파악

① 커피원두와 우유의 재고량을 파악한다.

② 사용했던 식자재 재고를 파악하고 이에 따른 다음 날 영업 시 식자재 필요량을 근무일지에 기록하거나 다음 날 근무자에게 전달한다.

③ 필터, 냅킨, 등 일회용 소비재 점검 후 정리 정돈한다.

④ 선입선출을 할 수 있도록 재고량을 정리 정돈한다.

3) 포스 시스템(Point Of Sales system)

POS 단말기란 종전의 금전등록기, 온라인 단말기와 PC의 기능을 복합한 것으로, 매장의 주문처리 시스템과 메인컴퓨터를 연결하는 기능을 갖추어 매출 정보와 상품정보를 필요시 즉시 조회할 수 있는 전용기기이다. 즉 판매 정보를 집중적으로 관리하는 체계, 점포 판매 시스템이다.

(1) 포스 시스템의 3요소

① 포스 단말기(terminal): 금전 등록기의 역할
② 미들웨어(middleware): 포스 단말기에서 발생한 데이터를 메인 서버에 전달하는 통신 부문
③ 메인 서버(main Server): 전달된 데이터를 수집, 보관, 집계, 분석

(2) 포스 시스템의 특징

① 온라인 시스템: 매장에서의 각종 거래 발생과 동시에 데이터를 서버에 입력하고 필요한 정보를 즉시 수록한다.
② 실시간 시스템: 필요한 모든 데이터를 판매 시점에서 실시간으로 파악하여 활용할 수 있다.
③ 집중관리 시스템: 여러 대의 포스 단말기를 운용하는 경우, 매장 포스 단말기의 가동 상태와 에러 및 정산 상황 등을 메인 서버에서 집중관리 할 수 있다.
④ 거래 정보 수집: 현금, 신용카드, 미결, 취소, 할인 등 거래에 관한 모든 정보 및 상품별 정보 파악이 가능하다.

(3) 포스 시스템의 도입 목적

① 매출 등록 시간 감축 및 등록 오류 감소로 합리적 매출관리

② 간편하고 신속하게 정산 업무를 처리할 수 있다.

③ 신용카드 업무의 획기적 개선이 가능하며 불량고객(승인 거부자)을 즉시 판별하여
　불량매출을 사전에 방지한다.

④ 다양한 정상고객 확인 기능을 갖추고 있으므로 고객 서비스를 개선할 수 있다.

⑤ 전표를 작성할 필요가 없으므로 고객이 정산대에서 기다리는 시간을 줄여 준다.

⑥ 상품정보 및 영업정보의 활용에 따른 매출 극대화 다양한 분석으로 영업정보를
　다양하게 활용할 수 있다.

(4) 포스 시스템의 기대효과

① 매상 등록 시간이 단축되어 고객이 대기하는 시간을 줄일 수 있다.

② 매입, 매출, 재고, 입출금 관리를 통하여 고객만족도를 높일 수 있다.

③ 전자주문 시스템과 연계하여 신속하고 적절한 구매를 할 수 있고 재고의 적정화,
　물류관리의 합리화, 판촉 전략의 과학화 등을 가져올 수 있다.

4) 매장 안전 관리

(1) 전기 안전 상태를 점검한다.

① 전선이 산화성 물질, 날카로운 모서리 또는 고열물질 등에 노출되지 않도록 사전
　점검한다.

② 전원을 넣고 뽑을 때는 전원 플러그를 잡고 사용한다.

③ 피복의 손상 여부를 확인한다.

④ 전기 제품을 건조한 곳에 놓고 항상 건조 상태를 유지한다.

⑤ 허용된 정격 전압과 용량(110/220V)을 확인 후 사용한다.

⑥ 물청소 시 전기 제품에 물기가 스며들지 않도록 유의한다.

⑦ 사용한 전기 제품은 스위치를 끄고, 전원 플러그를 뽑아야 한다.

⑧ 전기 안전점검 일지를 작성한다.

(2) 소방시설 및 안전점검을 한다.

① 소화기 사용방법을 숙지한다.

② 소방호수전 사용방법을 숙지한다.

③ 매장의 소방 설비 작동 요령을 숙지한다.

④ 비상 방송설비, 피난 계단, 유도 등의 위치 및 작동을 점검한다.

(3) 매장의 안전 상태를 확인한다.

① 부주의로 인한 안전사고 발생 요인 점검

② 시설물 결함에 의한 사고 발생 요인 점검

③ 카트로 인한 사고 발생 요인 점검

④ 보행 안전사고 발생 요인 점검

⑤ 화상 사고 발생 요인 점검

⑥ 출입문 사고 발생 요인 점검

※ 매장 내·외부 청소 체크리스트

구분	장비명	내용	비고
오픈	그라인더	도저 내부	남은 원두 확인 (남은 찌꺼기 버리기)
	머신	전원 작동	온도가 올라간 후 판매 시작 머신 게이지 확인, 바늘 두 개가 모두 초록색에 오도록 함 (100기압)
		포터필터 세척, 장착	플러싱 해주기, 스팀 2개 빼주기
		스팀노즐 확인	
		머신온도 확인	3단으로 예열 후 2단으로 바꿔주기
	블렌더	블렌더 전원 확인	
	핫 디스펜서	온수기 전원 켜기	온수기 뒤쪽에 전원

구분	장비명	내용	비고
	쇼케이스	온도 확인	
	오븐기	오븐 예열	220도 5분 예열 필수!!
	제빙기	얼음 확인	얼음 가득 차 있을 시 off / 작업대에 얼음 채우기
	에어컨/난방기	실내적정온도 24℃ 유지	앞쪽 문을 열 땐 에어컨/난방 on/off
	냉장고	온도 확인	냉장 5도 이하, 냉동-18도~20도
		냉장고 내부 자재 확인	우유, 휘핑크림, 베이커리 등
	바	바 내부 바닥청소	
		바리스타 용품 준비	마감 청소 확인
		얼음통 옆 바스푼	물 틀어놓고, 바스푼 등 도구 담가두기
		행주 빨기	
		시럽 뚜껑 닦기	
		베이커리 확인	콩빵 굽기, 쁘숑 빵 진열
		오븐 옆 분무기- 제빵용	생수+바닐라시럽 2펌프
		부자재 준비 및 판매 재료 확인	컵, 냅킨, 스트로우 등 소모품 재고 확인, 우유, 퓌핑크림, 콩빵 등 베이커리, 수량 확인하기
		시럽, 파우더 확인	★발주 확인 / 재료 양 확인 후 채우고 유통기한 및 개봉일 표시
		파우더 스푼	머신 위에 건조 후 사용
		화분 분무기	화분에 매일 분무하기
		요일별 청소	월: 장식장, 모두 닦기 　　화분에 물 주기 수: 테이블 다리, 의자 모두 닦기 금: 유리창 닦기
		가스 밸브 켜기	
		POS개점 준비금 등록	오늘의 날짜 필수 확인 전날 마감영수증 현금 매출액 빼기 (현금매출액-현금 환불액) *비번:1234 / 준비금 20만원
	홀	음향	카페, 복도 음악 켜기(왼쪽 입구 기기)
		셀프바	냅킨, 홀더, 빨대 채우기, 닦기
		책상, 의자 닦기	

구분	장비명	내용	비고
		바닥 쓸고 닦기	
		문 닦기	
		가게 앞 쓸기	
		배너 꺼내놓기	
		서비스 바	물통 채우기, 쓰레기봉투 확인, 서비스 바 상태확인, 소모품 채워 넣기
		조명	절전 외 조명 모두 켜기, 비 오는(어두운) 날 간판, 테라스 조명 켜기
마감	재고	쁘쏭, 시럽, 파우더, 우유 등 재고 파악	재고 정리 후 파악하여 매니저에게 문자로 보고한다.
	그라인더	도저 내부	1) 남은 원두 버리기 2) 그라인더 전원을 끈다. 3) 그라인더 도저, 호퍼 뚜껑을 덮는다. 4) 탬퍼는 행주도 닦아 머신 위에 올려 건조한다. 5) 그라인더 받침, 넉박스, 탬퍼 홀더를 닦아주며 주변도 청결하게 청소한다.
	머신	전원 끄기	
		스팀노즐 청소	양쪽 모두 스팀을 많이 빼주며, 노즐에 묻어 있을 우유를 깨끗하게 닦아준다.
		그룹헤드, 포터필터 청소	1) 바스켓 포터필터, 벨크리머 분리 후 소량의 약품을 탄 물에 담가둔다. 2) 청소용 바스켓으로 찌꺼기가 묻지 않을 때까지 롤링 세척 한다. 3) 필터에 소량의 약품을 넣고 세척한다. 4) 숟가락을 이용해 샤워스크린, 개스킷을 분리한 후 닦고 스팀피처는 찬물(G)에 담가둔다. 5) 그룹헤드는 행주로 깨끗이 닦는다. 6) 드립트레이를 닦고, 드레인 박스에 뜨거운 물을 한 컵 부어, 머신을 전체적으로 닦아준다.
	블렌더	블렌더 전원 확인	
		블렌더 통 청소	세나이트 살균소독
	쇼케이스	온도 확인	
			쇼케이스 조명 끄기
	오븐기	오븐 끄기	
		오븐 팬 닦기	

구분	장비명	내용	비고
바	제빙기	전원 끄기	하절기 주 2회 청소/동절기 주 1회 청소
	냉난방기	필수 확인	전원 확인 필수
	냉장고	온도 확인	
		냉장고 내부 자재 확인	
		행주 세제 풀기	
		바리스타 용품 정리	1) 소스통을 행주로 깨끗이 닦는다. (뚜껑은 물로 닦아낸다. 파우더 뚜껑을 돌려가며 닦는다.) 2) 핫디스펜서를 전체적으로 닦고, 받침대도 닦아준다.(고인물 제거) 3) 쓰레기통 셀프바 3개, 바 4개, 컴퓨터 밑 유리, 셀프바 음료통은 매일 버린다. 4) 싱크대 옆, 컵 바구니를 비운 후 닦아준다.
		얼음통	뜨거운 물을 부어 판을 닦는다.
		휘핑기	휘핑기 꼭지를 떼어서 씻어두고, 휘핑통과 남은 우유는 냉장 보관한다.
		베이커리	남은 것 정리
		온수 끄고, 가스밸브 잠그기	가스밸브: 전원 끄고, 밸브(2개) 닫고, 가스차단기 담힘 버튼을 누른다.
		POS 마감 정산	1) 영업관리–마감정산–다음–아니오(누르기)–영업마감–정산지 출력: 정산지는 법인카드 칸에 잘 접어 넣는다. 2) 영수증 기계도 전원을 끈다.
		조명	불 끄기 (필수 확인)
	홀	책상, 의자 정리	
		테이블 닦기	
		배너 들여놓기	
		서비스 바	쓰레기통 확인 후 분리수거, 서비스 바 닦기(일반 쓰레기 비울 때 음료 버리는 곳 같이 비우기)
		소등	간판, 테라스, 복도 등 전체 소등 (*복도 문 잠그고 전체 소등)
		바닥 쓸고 닦기	
		음향	스피커를 끈다.

※ 매장 오픈 점검 체크리스트

구분	장비명	내 용	비 고	년 월										
				날 짜										
				1	2	3	4	5	6	7	8	9	～	31
오픈	그라인더	도저 내부	남은 원두 확인 (커피 찌꺼기 버리기)											
	머신	전원 작동 확인	예열 후 판매											
		스팀노즐 확인												
		머신 온도 확인												
	블렌더	블렌더 전원 확인												
	쇼케이스	온도 확인												
		빵 상태 확인	곰팡이 및 부패 정도 확인											
	오븐기	오븐 예열	예열 필수											
	제빙기	얼음 확인	얼음 Full - off											
	에어컨	절약 외 켜기	문 열어 놓을 때 off											
	냉장고	온도 확인												
		냉장고 내부 확인	우유, 휘핑, 베이커리 등											
	바	바 용품 준비	마감 청소 확인											
		행주 빨기												
		시럽 뚜껑 세척												
		시럽, 파우더 유통기한 확인	발주 확인											
		요일별 청소	월: 장식장 닦기 수: 테이블, 의자 다리 닦기 금: 유리창 닦기											
		가스 밸브 켜기												
		POS개점준비금 등록	오늘 날짜 필수 확인											
	홀	책상, 의자 닦기												
		문 닦기												
		가게 앞 쓸기												
		베너 꺼내 놓기												
		서비스 바	물통 채우기, 쓰레기 확인 서비스 바 상태 확인 소모품 채우기											

※ 매장 마감 점검 체크리스트

년 월													
구분	장비명	내 용	비 고	날 짜									
				1	2	3	4	5	6	7	8	9	～	31
마감	그라인더	도저 내부	남은 원두 확인											
	머신	전원 끄기												
		스팀노즐 청소	약품 청소											
		머신 청소												
	블렌더	블렌더 통 청소	살균액 소독											
	쇼케이스	온도 확인	곰팡이 및 부패 정도 확인											
		빵 상태 확인												
	오븐기	오븐 off	팬 세척 후 off											
	제빙기	얼음 확인	전원 off											
	에어컨	절약 외 끄기	전원 off											
	냉장고	온도 확인												
		냉장고 내부 확인	우유, 휘핑, 베이커리 등											
	바	바 용품 정리	마감 청소											
		행주 빨기	약품 풀어 담그기											
		시럽 뚜껑 세척	약품 풀어 담그기											
		조명	조명 off											
		가스 밸브 끄기												
		POS 마감 정산	오늘 날짜 필수 확인											
	홀	책상, 의자 정리												
		테이블 닦기												
		바닥 쓸고 닦기												
		배너 들여놓기												
		서비스 바	분리수거, 서비스 바 세척											

3 커피매장 고객관리

1) 고객 서비스

(1) 서비스의 개념

일반적으로 '서비스'라는 용어를 물건을 구매했을 때 덤으로 주어지는 부수적인 형태로 인식하는 경우가 많다. 그러나 서비스의 역할이 증대되고 있는 현대사회에서는 서비스의 의미를 제한적으로 파악하기보다는 고객과의 상호작용을 통해 고객의 문제를 해결해 주는 일련의 활동으로 바라보아야 할 것이다. 라틴어의 노예를 의미하는 'serves'와 노예가 주인에게 바치는 노동을 뜻하는 'servitum'에서 오늘날의 서비스(service)라는 말이 유래되었다고 한다. 하지만 서비스는 인간이 공동체 생활을 시작하면서, 인간과 인간의 만남 가운데 정서적인 측면에서 시작되었다고 보아도 무리는 없을 것이다.

서비스란 '상품의 생산과 유통을 촉진하고 삶에 무형의 가치를 부가하는 활동' 또는 '고객에게 구매나 재방문을 촉진하기 위해 친절하게 정중히 대하는 것'으로 정의된다. 또한 가시적인 서비스 결과에 비해 서비스 제공 과정이 더욱 중요한 경우가 많으며 고객의 기대 수준과 주관적인 인지에 의해 품질평가가 크게 영향을 받게 된다. "고객은 왕(Guest is king)"이란 용어는 서비스 산업에서 고객과 서비스 제공자 사이의 주종관계와 유사하게 느낄 수 있다. 고객은 왕이라고 하여 단순히 무조건적인 주종의 관계로 이해하기보다는 서비스를 제공하는 입장과 받는 입장에서 보다 원활한 서비스교환을 위해 각각의 역할을 수행해야 할 것이다.

① 고객 서비스의 중요성

우리는 다양한 서비스 시설에서 여러 종류의 서비스를 받고 있다. 서비스를 제공받으면서 고객의 관점에서 좋은 서비스와 그렇지 못한 서비스를 인식하게 된다. 특히, 서비스 관련 종사자들은 고객의 입장을 이해하는 동시에 서비스를 제공하는 입장에서 서비스 상황을 이해할 필요가 있다. 즉, 고객의 관점과 서비스 제공자로서의 관점의 상호작용을 통해 고품격 서비스가 실현될 수 있다는 것이다.

② 서비스의 특징

보여 주는 것 보다 느껴지는 부분이 더 강하게 작용하는 서비스의 일반적인 특징은 무형성, 비분리성, 이질성, 소멸성으로 요약할 수 있다. 이로 인하여 경영자는 서비스 관리를 하는 데 많은 한계점을 가지게 된다. 앞서 제시한 서비스의 일반적인 특징은 서비스 산업의 약점으로 이해해도 무방할 것이다. 따라서 서비스의 특징을 잘 이해하고 문제점을 극복하기 위한 서비스전략이다.

● 무형성(intangibility)

서비스의 특성 중 가장 대표적인 특성인 무형성은 실체가 없기 때문에 구매하기 전까지는 그 내용의 실체를 객관적으로 파악하기 힘들다. 그러므로 고객들이 서비스를 구매하기 전 불확실성을 줄이기 위한 물적 증거를 제공하고 구매 후 커뮤니케이션을 강화할 필요가 있다.

● 비분리성(inseparability)

서비스는 생산과 동시에 소비가 일어나기 때문에 이를 따로 분리하여 생각할 수 없다. 이러한 비분리성으로 인해 고객이 생산과정에 참여하는 일이 빈번하게 발생하게 되므로 서로의 상호작용이 서비스 마케팅에서 중요한 부분으로 작용한다.

● 이질성(heterogeneity)

서비스는 제공하는 사람이나 근무환경에 따라 내용과 질에 차이를 발생하기 때문에 표준화하기 어려운 특성이 있다. 따라서 서비스를 표준화시키기 위한 매뉴얼을 개발하여 일관성 있는 제품과 서비스를 제공하기 위한 노력을 해야 할 것이다.

◉ 소멸성(perishability)

서비스는 일반제품과는 달리 생산되는 즉시 소멸되는 특성을 지니므로 저장이 불가하다. 이와 같은 특성을 보완하기 위해서 수요와 공급 간의 조화와 다양한 마케팅 방안이 요구된다.

(2) 서비스 매너의 기본 정신

서비스의 특성에서 언급한 바와 같이 서비스를 구매하는 고객은 대부분 유형적 서비스 자체만을 기준으로 가치를 판단하기보다는 유형적 서비스가 제공되는 과정에서 부가적으로 제공되는 무형의 서비스 질을 기준으로 전체적인 서비스 가치를 판단하려는 속성이 있다. 즉, 서비스를 제공하는 입장과 받는 입장은 상당한 차이가 있음을 알 수 있다. 예를 들어 고객이 커피 한 잔을 마시고자 가정했을 때, 호텔 라운지에서 판매되는 커피는 인건비와 시설 이용료가 붙어서 일반 커피매장과는 다른, 새로운 가격이 형성된다. 고객으로부터 일반 커피매장보다 고가의 커피를 이용하게 하고 만족을 느끼게 하는 것은 서비스의 질을 중심으로 판단되기 때문에 주변 서비스라고 할 수 있는 무형적 서비스 역할의 중요성을 인식해야 한다. 즉, 고객이 비싸거나 싸다고 느낄 수 있는 결정 요인은 바로 서비스의 질에 달린 것이다. 따라서 고객을 대상으로 서비스를 제공하는 종사원 역할의 중요성을 인식하고 마음에서 우러나오는 서비스와 더불어 해당 업무에 대한 전문적인 지식과 스킬이 중요한 고객만족 요인으로 작용한다는 것을 인식해야 한다.

① 종사원의 서비스 정신

서비스업에 종사하는 직원들은 고객이 요구하는 서비스에 대응할 수 있는 서비스 마인드를 갖추고, 청결하며, 용모가 단정함은 물론 서비스 제공에 필요한 모든 전문 지식을 반드시 숙지하여 임무를 수행하는 데 차질이 없도록 해야 한다. 업장에서 서비스 제공자는 생산 역할을 맡을 뿐만 아니라 고객 접촉 역할도 담당하기 때문에 고객이 매장에 대하여 갖게 되는 이미지를 형성하는 데 필수적인 요인이며, 업장의 성패를 결정하는 중심적인 역할을 하고 있다. 따라서 대고객 서비스를 담당하는 이들은 서비스 상품을 완성하는 매개체의 역할을 담당하기 때문에 특별히 서비스에 대한 철학이 명확하지 않으면 원만한 서비스 제공에 많은 문제점이 발생할 수 있다. 일반적으로 서비스를 담당하는 종업원이 갖추어야 할 정신적인 요건을 서비스 정신이라고 하는데, 이는 종업원이 갖추어야 할 기본 정신의 영문 첫 글자에서 인용되었다. 따라서 업소의 서비스 제공자인 종업원은 서비스의 중요성을 인식하여 봉사 정신(service mind)을 가지고, 청결성(cleanliness), 능률성(efficiency), 경제성(economy), 정직성(honesty), 환대성(hospitality)을 통해 자발적이고 긍정적인 대고객 서비스를 제공하여, 기업의 목적 달성에 이바지해야 한다.

(3) 용모

용모와 복장은 고객에게 첫인상을 주고 업무에 임하는 마음가짐과 열의를 나타내는 것으로 항상 단정하게 관리하여 고객의 호감을 얻을 수 있도록 해야 한다. 예절의 마음은 볼 수는 없으나 그것이 표정으로 얼굴에 나타나고, 용모와 복장도 마음의 표현임은 더 말할 나위가 없다. 그러므로 단정하고 깨끗한 용모와 복장이야말로 바람직한 서비스인의 자세라고 볼 수 있다.

(4) 태도

고객과 직접적인 대면인 많은 서비스 업장에서 가장 중요한 것은 서비스를 제공하는 직원의 태도이다. 고객이 99번의 만족스러운 서비스를 경험했을지라도 단 1번의 서비스에 불만스러운 감정을 느낀다면 전체 서비스의 만족도는 제로가 되기 때문에, 서비스를 제공하는 직원은 매사에 적극적이고 친절한 태도로 고객 접점 서비스에 임해야 할 것이다. 결국 이러한 고객 응대의 태도가 충성 고객의 창출을 결정하는 핵심 요인이 된다.

(5) 인사

인사는 고객이 느낄 수 있는 첫 번째 감동으로, 최초 접점 직원은 밝은 표정과 음성으로 진심 어린 마음을 전달할 수 있어야 한다. 인사의 종류는 상황에 따라 그 요령이 다양하며 일반적으로 허리를 숙이는 각도에 따라 목례(15도), 보통례(30도), 정중례(45도)로 구분된다. 서비스 현장 상황에 맞는 인사 요령과 인사말을 익히고 습관화하여 고객 접점 서비스의 수준을 높일 수 있도록 노력해야 할 것이다.

① 매장에 들어오는 손님을 봤을 때

- 멘트: 안녕하세요. 00매장입니다.
- 솔 톤으로 인사할 수 있도록 하며 경쾌한 목소리와 밝은 미소로 맞이한다.
- 하던 일을 내려놓고 바른 자세로 인사한다.
- 손님에게 신뢰감을 줄 수 있는 미소로 맞이한다.

② 매장을 나가는 손님을 봤을 때

- 멘트: 감사합니다. 안녕히 가세요.
- 솔 톤으로 인사할 수 있도록 하며 경쾌한 목소리와 밝은 미소로 답한다.
- 손님이 또 방문하고 싶은 미소로 인사한다.

2) 고객 응대

(1) 메뉴 주문의 이해

주문은 고객의 구매행위로, 메뉴라는 매개체를 통하여 이루어지며 주문받는 것은 판매행위라 볼 수 있다. 고객은 대부분 미리 염두에 두고 메뉴를 주문하지만, 서비스 종사원의 추천에 의존하는 경우가 많으므로 매출 증진에서 종업원의 역할이 대단히 크다고 할 수 있다. 따라서 메뉴에 대한 전반적인 내용을 파악하여 고객으로부터의 주문을 합리적으로 받을 수 있도록 해야 하며 또한 매장의 이익관리 측면에서 주문이 이루어지도록 조언을 할 수 있어야 한다.

주문을 받을 때는 항상 예의를 갖추고 정중한 자세로 친절하고 세련되게 행동해서 고객을 만족시키고 업장의 매출 증가에 일조할 수 있도록 노력해야 한다.

(2) 메뉴 주문 시

① 음료/베이커리 주문 시

- (손님의 눈을 바라보며) 주문 도와드릴까요?(주문 도와드리겠습니다.)
- ICE & HOT 확인하기, 주문메뉴 확인하기

  예 주문하신 아메리카노는 따뜻하게 준비해 드릴까요?(차갑게 준비해 드릴까요?)

  예 주문 확인해드리겠습니다. 따뜻한 아메리카노 한 잔과 에스프레소 프라페 휘핑
  크림 없이 하나, 총 두 잔 맞으십니까?

- 베이커리 주문 시: 포장해드릴까요? / 드시고 가시면 데워드릴까요?
- 냉동 베이커리 주문 시: 예 주문하신 와플 7분 정도 걸리는데 괜찮으십니까?

② 결제 시

- 얼마입니다. 결제 도와드리겠습니다.
- 카드: 카드 받았습니다. 앞쪽에 서명 부탁드리겠습니다. (5만원 이하 무서명)

  현금: 현금 받았습니다. 현금영수증 필요하십니까?

- 영수증 챙겨드리겠습니다. (혹시 영수증은 버려드릴까요?)
- 매장 쿠폰 드릴까요? / 쿠폰 도장 찍어 드리겠습니다.

3) 고객 불만 대응 방법

(1) 불만 고객 이해하기

고객의 불평은 고객이 상품을 구매하는 과정에서 또는 구매한 상품에 관하여 품질이
나 서비스가 마음에 들지 않으면 고객이 제기하는 것으로, 식음료 업장에서는 자주 발생
하는 상황이다. 이러한 경우 불만의 종류와 원인에 대하여 신속하게 파악하고 처리함으
로써 고객 만족도를 높일 수 있도록 해야 한다. 고객의 불평이나 불만을 신속하게 처리
하지 못할 경우 부정적인 구전으로 인하여 많은 잠재 고객까지 잃을 수 있음을 유념해야
한다. 이를 위해서 빈번하게 발생하는 불평 사례 리스트를 작성하여 적절한 대응책을

만들고 표준화하여 대비하는 자세가 바람직하다.

(2) 고객 불평의 종류 및 원인

① 시설에 대한 불평

② 종업원 태도에 대한 불평

③ 시스템에 대한 불평

(3) 고객 불평 알아내기

불평의 사전적 의미를 살펴보면 어떤 상태가 기대에 미치지 못할 때 발생하는 것으로 볼 수 있다. 다수의 고객은 이러한 불만을 토로하기보다는 매장을 이탈하는 경우가 대부분이다.

(4) 고객 불평의 처리 방법

아무리 완벽하게 제공된 서비스일지라도 고객의 불평은 늘 존재하기 마련이다. 왜냐하면 고객은 주관적인 사고를 하는 존재로, 모든 고객의 욕구가 같을 수 없기 때문이다. 그러한 고객의 불평을 어떻게 처리하느냐에 따라 고객을 잃을 수도 있고 오히려 충성고객을 만들 수도 있다. 따라서 고객으로부터 지적이나 불평이 발생했을 경우, 항상 긍정적인 자세로 고객의 입장에 서서 정확한 원인을 파악하고 불평에 대한 해결방안을 마련하여 고객에게 호감을 줄 수 있을 만한 조치가 이루어지도록 신속하게 처리해야 한다.

① 신속한 대응

② 관심과 공감

③ 변명의 금지

④ 문제의 파악

⑤ 사람의 변경

⑥ 장소의 변경

⑦ 정중한 사과 및 문제의 해결

⑧ 재발 방지 대책 수립 및 일지 작성

PART VI 기 / 출 / 문 / 제

KOREA COFFEE BEVERAGE MASTER

01 HACCP에 대한 설명으로 틀린 것은?

① 식품위생요소 중점관리기준이다.

② 식품의 안전성을 알아내는 제도이다.

③ 위해요소 방지 및 관리방법을 설정하는 제도이다.

④ 식품 제조 공정상의 식품 안전을 위한 위해방지 제도이다.

⑤ 식품의 유통과정 중 문제점이 발생 시 제품을 자발적으로 회수하여 폐기하는 제도이다.

02 매장에서 식재료를 관리하는 원칙으로 가장 적합한 것은?

① 선입선출

② 후입선출

③ 앞쪽부터 사용

④ 큰 용량부터 사용

⑤ 작은 용량부터 사용

03 올바른 바리스타의 직무가 아닌 것은?

① 복장 및 개인위생에 철저하게 신경을 쓴다.

② 사용하는 재료는 유통기간을 정확하게 지킨다.

③ 건강을 유지하고 정기적인 의료 검진을 받아야 한다.

④ 매장은 항상 깨끗하게 청소하고 수시로 정리 정돈해 둔다.

⑤ 원두의 신선도 유지를 위해 냉장 보관하며 사용 직전에 꺼내 사용한다.

04 바리스타가 영업 개시 전에 준비하지 않아도 되는 업무는?

① 원두를 미리 분쇄해 둔다.

② 재료가 충분한지 확인한다.

③ 재료와 집기류를 정리 정돈한다.

④ 잔을 보온하고 청결한지 점검한다.

⑤ 매장 기물 및 장비를 점검한다.

05 식기류의 소독방법으로 틀린 것은?

① 80℃의 열풍에 30분 이상 처리한다.

② 100℃의 증기에 15분 이상 처리한다.

③ 모든 식기류는 화학소독으로 처리한다.

④ 100℃의 물에 완전히 잠기도록 하여 3분 이상 처리한다.

⑤ 차아염소산나트륨의 0.3~0.5% 용액에 10분간 처리한다.

06 식기류의 소독방법으로 가장 거리가 먼 것은?

① 열탕소독　　② 햇빛소독

③ 증기소돌　　④ 열풍소독

⑤ 약품소독

07 식품위해요소중점관리기준(HACCP)이 적용되는 요소로 틀린 것은?

① 홍보　　　　② 원료

③ 제조　　　　④ 가공

⑤ 유통

08 고객에게 커피를 서비스하는 방법에 대한 설명으로 틀린 것은?

① 시계방향으로 서비스한다.

② 고객의 오른쪽에서 서비스한다.

③ 여성이나 연장자에게 먼저 서비스한다.

④ 항상 미소를 띠고 밝은 표정으로 서비스한다.

⑤ 음료와 상관없이 서비스하기 어려운 메뉴부터 서비스한다.

09 매장 내 식재료의 보관 및 저장에 대한 설명으로 틀린 것은?

① 실온 저장은 15~25℃를 유지한다.

② 식품별로 분류 보관하여 교차 오염을 예방한다.

③ 곰팡이 번식을 방지하기 위해 직사광선에 노출한다.

④ 재료 특성에 따라 냉동, 냉장으로 분리하여 저장한다.

⑤ 냉장고는 5℃ 이하, 냉동고는 영하 18℃ 이하로 유지한다.

10 식재료 보관에 적절한 온도는?

① 냉장고 2℃ 내외, 냉동고 −20℃ 이하

② 냉장고 5℃ 내외, 냉동고 −18℃ 이하

③ 냉장고 8℃ 내외, 냉동고 −15℃ 이하

④ 냉장고 10℃ 내외, 냉동고 −12℃ 이하

⑤ 냉장고 12℃ 내외, 냉동고 −10℃ 이하

11 고객 불평처리 방법으로 가장 거리가 먼 것은?

① 신속한 대응

② 관심과 공감

③ 문제의 파악

④ 변명으로 문제해결

⑤ 정중한 사과로 문제해결

01 ⑤   02 ①   03 ⑤   04 ①   05 ③   06 ②   07 ①   08 ⑤   09 ③   10 ②

11 ④

KCBM
실기시험 매뉴얼

PART **VII**

KCBM 실기시험 매뉴얼

제1장 커피음료전문가(KCBM) 자격평가 개요

1. 자격의 종목 및 등급

「커피음료전문가(KCBM)」자격종목의 등급은 단일 등급으로 한다.

2. 직무내용

「커피음료전문가(KCBM)」 자격의 직무내용은 다음과 같다. 「커피음료전문가(KCBM)」 자격취득자는 커피에 대한 지식을 기반으로 커피 생두, 원두 및 재료를 이용해 전문적인 커피를 제조하고 고객서비스 및 커피 매장을 관리·운영한다.

3. 검정의 기준

「커피음료전문가(KCBM)」자격시험은 커피에 대한 지식을 기반으로 커피 생두, 원두 및 재료를 이용해 전문적인 커피음료를 제조하고, 고객서비스 및 커피 매장을 관리·운용하는 능력을 검정한다. 이에 원하는 커피를 세팅해서 추출하고 작동하는 과정까지와 관련된 능력과 바리스타의 전문적인 태도 및 커피 매장의 위생, 영업, 기물, 고객관리 등의 기본 소양을 평가한다.

4. 검정의 방법

① 검정은 필기시험(객관식)과 실기시험(작업형)으로 진행하고, 필기시험의 질적 수준은 문제의 난이도로 조정한다.

② 검정과목별 주요 내용은 검정과목별 출제기준에 의한다.

③ 검정방법, 검정과목 및 배점, 문항 및 시간은 다음 표와 같다.

〈표1. 검정방법, 검정과목 및 배점, 문항 및 시간〉

종목	검정 방법	검정 과목 (분야 또는 영역)	배점	문항수	시험 시간	형태
커피음료 전문가 (KCBM)	필기	– 커피의 생두 선택 – 커피 로스팅 – 커피기계 운용 – 커피 추출 – 커피음료 제조 – 커피 매장 위생 안전관리	100점	50문	60분	5지 선다형
	실기	– 커피 추출 – 커피기계 운용 – 커피음료 제조 – 커피 매장 위생관리	100점	3품목 제조	8분	실기형

5. 합격결정 기준

① 자격의 필기시험 합격결정 기준은 100점 만점으로 하여 60점 이상 획득을 합격기준으로 한다.

② 자격의 필기시험 합격 후 1년 이내에 실기시험에 응시할 수 있으며, 실기시험의 합격 결정기준은 100점 만점에 70점 이상 획득을 합격 기준으로 한다.

6. 응시자격

「커피음료전문가(KCBM)」자격검정의 응시자격은 원칙적으로 제한이 없다. 다만 부정행위자는 해당 시험을 중지 또는 무효로 하며 이후 1년간 시험에 응시할 수 없으며, 시험 당일 신분증을 미소지한 경우 시험에 응시할 수 없다.

7. 시험과목의 일부 면제

본 자격과 유사한 타 자격의 동급 또는 차하위 등급을 취득한 후 산업계, 학계 등에서 검정종목과 관련된 직무에서 1년 이상 재직한 자 또는 이와 동등한 직무능력을 갖추었다고 검정위원회에서 인정한 자는 다음과 같은 소정의 증빙서류 제출 시 다음과 같이 시험과목 중 일부(25% 범위 내)를 면제할 수 있다.

1) 관련 자격증 또는 국제공인 자격증 사본
2) 관련 분야에서 1년 이상 근무한 경력증명서

8. 응시원서 접수

응시자는 한국호텔관광교육재단 전문자격검정원 홈페이지(www.lic,or.kr)에서 시험 일정을 확인하여야 하며, 시험 접수기간에 온라인 신청 양식을 작성하고 추가 서류를 정해진 기간 내에 전문자격검정원 본부에 제출하여야 한다. 응시자는 온라인 접수 시, 본인이 희망하는 시험일과 고사장을 선택할 수 있으며, 시험 시간은 전문자격검정원에서 지정한 시간을 따라야 함을 원칙으로 한다. 단, 고사장은 접수기간 종료 이전에 조기 마감될 수 있으며, 마감된 고사장에서는 응시할 수 없다. 시험과 관련된 기타 공지사항은 홈페이지 내 공지사항을 통해 공지되며, 응시자는 시험 응시 전 공지 내용을 반드시 확인하여야 한다.

9. 응시자 질의 사항

모든 응시자는 본 문서에서 지정된 규정과 평가표를 철저하게 읽고 이행해야 한다. 전문자격검정원은 규정과 평가표를 이해하지 못해 발생하는 응시자 요구에 대해서는 답변의 책임을 지지 않으며, 모든 응시관련 문서는 홈페이지에서 다운받을 수 있다. 질의 사항은 홈페이지 내 Q&A 게시판 또는 khtef1989@naver.com으로 문의가 가능하다. 응시자는 자격 시험이 시작되기 24시간 전까지 온라인 창구를 통해 질의할 수 있다. 또한 시험 결과에 이의가 있을 경우 온라인 창구를 통해 질의할 수 있다.

10. 검정수수료 납부

① 검정을 받고자 하는 자는 소정의 검정수수료를 납부하여야 한다.

② 검정수수료는 원서접수 시 공지되는 입금기간 내에 현금, 인터넷을 통한 계좌이체, 신용카드 또는 무통장으로 입금할 수 있다.

③ 검정수수료는 원서접수 시에 수납함을 원칙으로 한다.

④ 검정수수료에 대한 영수증은 별도 발급하지 않고 수험표로 이를 갈음한다.

⑤ 검정수수료는 "한호전"이 별도로 정하는 금액으로 한다.

11. 검정수수료의 환불

검정수수료의 환불기준은 다음 각 호와 같다.

1. 검정수수료를 과오납한 경우 과오납분 환불

2. 국가비상사태 또는 시행기관의 귀책사유로 시험을 시행 또는 응시하지 못한 경우 전액환불

3. 시험장 시설 전체의 정전 등으로 당해 시험장에서 더 이상 시험이 진행될 수 없을 경우 전액환불

4. 원서 접수기간 중 또는 이후에 접수를 취소할 경우

   1) 접수기간 내 접수 취소 시 100% 환불

   2) 접수마감 다음 날부터 시험 시작 5일 전 50% 환불

   3) 접수마감 다음 날부터 시험 시작 4일 전 환불 없음

5. 수험자가 사고 또는 질병으로 입원한 경우 전액환불 [시험일이 포함된 입원확인서 또는 진단서 등을 시험시행 후 30일 이내에 제출]

6. 수험자 및 그 직계가족(본인 또는 배우자의 부모, (외)조부모, 형제자매, 배우자, 자녀에 한함)이 사망한 경우 전액 환불 [증빙서류(가족관계 입증서류와 사망확인서)를 시험시행 후 30일 이내 제출]

7. 불가항력의 천재지변으로 시험응시가 불가능한 경우 전액환불 [기상청 해상지도, 선사운항확인서, 기타 증빙서류를 30일 이내에 제출]

[천재지변에 대한 인정]

1) "한호전"이 공식적으로 인정하는 특정 지역의 천재지변
2) 도서지역 기상악화에 따른 여객선 운항 불가 시

   ※ 접수 수수료를 환불하는 경우 접수 시 부담한 결제이용수수료는 제외함(다만, 원서 접수기간 내 신용카드로 결제하고 취소한 경우에는 결제이용수수료 포함 환불)

   ※ 당회차 접수사항은 다음 시험으로 연기되지 않으며, 원서접수 마감 이후에는 당초 접수된 응시종목 및 시험장소 등 일체의 수험정보 수정(변경)이 불가

제2장 실기시험

1. 개요

① 응시자는 1명의 심사위원의 평가를 받는다. 기술평가 100점 만점을 기준으로 70점 이상을 합격으로 한다.

② 시험 시간은 총 20분으로 5분 준비과정과 8분 시연과정, 정리시간 3분, 시험이 끝난 후 보조위원 정리시간 4분으로 진행한다.

③ 다음 각 호의 장애인에게는 장애 정도를 고려하여 시험문제 확대, 시험시간 연장, 관련 장비 제공 등의 검정 편의를 제공할 수 있다.

1) 저시력 장애인(두 눈의 교정시력이 0.04 이상 0.3 미만으로 복지카드 또는 전문의의 진단서를 제출한 자)에게는 확대경 사용 허용 및 필기시험(필답형 실기시험 포함) 1.5배, 실기시험(작업형에 한함) 1.3배의 시험시간 연장 등의 편의를 제공한다.

2) 청각 장애인(복지카드 또는 전문의의 진단서를 제출한 자)에게는 수화 통역자 또는 진행요령을 제공한다.

3) 뇌병변 장애인(복지카드 또는 전문의의 진단서를 제출한 자)에게는
   - 필기시험(필답형 실기시험 포함) 1.5배, 실기시험(작업형에 한함) 1.3배의 시험시간 연장 등의 편의를 제공한다.
   - 답안지 표기 불가능자는 당사자의 요청에 의해 문제지나 별도의 용지에 답안을 작성하고 감독위원이 대리 표기한다.

4) 지체 장애인(감독위원이 시험응시에 지장을 줄 수 있다고 판단한 자)에게는 뇌병변 장애인과 동일하다.

④ 제1항의 장애인이 검정편의를 제공받고자 하는 때에는 수험원서 접수 시에 해당 장애 정도를 표기한 후 검정시행일 전까지 복지카드 또는 병원에서 발급하는 진단서를 제출하여야 한다.

2. 실기 시행(작업형)

① 응시자는 실기시험 당일 대기실에서 신분증 검사와 함께 실기 채점표를 수령하여 본인의 성함과 수험번호 등을 기재한 후 진행위원에게 제출하여야 한다. 이때, 수험번호 기재 오류로 인한 채점 이상은 본인에게 책임이 있다.

② 응시자는 시험장으로 이동 후 1번~5번의 추첨번호를 뽑고, 감독위원의 지시에 따라 난이도별 과제를 부여받아 3가지의 메뉴를 만들어 제출해야 한다. 단, 재료의 미수급, 당일 시험장의 시설, 장비 상태에 따라 난이도별 메뉴는 변경될 수 있다.(ex_추첨번호 5번_난이도 9 = Espresso, Shakerato, Milk tea)

〈표2. 추첨번호별 난이도 구분 표〉

추첨번호	난이도	EH	EI	Be
1	5	A	C	C
2	6	C	B	A
3	7	B	A	B
4	8	A	A	B
5	9	A	A	A

③ 응시자에게 제공되는 장비, 도구 및 재료

   1) 에스프레소 머신, 머신 테이블

   2) 그라인더

   3) 넉박스, 탬퍼, 원형 트레이

   4) 메뉴에 필요한 시럽, 소스 및 부재료 등 전체

   5) 메뉴에 필요한 잔 및 글라스

   6) 청소 도구 (카운터 솔, 그라인더 솔 등)

④ 응시자 준비사항

   1) 앞치마

   2) 행주 4장

   3) 리넨 2장

   4) 신분증, 수험표

⑤ 심사기준

〈표3. 심사기준 표〉

시간	배점	체크사항
공통평가	12점	개인 위생 및 복장, 재료의 낭비 및 잔량, 음료의 제조 및 서비스 순서, 작업공간의 위생
준비시간 (5분)	14점	행주 세팅, 머신 및 그라인더 점검, 그라인더 분쇄도 확인 및 추출확인, 에스프레소 향미 확인, 재료 준비, 잔 및 기물 준비, 시연 잔 데우기 및 잔의 청결 확인, 머신테이블 작업대 및 그라인더 정리 여부
시연시간 (8분)	70점	**[메뉴 제조 평가]** 작업도구의 이해도, 레시피에 대한 이해도, 제조기법준수, 기구를 다루는 숙련도 **[메뉴의 완성도 평가]** 잔 및 글라스의 선택, 가니쉬의 적절한 마무리 **[서비스 평가]** 신속한 제공, 서비스 자세, 복장상태 **[위생관리 평가]** 개인위생상태, 제조 시 위생 준수
정리시간 (3분)	4점	커피머신 주변 청결상태, 그라인더 주변 청결상태, 사용기물 청결상태, 시연대 주변 청결상태

⑥ 부정행위 및 실격

준비시간과 시연시간 동안 어떠한 경우라도 조언해주는 것은 허용되지 않으며, 이런 행동이 발견되면 부정행위로 실격 처리가 된다.

1) 응시자는 에스프레소 머신을 사용함에 있어 액체를 떨어뜨리는 등의 행위를 통해 기계에 이상이 발생할 경우 실격 처리된다. 또한 예열잔의 물을 완전히 버리지 않고 워머에 올리게 될 경우에도 실격 처리된다.

2) 응시자의 고의적 감정으로 머신에 손상이 가는 행동을 취할 경우 실격 처 된다.

3) 8분 이내에 3가지 메뉴 중 1가지라도 제출하지 못하면 실격 처리된다.

4) 기물을 떨어뜨리거나 파손한 경우, 잔 선택이 2개 이상 틀릴 경우 실격 처리된다.

⑦ 커피음료전문가(KCBM) 실기 메뉴 리스트

〈표4. 커피음료전문가(KCBM) 실기 메뉴 리스트〉

연번	타입	난이도	한글 메뉴명	영문 메뉴명	비고	기법
1	Espresso Hot	A	에스프레소 마끼아또	Espresso Macchiato	Hot	Build+Float
2	Espresso Hot	A	플랫 화이트	Flat White	Hot	Build
3	Espresso Hot	A	카페 라떼	Cafe Latte	Hot	Build
4	Espresso Hot	B	에스프레소 콘 파냐	Espresso Con Panna	Hot	Build+Float
5	Espresso Hot	B	카푸치노	Cappuccino	Hot	Build
6	Espresso Hot	B	카페 모카	Cafe Mocha	Hot	Stir+Build
7	Espresso Hot	B	라즈베리 카페 모카	Raspberry Cafe Mocha	Hot	Stir+Build
8	Espresso Hot	C	바닐라 라떼	Vanilla Latte	Hot	Stir+Build
9	Espresso Hot	C	연유 라떼	Dolce Latte	Hot	Stir+Build
10	Espresso Ice	A	샤케라또	Shakerato	Iced	Shake
11	Espresso Ice	A	오렌지 비앙코	Orange Bianco	Iced	Build+Float
12	Espresso Ice	A	아인슈페너	Einspänner	Iced	Build+Float
13	Espresso Ice	B	크림 라떼	Cream Latte	Iced	Build+Float
14	Espresso Ice	B	썸머 라떼	Summer Latte	Iced	Build+Float
15	Espresso Ice	B	아이스 카푸치노	Iced Cappuccino	Iced	Build+Float
16	Espresso Ice	B	아이스 카페 모카	Iced Caffe Mocha	Iced	Stir+Build
17	Espresso Ice	B	아이스 라즈베리 카페 모카	Iced Raspberry Caffe Mocha	Iced	Stir+Build
18	Espresso Ice	B	스파클링 에스프레소	Sparkling Espresso	Iced	Shake+Build
19	Espresso Ice	C	아이스 바닐라 라떼	Iced Vanilla Latte	Iced	Build+Float
20	Espresso Ice	C	아이스 연유 라떼	Iced Dolce Latte	Iced	Stir
21	Espresso Ice	C	아포가토	Affogato	Iced	Build
22	Beverage	A	애플 모히또	Apple Mojito	Iced	Muddling+Build
23	Beverage	A	블루 레몬 에이드	Blue Lemon Ade	Iced	Build
24	Beverage	A	피치 아이스 티	Peach Ice Tea	Iced	Brew+Build
25	Beverage	A	밀크 티	Milk Tea	Hot	Brew+Build
26	Beverage	B	자바 칩 프라페	Java Chip Frappe	Iced	Blending
27	Beverage	B	딸기 스무디	Strawberry Smoothie	Iced	Blending
28	Beverage	B	쑥 라떼	Mugwort Latte	Hot	Stir+Build

연번	타입	난이도	한글 메뉴명	영문 메뉴명	비고	기법
29	Beverage	B	요거트 라씨	Yugurt Lassi	Iced	Shake
30	Beverage	B	그린티 라떼	Greentea Latte	Hot	Stir+Build
31	Beverage	B	초코 라떼	Chocolate Latte	Hot	Stir+Build
32	Beverage	B	아이스 쑥 라떼	Iced Mugwort Latte	Iced	Stir+Shake
33	Beverage	B	단호박 라떼	Pumpkin Latte	Hot	Stir+Build
34	Beverage	C	아이스 그린티 라떼	Iced Greentea Latte	Iced	Stir+Build
35	Beverage	C	아이스 초코 라떼	Iced Chocolate Latte	Iced	Stir+Build
36	Beverage	C	아이스 단호박 라떼	Iced Pumpkin Latte	Iced	Stir+Build

⑧ 커피음료전문가(KCBM) 실기 메뉴별 상세표

〈표5. 커피음료전문가(KCBM) 실기 메뉴별 상세표〉

연번	메뉴명	잔(컵)	재료	가니쉬	사진
1	에스프레소 마끼아또	Demitasse (80ml)	에스프레소 25g 스팀우유와 우유거품 약간	-	
2	플렛 화이트	Collins (195ml)	에스프레소 45g 스팀우유 150g	-	

연번	메뉴명	잔(컵)	재료	가니쉬	사진
3	카페 라떼	Mug Cup (300ml)	에스프레소 45g 스팀우유 250g	–	
4	에스프레소 콘 파냐	Demitasse (80ml)	에스프레소 25g 휘핑크림 30g	–	
5	카푸치노	Cappuccino Cup (180ml)	에스프레소 25g 스팀우유 150g	–	
6	카페 모카	Mug Cup (300ml)	에스프레소 45g 초코소스 15g 초코파우더 4g 스팀우유 200g	–	

연번	메뉴명	잔(컵)	재료	가니쉬	사진
7	라즈베리 카페 모카	Mug Cup (300ml)	에스프레소 45g 초코소스 15g 초코파우더 4g 라즈베리시럽 20g 스팀우유 180g	–	
8	바닐라 라떼	Underlock (300ml)	에스프레소 45g 바닐라시럽 20g 우유 200g	–	
9	연유 라떼	Underlock (300ml)	에스프레소 45g 우유 200g 연유 20g	–	
10	샤케라또	Cocktail (150ml)	에스프레소 45g 설탕 10g 얼음 150g	–	

연번	메뉴명	잔(컵)	재료	가니쉬	사진
11	오렌지 비앙코	Underlock (470ml)	오렌지퓨레(청) 60g 에스프레소 45g 우유 50g 얼음 80g	Crispy Orange	
12	아인슈페너	Underlock (300ml)	에스프레소 45g 휘핑크림 100g 물 80g 얼음 80g	–	
13	크림 라떼	Underlock (470ml)	에스프레소 45g 우유 100g 휘핑크림 100g 얼음 150g	–	
14	썸머 라떼	Underlock (470ml)	에스프레소 45g 우유 130g 바닐라 아이스크림 1스쿱 얼음 80g	–	

연번	메뉴명	잔(컵)	재료	가니쉬	사진
15	아이스 카푸치노	Mug Cup (350ml)	에스프레소 45g 우유 120g 얼음 150g	–	
16	아이스 카페 모카	Underlock (470ml)	에스프레소 45g 초코소스 15g 초코파우더 4g 우유 160g 얼음 200g	–	
17	아이스 라즈베리 카페 모카	Underlock (470ml)	에스프레소 45g 초코소스 15g 초코파우더 4g 라즈베리 시럽 20g 우유 150g 얼음 200g	–	
18	스파클링 에스프레소	Underlock (470ml)	에스프레소 45g 설탕 5g 얼음 80g 진저에일 150g 얼음 150g	–	

연번	메뉴명	잔(컵)	재료	가니쉬	사진
19	아이스 바닐라 라떼	Underlock (470ml)	에스프레소 45g 바닐라시럽 20g 우유 150g 얼음 150g	–	
20	아이스 연유 라떼	Underlock (470ml)	에스프레소 45g 우유 120g 연유 20g 얼음 150g	–	
21	아포가토	Underlock (244ml)	바닐라 아이스크림 1스쿱 에스프레소 25g	Nuts topping Choco Sauce Drizzle	
22	애플 모히또	Collins (470ml)	라임 1개 애플민트잎 2줄기 모히또 시럽 20g 애플주스 40g 탄산수 150g 얼음 100g	Apple Mint Leaves	

연번	메뉴명	잔(컵)	재료	가니쉬	사진
23	블루 레몬 에이드	Collins (470ml)	레몬 1개 레몬퓨레 20g 탄산수 180g 얼음 150g 설탕시럽 20g 블루큐라소 10g	Sliced Lemon Rosemary	
24	피치 아이스 티	Collins (470ml)	잉글리쉬 블랙퍼스트티 5g 뜨거운 물 150g 얼음 250g 피치시럽 40g	–	
25	밀크 티	Mug Cup (300ml)	얼그레이 7g 설탕 10g 뜨거운 물 50g 스팀우유 200g	–	
26	자바 칩 프라페	Underlock (470ml)	우유 100g 에스프레소 25g 자바칩 파우더 70g 초코소스 15g 초코칩 20g 얼음 200g	Choco Sauce Choco Chip	

연번	메뉴명	잔(컵)	재료	가니쉬	사진
27	딸기 스무디	Underlock (470ml)	딸기퓨레 70g 우유 100g 바닐라 파우더 10g 냉동딸기 60g 얼음 150g	Strawberry Apple Mint Leaves	
28	쑥 라떼	Mug Cup (300ml)	쑥파우더 40g 뜨거운 물 30g 스팀우유 200g	Mugwort Powder	
29	요거트 라씨	Underlock (470ml)	요거트파우더 40g 우유 160g 얼음 180g	–	
30	그린티 라떼	Mug Cup (300ml)	그린티파우더 30g 뜨거운 물 30g 스팀우유 200g	Greentea Powder	

연번	메뉴명	잔(컵)	재료	가니쉬	사진
31	초코 라떼	Mug Cup (300ml)	초코소스 25g 초코파우더 10g 뜨거운 물 30g 스팀우유 200g	Choco Sauce Choco Powder	
32	아이스 쑥 라떼	Underlock (470ml)	쑥파우더 40g 뜨거운 물 30g 우유 170g 얼음 150g	–	
33	단호박 라떼	Mug Cup (300ml)	단호박파우더 45g 뜨거운 물 30g 스팀우유 200g	Pumpkin Powder	
34	아이스 그린티 라떼	Underlock (470ml)	그린티파우더 35g 뜨거운 물 30g 우유 170g 얼음 200g	–	

연번	메뉴명	잔(컵)	재료	가니쉬	사진
35	아이스 초코 라떼	Underlock (470ml)	초코소스 25g 초코파우더 15g 뜨거운 물 30g 우유 170g 얼음 200g	–	
36	아이스 단호박 라떼	Underlock (470ml)	단호박파우더 45g 뜨거운 물 30g 우유 170g 얼음 150g	–	

제3장 심사 규정 상세

① 입장

1) 응시자는 시험 당일 대기실에서 신분증 검사와 함께 실기 채점표를 수령하여 본인의 성함과 수험번호 등을 기재한 후 진행위원에게 제출하여야 한다. 이때, 수험번호 기재 오류로 인한 채점 이상은 본인에게 책임이 있다.

2) 순서에 맞게 입장 후 각 심사위원 테이블에 신분증과 실기 채점표를 제시한다.

3) 배정된 테이블 앞에 재료 등을 확인 후 준비한 행주와 리넨을 들고 정렬한다.

② 준비사항 평가(14점)

구분	평가내용	점수		
1	행주 세팅	①	–	◎
2	머신 및 그라인더 점검	①	–	◎
3	그라인더 분쇄도 확인 및 추출확인	①	–	◎
4	에스프레소 향미 확인 여부	③	–	◎
5	재료 준비	③	–	◎
6	잔 및 기물 준비	③	–	◎
7	시연 잔 데우기 및 잔의 청결 확인	①	–	◎
8	머신테이블 작업대 및 그라인더 정리 여부	①	–	◎

1. 행주 세팅 (상-1, 하-0)

1) 행주와 리넨을 적정한 장소에 배치한다.

2) 행주와 리넨을 소지하지 않거나 적정 장소에 배치하지 않는 경우-하

2. 머신 및 그라인더 점검 (상-1, 하-0)

1) 양쪽 스팀을 개별 분출하여 스팀이 잘 나오는지 확인하고, 각 그룹의 추출버튼을 작동하면서 게이지를 확인하고, 그라인더 버튼을 켜서 작동 여부를 확인한다.

2) 1개라도 확인하지 않을 시-하

3. 그라인더 분쇄도 확인 및 추출확인 (상-1, 하-0)

1) 그라인더를 작동시켜 에스프레소에 적합한 양을 기준으로 추출하여 확인한다.

2) 추출확인을 하지 않을 시-하

4. 에스프레소 향미 확인 여부 (상-3, 하-0)

1) 에스프레소를 추출하여 향미를 확인한다.

2) 향미를 확인하지 않을 시-하

5. 재료준비 (상-3, 하-0)

1) 시연과정에서 제조하는 음료의 재료를 모두 찾아 작업대에 올려놓는다.

2) 재료를 찾지 못해 작업대에 올려놓지 못한 경우-하

6. 잔 및 기물 준비 (상-3, 하-0)

1) 시연과정에서 사용해야 하는 잔 및 기물 모두를 찾아 작업대에 올려놓는다.

2) 잔 및 기물을 1개라도 올려놓지 못했을 경우-하

7. 시연 잔 데우기 및 잔의 청결 확인 (상-1, 하-0)

1) 따뜻한 음료에 해당하는 잔을 데우고 사용하는 잔의 청결을 모두 확인한다.

2) 2가지 1가지만 확인하거나 2가지 모두 못했을 경우-하

8. 머신테이블 작업대 및 그라인더 정리 여부 (상-1, 하-0)

1) 준비시간이 종료되면 포터필터, 머신 및 작업대, 그라인더 및 그라인더 주변 등 커피가루나 물이 남아있는지 확인하고, 전반적으로 청결한가를 확인한다.

2) 한 곳이라도 미흡한 경우-하

③ 공통 평가(12점)

구분	평가내용	점수		
1	개인 위생 및 복장	④	②	◎
2	재료의 낭비 및 잔량	②	–	◎
3	음료의 제조 및 서비스 순서	④	②	◎
4	작업공간의 위생	②	–	◎

1. 개인 위생 및 복장 (상-4, 중-2, 하-0)

1) 앞치마는 바리스타용 앞치마만 허용하도록 한다. 가정용 레이스 앞치마, 횟집에서 사용하는 앞치마, 기타 커피와 관련 없는 로고나 글이 있는 앞치마는 허용하지 않는다.

2) 상의는 무늬가 없는 흰색 와이셔츠나 블랙 와이셔츠를 착용해야 한다.

3) 하의는 무늬가 없는 검정 또는 남색 정장 바지 및 치마를 착용해야 한다.

4) 신발은 블랙 구두로 한정한다. 여성의 구두 역시 색상은 동일하며 굽의 높이는 7cm까지 허용한다.

5) 액세서리는 어떠한 것도 일체 착용을 금지한다. 또한 주얼리(시계, 반지, 귀걸이, 팔찌, 모자, 두건) 등 어떠한 액세서리도 착용을 금지하며 향수, 매니큐어도 허용하지 않는다.

6) 청소년의 경우 교복과 운동화는 허용되며, 직업을 나타내는 제복 역시 허용한다.

7) 위의 사항을 1가지라도 위반하였을 경우-하

2. 재료의 낭비 및 잔량 (상-2, 하-0)

1) 재료의 낭비가 없거나 스팀밀크의 잔량이 50ml 이하일 경우-상

2) 부재료의 액체물이 남아있거나 스팀밀크의 잔량이 50ml 이상일 경우-하

3. 음료의 제조 및 서비스 순서 (상-4, 중-2, 하-0)

1) 음료의 제조 및 서비스 순서는 Beverage(Be)-Espresso Ice(EI)-Espresso Hot(EH) 순서이다.

2) 음료의 제조 및 서비스 순서에서 EI와 EH가 바뀌었을 경우-중

3) 음료의 제조 및 서비스 순서에서 EH의 순서가 제일 먼저일 경우-하

4. **작업공간의 위생**

1) 행주를 각 위치에 맞게 올바르게 사용하고 작업공간을 깨끗하게 유지한다.

2) 행주를 교차로 사용하여 오염시키거나 작업공간을 깨끗이 유지하지 못하는 경우-하

④ 정리 상태 평가(4점)

구분	평가내용	점수		
1	커피머신 주변 청결상태	①	—	◎
2	그라인더 주변 청결상태	①	—	◎
3	사용기물 청결상태	①	—	◎
4	시연대 주변 청결상태	①	—	◎

1. **커피머신 주변 청결상태 (상-1, 하-0)**

1) 커피머신 포터필터 모두 비우고 포터필터를 리넨이나 행주를 이용하고 닦았고 주변이 청결하다.

2) 3가지 중 1개라도 안 되어 있을 경우-하

2. **그라인더 주변 청결상태 (상-1, 하-0)**

1) 그라인더 도저가 비워져 있으며 주변이 청결하다.

2) 2가지 중 1개라도 안 되어 있을 경우-하

3. **사용기물 청결상태 (상-1, 하-0)**

1) 본인이 사용한 기물에 있어 세척하여 청결하다.

2) 1개라도 세척하지 않았을 경우-하

4. 시연대 주변 청결상태 (상-1, 하-0)

 1) 시연대 주변을 닦고 정리하여 청결하다.

 2) 정리하지 않아 청결하지 못했을 경우-하

⑤ Beverage Menu 평가(21점)

구분	평가내용	점수		
1	레시피에 맞는 정확한 계량	③	–	◎
2	레시피를 준수하는 제조 순서	④	–	◎
3	시연의 숙련도와 신속함	①	–	◎
4	메뉴에 맞는 기법 및 기물사용	④	–	◎
5	잔에 맞는 음료의 채워진 양	③	①	◎
6	메뉴의 완성도 및 청결도	⑥	–	◎

1. 레시피에 맞는 정확한 계량 (상-3, 하-0)

 1) 저울을 사용하여 레시피에 맞는 계량을 진행한다.

 2) 저울은 사용하지 않아 레시피에 맞는 계량을 못 하였을 때-하

2. 레시피에 준수하는 제조 순서 (상-4, 하-0)

 1) 레시피에 순서에 맞게 음료를 제조한다.

 2) 레시피를 준수하지 않는 경우-하

3. 시연의 숙련도와 신속함 (상-1, 하-0)

 1) 시연을 하는 데 있어 능숙함을 보이고 신속하게 음료를 제조한다.

 2) 시연자의 움직임이 미흡한 경우-하

4. 메뉴에 맞는 기법 및 기물사용 (상-4, 하-0)

 1) 메뉴에 맞는 기법과 기물을 사용하여 음료를 제조한다.

 2) 2가지 중 1개라도 다르게 사용하였을 경우-하

5. 잔에 맞는 음료의 채워진 양 (상-3, 중-1, 하-0)

   1) 사용하는 잔에 맞게 정량으로 채운다.

   2) 사용하는 잔에 맞게 정량으로 90% 미만으로 채웠을 경우-중

   3) 사용하는 잔에 맞게 정량으로 80% 미만으로 채웠을 경우-하

6. 메뉴의 완성도 및 청결도 (상-6, 하-0)

   1) 레시피에 맞게 제조하여 잔에 맞는 알맞은 용량과 흘림 자국이나 얼룩이 없이
      청결하다.

   2) 위 내용 중 1가지라도 위반하였을 경우-하

⑥ Espresso Ice Menu 평가(24점)

구분	평가내용	점수		
1	레시피에 맞는 정확한 계량	③	-	◎
2	에스프레소 패킹 동작의 정확성	③	①	◎
3	에스프레소 추출시간과 양	④	-	◎
4	레시피를 준수하는 제조 순서	④	-	◎
5	시연의 숙련도와 신속함	①	-	◎
6	잔에 맞는 음료의 채워진 양	③	①	◎
7	메뉴의 완성도 및 청결도	⑥	-	◎

1. 레시피에 맞는 정확한 계량 (상-3, 하-0)

   1) 저울을 사용하여 레시피에 맞는 계량을 진행한다.

   2) 저울은 사용하지 않아 레시피에 맞는 계량을 못 하였을 때-하

2. 에스프레소 패킹 동작의 정확성 (상-3, 중-1, 하-0)

   1) 에스프레소 패킹 동작 도징, 레벨링, 탬핑을 기준에 맞게 정확하게 수행하였다.

      • 도징의 경우 한쪽으로 쏠리지 않도록 포터필터 안에 고르게 담는다.

      • 레벨링의 경우 덜 채워진 곳이 있거나 언더가 생기지 않게 고르게 작업한다.

      • 탬핑의 경우 기울어지지 않게 수평을 유지하며 작업한다.

2) 3가지 동작 중 1가지만 미흡하게 수행하는 경우-중

3) 3가지 동작 중 1가지 이상을 미흡하게 수행하거나, 탬핑을 하지 않는 경우-하

3. 에스프레소 추출시간과 양 (상-4, 하-0)

1) 에스프레소를 추출할 시 저울을 사용하여야 하며 허용범위는 추출시간 25+5,
   추출 양 45±5g이다.

2) 범위에 들어오지 못하는 경우-하

4. 레시피에 준수하는 제조 순서 (상-4, 하-0)

1) 레시피에 순서에 맞게 음료를 제조한다.

2) 레시피를 준수하지 않는 경우-하

5. 시연의 숙련도와 신속함 (상-1, 하-0)

1) 시연을 하는 데 있어 능숙함을 보이고 신속하게 음료를 제조한다.

2) 시연자의 움직임이 미흡한 경우-하

6. 잔에 맞는 음료의 채워진 양 (상-3, 중-1, 하-0)

1) 사용하는 잔에 맞게 정량으로 채운다.

2) 사용하는 잔에 맞게 정량으로 90% 미만으로 채웠을 경우-중

3) 사용하는 잔에 맞게 정량으로 80% 미만으로 채웠을 경우-하

7. 메뉴의 완성도 및 청결도 (상-6, 하-0)

1) 레시피에 맞게 제조하여 잔에 맞는 알맞은 용량과 흘림 자국이나 얼룩이 없이
   청결하다.

2) 위 내용 중 1가지라도 위반하였을 경우-하

⑦ Espresso Hot Menu 평가(25점)

구분	평가내용	점수		
1	레시피에 맞는 정확한 계량	③	–	◎
2	에스프레소 패킹 동작의 정확성	③	①	◎
3	에스프레소 추출시간과 양	④	–	◎
4	레시피를 준수하는 제조 순서	④	–	◎
5	시연의 숙련도와 신속함	①	–	◎
6	잔에 맞는 음료의 채워진 양	③	①	◎
7	메뉴의 완성도 및 청결도	⑥	–	◎
8	에스프레소와 (우유거품 / 휘핑크림)의 조화	①	–	◎

1. 레시피에 맞는 정확한 계량 (상-3, 하-0)

1) 저울을 사용하여 레시피에 맞는 계량을 진행한다.

2) 저울은 사용하지 않아 레시피에 맞는 계량을 못 하였을 때-하

2. 에스프레소 패킹 동작의 정확성 (상-3, 중-1, 하-0)

1) 에스프레소 패킹 동작 도징, 레벨링, 탬핑을 기준에 맞게 정확하게 수행하였다.

- 도징의 경우 한쪽으로 쏠리지 않도록 포터필터 안에 고르게 담는다.

- 레벨링의 경우 덜 채워진 곳이 있거나 언더가 생기지 않게 고르게 작업한다.

- 탬핑의 경우 기울어지지 않게 수평을 유지하며 작업한다.

2) 3가지 동작 중 1가지만 미흡하게 수행하는 경우-중

3) 3가지 동작 중 1가지 이상을 미흡하게 수행하거나, 탬핑을 하지 않는 경우-하

3. 에스프레소 추출시간과 양 (상-4, 하-0)

1) 에스프레소를 추출할 시 저울을 사용하여야 하며 허용범위는 추출시간 25+5, 추출양 45±5g이다.

2) 범위에 들어오지 못하는 경우-하

4. 레시피에 준수하는 제조 순서 (상-4, 하-0)

   1) 레시피에 순서에 맞게 음료를 제조한다.

   2) 레시피를 준수하지 않는 경우-하

5. 시연의 숙련도와 신속함 (상-1, 하-0)

   1) 시연을 하는 데 있어 능숙함을 보이고 신속하게 음료를 제조한다.

   2) 시연자의 움직임이 미흡한 경우-하

6. 잔에 맞는 음료의 채워진 양 (상-3, 중-1, 하-0)

   1) 사용하는 잔에 맞게 정량으로 채운다.

   2) 사용하는 잔에 맞게 정량으로 90% 미만으로 채웠을 경우-중

   3) 사용하는 잔에 맞게 정량으로 80% 미만으로 채웠을 경우-하

7. 메뉴의 완성도 및 청결도 (상-6, 하-0)

   1) 레시피에 맞게 제조하여 잔에 맞는 알맞은 용량과 흘림 자국이나 얼룩이 없이 청결하다.

   2) 위 내용 중 1가지라도 위반하였을 경우-하

8. 에스프레소와 (우유거품/휘핑크림)의 조화 (상-1, 하-0)

   1) 우유 스티밍을 진행할 시 정확한 공기주입과 혼합으로 우유거품의 질이 광택이 나며 우수하다./ 휘핑을 할 때 부피를 올리고 안정화시켜 기포가 거의 없다.

   2) 미흡한 우유 스티밍으로 거품의 질이 좋지 않은 경우/ 완성된 휘핑크림 안에 기포가 많이 보이는 경우-하

⑧ 실격사항

구분	평가내용
1	기물을 떨어뜨리거나 파손한 경우
2	잔 선택이 2개 이상 틀릴 경우
3	8분 내에 3가지 메뉴 중 1가지라도 제출하지 못하면 미완성

제4장 한국호텔관광교육재단 안내

1. 교통 안내

구분	안내
지하철	1호선 금정역 하차 후 4호선으로 환승 〉 중앙역 1번출구 도보 1분
버스	시내버스 : 30, 30-2, 30-1, 300, 22, 350, 99, 125, 101, 52, 62, 77 중앙초 또는 안산터미널에서 하차

2. 기타문의 : 재단법인 한국호텔관광교육재단 전문자격검정위원회

► 전화 : +82-31-480-6551 / FAX : +82-31-413-0089
► 주소 : (15361) 경기도 안산시 단원구 중앙대로 937
► 홈페이지 : http://www.lic.or.kr

참고
문헌

김일호·박재연, 커피의 모든 것, 백산출판사, 2021.

박창선, 커피플렉스, 백산출판사, 2023.

(사)한국바텐더협회, 바리스타 자격증 쉽게 따기. 베버리지출판사, 2021.

신용호, 바리스타&카페창업, 예문사, 2019.

원경수·최치훈·김지훈·김세헌, 커피 스터디 플러스, 아이비라인, 2019.

유대준·박은혜, 커피인사이드, 더스칼러빈, 2023.

유승권, 로스팅 크래프트, 아이비라인, 2016.

이승훈, 올 어바웃 에스프레소, SEOUL COMMUNE, 2010.

제임스 호프만, 커피 아틀라스, 아이비라인, 2015.

한국호텔관광교육재단 전문자격검정위원회, 커피바리스타, 지구문화사, 2017.

황영만

한국호텔관광전문학교 호텔식음료과 전임교수
세종대학교 관광대학원 호텔경영학과 석사
(재)한국호텔관광교육재단 자격검정사업단 출제 · 채점팀
　　한국호텔관광교육재단 자격검정사업단 문제개발/선정위원
　　한국호텔관광교육재단 자격검정사업단 실기 감독위원
IBS(Italian Barista School) Trainer
GCS(Global Coffee School) Inspector
센톤 국제커피조향사 감독관

서화진

한국호텔관광전문학교 호텔식음료과 전임교수
세종대학교 산업대학원 호텔관광외식경영학과 석사
(재)한국호텔관광교육재단 자격검정사업단 출제 · 채점팀
　　한국호텔관광교육재단 자격검정사업단 문제개발/선정위원
　　한국호텔관광교육재단 자격검정사업단 실기 감독위원
(사)한국커피협회 G-ACP Coffee Roasting Director 연구원
　　한국커피협회 바리스타 선임 평가위원

박지상

(재)한국호텔관광교육재단 직업훈련 바리스타부 학과장
　　한국호텔관광교육재단 자격검정사업단 교육훈련팀
　　한국호텔관광교육재단 자격검정사업단 문제개발/선정위원
　　한국호텔관광교육재단 자격검정사업단 실기 감독위원
(사)한국커피협회 바리스타 실기심사위원
고용노동부 장애인바리스타대회 심사위원장
월드라떼아트배틀 심사위원

고송이

(재)한국호텔관광교육재단 직업훈련 바리스타부 주임교사
　　한국호텔관광교육재단 자격검정사업단 교육훈련팀
　　한국호텔관광교육재단 자격검정사업단 문제개발/선정위원
　　한국호텔관광교육재단 자격검정사업단 실기 감독위원
(사)한국음식조리문화협회 바리스타부문 심사위원
고용노동부 장애인바리스타대회 심사위원

최승비

(재)한국호텔관광교육재단 직업훈련 행정총괄
한국외국어대학교 TESOL 석사
(재)한국호텔관광교육재단 자격검정사업단 검정기획팀

저자와의
합의하에
인지첩부
생략

NCS 커피식음료실무 커피음료전문가 KCBM

2024년 1월 25일 초판 1쇄 인쇄
2024년 1월 30일 초판 1쇄 발행

지은이 황영만, 서화진, 박지상, 고송이, 최승비
펴낸이 진욱상
펴낸곳 (주)백산출판사
교　정 박시내
본문디자인 구효숙
표지디자인 오정은

등　록 2017년 5월 29일 제406-2017-000058호
주　소 경기도 파주시 회동길 370(백산빌딩 3층)
전　화 02-914-1621(代)
팩　스 031-955-9911
이메일 edit@ibaeksan.kr
홈페이지 www.ibaeksan.kr

ISBN 979-11-6567-760-2　93570
값 32,000원

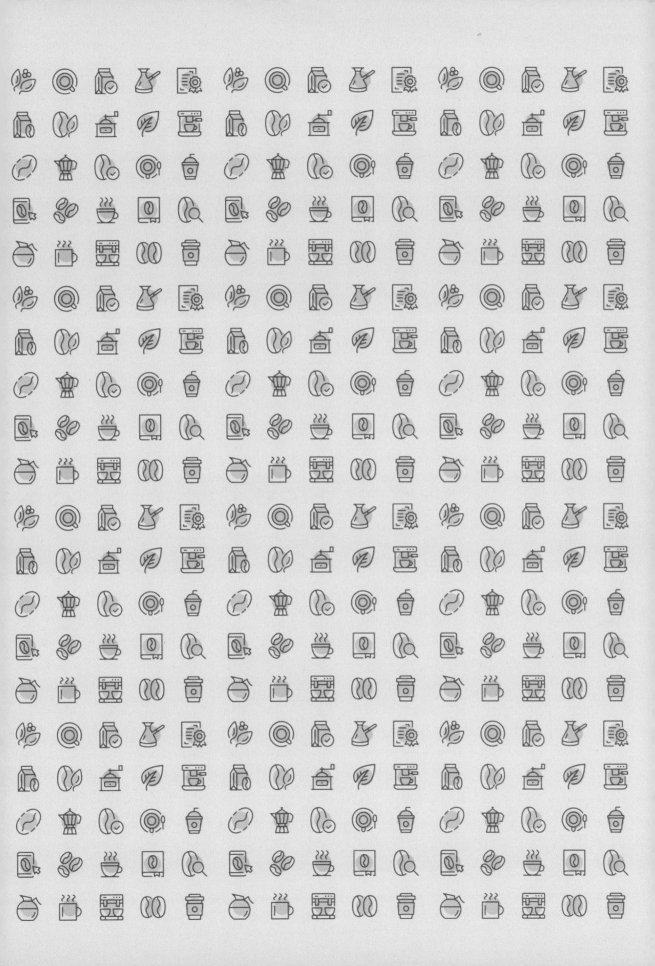